Sadi CARNOT

RÉFLEXIONS SUR LA PUISSANCE MOTRICE DU FEU

L'HISTOIRE DES SCIENCES
TEXTES ET ÉTUDES

Sadi CARNOT

RÉFLEXIONS SUR LA PUISSANCE MOTRICE DU FEU

Édition Critique avec Introduction
et Commentaire, augmentée de documents
d'archives et de divers manuscrits de Carnot

PAR

Robert FOX

COLLECTION DES TRAVAUX DE L'ACADÉMIE
INTERNATIONALE D'HISTOIRE DES SCIENCES
N° 26

Ouvrage publié avec le concours de la Fondation Singer-Polignac

PARIS
LIBRAIRIE PHILOSOPHIQUE J. VRIN
6, PLACE DE LA SORBONNE, V^e^

1978

TABLE DES MATIÈRES

N. B.

Les références au texte des *Réflexions* sont constamment indiquées avec la pagination de l'édition originale de 1824 et avec la pagination de la reproduction de cette édition aux pages 55-179 du présent volume.

Les références aux notes du Commentaire, p. 181-211, sont indiquées par « Commentaire, note x ».

TABLE DES ILLUSTRATIONS

Documents divers :

Figures dans le texte :

SADI CARNOT

A L'AGE DE 17 ANS

d'après un portrait peint par Boilly en 1813

SADI CARNOT, 1830, par Despois

[D'après l'édition de *Sadi Carnot. Biographie et manuscrit...* par Emile Picard, Paris, 1927. L'original de ce portrait est considéré comme perdu]

AVANT-PROPOS

DE L'ÉDITION FRANÇAISE

Le 150e anniversaire des *Réflexions sur la puissance motrice du feu* de Sadi Carnot a donné lieu en 1974 à un colloque marquant, sous l'égide du Centre National de la Recherche Scientifique et de l'École Polytechnique, et le débat que le signataire du présent Avant-Propos eut à organiser à cette occasion sur l'ouvrage lui-même, confirma le bien-fondé de son appel à la réalisation d'une édition critique digne de ce nom.

En formulant cet appel qui correspondait pour nous à un projet déjà ancien, nous espérions certes que le projet pourrait se réaliser dans une entreprise nationale, mais le premier bienfait de la rencontre internationale, dans le cadre du précédent colloque, fut de nous convaincre de la nécessité absolue d'élargir les perspectives. Notre Collègue Robert Fox qui était alors, de tous les maîtres d'œuvre possibles, celui qui était le plus avancé dans l'étude des matériaux nécessaires, a bien voulu nous rejoindre dans la pensée qu'indépendamment des sensibilités nationales, une édition critique se conçoit mal dans une autre langue que celle du texte lui-même.

Dès lors nous n'avions d'autre devoir que d'apporter à Robert Fox tous les concours que, pour notre part, nous étions susceptibles de fournir ou de promouvoir. Mais la liste impressionnante des recherches et des contacts qui ont été en fait nécessaires à notre Collègue, aussi bien hors de France que dans notre pays, prouve à quel point il eût été déraisonnable d'hésiter à donner à l'entreprise la plus grande ampleur.

Quels que soient les correctifs que l'historien peut aujourd'hui affecter à la légende d'un Sadi Carnot méconnu dans sa propre patrie, il reste que ce sont William Thomson en Écosse et Rudolf Clausius en Allemagne qui ont fait, vers 1850, la notoriété des *Réflexions* dans le monde scientifique. Le caractère international de la réalisation par Robert Fox de la première édition critique est donc conforme à l'histoire. Que notre Collègue soit cependant particulièrement remercié d'avoir maintenu jusqu'au bout son généreux projet de publier d'abord en France.

L'Académie Internationale d'Histoire des Sciences, qui a chaleureusement accordé à l'ouvrage une place dans sa « Collection des Travaux... » est heureuse que la Fondation Singer-Polignac ait en définitive, sur la proposition des Secrétaires perpétuels de l'Académie des Sciences, offert les moyens financiers sans lesquels la réalisation eût été impossible.

Pierre COSTABEL,

Secrétaire perpétuel
de l'Académie Internationale
d'Histoire des Sciences.

PRÉFACE

Quelque peu méconnues lors de leur publication en 1824, les *Réflexions sur la puissance motrice du feu* de Sadi Carnot bénéficièrent une vingtaine d'années plus tard de la consécration qui fait les classiques de l'histoire des sciences. William Thomson les rangeait en effet parmi les plus grands travaux scientifiques. « Dans l'ensemble de la Philosophie naturelle, écrivait-il en 1849 à propos du contenu de ce petit livre, je ne connais rien de plus remarquable que le fondement de lois générales sur un tel mode de raisonnement. » Et cette opinion très élogieuse a été par la suite amplement partagée par des générations de physiciens qui, durant plus d'un siècle, ont vu dans le principe et le cycle de Carnot les fondements de la thermodynamique.

Les historiens ont, eux aussi, attribué aux *Réflexions* une grande importance et durant les vingt dernières années tout particulièrement de nombreuses études critiques ont vu le jour, bien au-delà de l'attente que l'auteur, dans sa modestie, pouvait s'être formée de son vivant.

Certes ces études permettent de mesurer ce que Sadi Carnot a pu puiser comme inspiration dans l'œuvre de son père comme dans celle des ingénieurs qui travaillaient à la même époque, théoriquement et en pratique, sur la technologie de la machine à vapeur. Et nous saisissons aussi plus clairement, aujourd'hui, l'origine des insuffisances qui affectent l'exposé de certaines parties de la théorie proposée par le jeune savant. Ces insuffisances semblent être liées à la fois à la brièveté de l'exposé, peut-être à la hâte avec laquelle il a été rédigé, et certainement à l'absence quasi totale de l'usage de l'analyse mathématique. Mais tout cela ne diminue en rien l'estime de l'œuvre. En fait, notre appréciation sur la manière dont Sadi Carnot a su dépasser les conceptions et les modes de pensée de son époque sort grandie de l'ensemble des analyses récentes. Et s'il est bien vrai que la faille majeure de sa théorie résidait dans le fait d'admettre la conservation de la chaleur, nous avons la certitude qu'il a eu assez tôt quelques doutes, durant la rédaction des *Réflexions* qui comportent certaines gaucheries significatives à cet égard, et qu'il s'est davantage rendu compte par la suite de la nécessité de corriger sur ce point fondamental.

L'intérêt que soulève encore de nos jours l'œuvre de Sadi Carnot — intérêt dont le très important colloque « Sadi Carnot et l'essor de la Thermodynamique » tenu à l'École Polytechnique en juin 1974 est un exemple éclatant — témoigne cependant de ce que le débat sur la signification profonde des *Réflexions* est loin d'être clos. En publiant la première édition critique, je ne prétends pas mettre fin à ce débat. Je n'ai d'autre but que de permettre de faire le point sur l'un des textes les plus riches et les plus subtils de l'histoire des sciences. Et je ne me suis attaché à ce but qu'en raison de l'intérêt que je porte depuis longtemps à la naissance de la thermodynamique.

C'est un travail poursuivi durant de longues années que je livre ici, et ce travail n'a été possible que grâce au soutien de nombreux collègues et de diverses institutions.

J'ai une dette particulière à l'égard de Philip Lervig qui m'a beaucoup aidé par ses critiques exigeantes et amicales. Notre premier projet, conçu lors du colloque de 1974, était de faire œuvre d'entière collaboration, mais il nous est apparu progressivement qu'il était préférable d'écrire séparément. Et je me suis consacré à la présente édition tandis que Lervig prépare une analyse à paraître bientôt sur la contribution de Carnot à la naissance de la thermodynamique.

Charles Gillispie dont on connaît le bel ouvrage sur *Lazare Carnot savant* ne m'a pas ménagé son intérêt et ses encouragements et je lui suis particulièrement reconnaissant des remarques et des critiques qu'il a bien voulu me faire.

C'est à Eric Mendoza que je dois l'impulsion initiale. Cet ami a su me faire partager son enthousiasme pour l'œuvre de Carnot et m'a fait prendre conscience du rôle important de Nicolas Clément dans la genèse des *Réflexions*. Qu'il trouve ici l'expression de ma gratitude.

Parmi les institutions à l'égard desquelles j'ai contracté une dette de reconnaissance, la première place revient à l'*Institute for Advanced Study* de Princeton, dont j'ai eu le privilège d'être membre durant l'année universitaire 1974-1975. C'est dans l'ambiance exceptionnelle de ce brillant institut que j'ai préparé et écrit la majeure partie de cette édition. Et je remercie d'autre part très particulièrement l'*United States-United Kingdom Educational Commission* sous l'égide de laquelle j'ai obtenu une bourse Fulbright pour mes frais de voyage aux Etats-Unis.

Mais c'est évidemment à Paris qu'il m'était indispensable de faire des séjours réguliers. Invité au colloque de 1974, j'ai bénéficié, grâce à M. Benoist, attaché culturel de l'ambassade de France à Londres, d'une allocation du gouvernement français qui m'a permis de travailler trois mois dans les bibliothèques parisiennes et, en 1975, l'obtention d'une *European Exchange Grant* de la *British Academy* m'a donné la possibilité de rester quatre mois à Paris comme membre associé du Centre Alexandre Koyré. Je tiens à remercier vivement M. René Taton, directeur de ce Centre, de l'accueil chaleureux qu'il m'a réservé. Enfin, je ne saurais oublier l'aide financière que l'Université de Lancaster m'a apportée à plusieurs reprises en prélevant sur des crédits de missions limités.

Ma reconnaissance à l'égard des institutions doit d'autre part faire mention spéciale de la courtoisie active avec laquelle archivistes et bibliothécaires m'ont accueilli partout. Qu'il s'agisse des bibliothèques de l'*Institute for Advanced Study* et des Universités de Princeton et de Lancaster, ou des fonds parisiens de l'Académie des Sciences, de l'École Polytechnique et de l'École nationale des Ponts et Chaussées, du Service historique de l'Armée de Terre à Vincennes, c'est cette courtoisie qui m'a permis d'user au mieux des ressources mises à ma disposition.

Il me reste cependant encore à compléter la longue liste de mes dettes sur deux points d'importance.

Le premier concerne les additions qu'il m'a paru opportun de faire, la présente édition étant une occasion privilégiée de rendre publics certains manuscrits. C'est à la bienveillance de M. Pierre-Sadi Carnot que je suis redevable de la possibilité d'éditer les inédits importants qui se trouvent dans nos appendices B, C, D, E et F. Je ne saurais assez dire combien la compréhension et l'amabilité de M. Carnot m'ont apporté un secours constant. Les échanges que j'ai eus avec Donald Winch sur le manuscrit d'économie politique ont eu aussi une importance majeure que je tiens à mentionner.

Le second et le dernier des points évoqués à l'instant est celui de la publication elle-même. J'ai estimé dès l'origine que le résultat de mes travaux en pareille matière serait un hommage convenable à la mémoire du jeune savant français s'il était possible d'en faire paraître la première édition en France et dans la langue même de ce prestigieux auteur. Mais c'est par la rencontre de mon sentiment avec celui du R.P. Costabel, Secrétaire perpétuel de l'Académie Internationale d'Histoire des Sciences, que tous les problèmes ont pu être résolus afin d'aboutir à la réalisation.

Je n'ai pas cru sage de présumer de ma connaissance du français et j'ai écrit dans ma langue maternelle tout ce qui relevait de mon intervention personnelle. Les traductions ont été réparties et assurées dans un premier temps par Françoise Briand, Michelle de Launay et Odile Robert et j'ai fait l'expérience de ce que le passage d'une langue à l'autre révèle à l'auteur à travers les difficultés de traduction de son texte. Mais après les corrections qui se sont ainsi imposées à moi, j'ai laissé dans un second temps une tâche ingrate au R.P. Costabel et à ses collaboratrices, Catherine de Buzon, Bénédicte Bilodeau et Arlette Chancrin : achever les traductions, mettre au point l'ensemble de la rédaction française et préparer dans tous ses détails le manuscrit destiné à l'imprimeur. Que ma gratitude pour ces nombreux concours soit à la mesure de l'amitié dont j'ai été le bénéficiaire.

L'Académie Internationale d'Histoire des Sciences m'a très particulièrement honoré en inscrivant mon ouvrage dans la Collection de ses Travaux et en assurant les frais de traduction et d'établissement du manuscrit définitif. Mais c'est à la Fondation Singer-Polignac que je dois, sur la recommandation de son Président, M. Robert Courrier, la subvention qui a permis de publier, malgré la crise grave que traverse l'édition savante et grâce à l'attention que les éditions de la Librairie Philosophique Vrin ont bien voulu accorder au livre.

Puisse le contenu de ce livre, que je présente en priorité au public de langue française, être digne de tant d'assistances et d'encouragements, sans lesquels il m'eût été impossible de donner corps au projet initial.

Robert Fox,
University of Lancaster G. B.

INTRODUCTION

C'est avec la publication des *Réflexions sur la puissance motrice du feu* en 1824 que naît la thermodynamique classique. Cet ouvrage énonce pour la première fois, encore qu'imparfaitement, ce que nous considérons de nos jours comme le deuxième principe (selon Carnot, tout travail mécanique ne peut s'obtenir avec un moteur thermique que lorsque la chaleur passe d'un corps chaud à un corps froid). Et les *Réflexions* ont servi de point de départ aux recherches de William Thomson, devenu plus tard Lord Kelvin, et de Rudolf Clausius lorsqu'ils entreprirent, vers 1850, de donner à la thermodynamique ses caractéristiques modernes.

Mais si elles ont pour les physiciens modernes une telle signification, les *Réflexions* de Carnot ne s'adressaient nullement à des physiciens. Elles semblent avoir été conçues comme une contribution de haut niveau théorique, à la recherche d'une solution au problème, pratique, de l'économie de combustible dans les machines thermiques. Comme je vais m'attacher à le montrer plus loin, la manière abstraite dont Carnot traitait le problème n'offrait certes que peu de prise à l'intérêt des industriels contemporains et des spécialistes de la technologie de la puissance dynamique. Il n'en reste pas moins cependant que l'objet principal des *Réflexions* est un problème technologique et que la plupart des solutions qui y sont proposées ont leurs racines profondes dans la technologie traditionnelle de l'époque. Il est significatif qu'en soit exclue l'élaboration mathématique que nous trouvons chez des hommes comme Laplace, Poisson, Fourier, qui tous, entre 1800 et 1830, écrivirent sur la théorie de la chaleur en promoteurs de la physique mathématique. Contrairement aux travaux de ces mathématiciens, le petit ouvrage de Carnot se lit avec aisance, grâce à son type de rédaction que l'auteur jugeait probablement bien adapté aux lecteurs qu'il envisageait.

C'est certainement l'attention apportée au style et, conjointement, le prix attaché par Carnot à la clarté d'exposition [1], qui ont

1. Voici ce qu'écrivait Hippolyte Carnot du temps où Sadi rédigeait les *Réflexions* : « Préoccupé du désir d'être clair, Sadi me faisait lire des passages de son manuscrit, afin de s'assurer qu'il serait compris par des personnes vouées à d'autres études. » Voir la « Notice biographique sur Sadi Carnot » par Hippolyte dans l'édition de 1878 des *Réflexions* (Bibliographie, Section I, *item* iii), p. 76, et dans *Sadi Carnot. Biographie et manuscrit* (Bibliographie, Section III, *item* xvi), p. 17.

fait des *Réflexions* un ouvrage très accessible aux lecteurs modernes. Mais, s'il manque aux *Réflexions* cette sophistication mathématique qui était présente dans tant d'autres ouvrages de physique de l'époque, que le lecteur ne se méprenne pas sur cette apparente simplicité ; la portée de ce travail est vaste et, par de nombreux aspects de son argumentation, extrêmement complexe.

Technologie des machines thermiques au début du XIXe siècle

Le problème essentiel que soulevaient les *Réflexions*, et tel qu'il est clairement exposé pages 64-5 (éd. 1824, p. 6-7), est de déterminer quelle est la manière la plus économique d'utiliser la chaleur pour produire une force motrice. Ne serait-il pas plus avantageux, par exemple, d'utiliser la vapeur à haute pression plutôt qu'à la pression atmosphérique, et, dans cette éventualité (hypothèse généralement en faveur en 1824), l'avantage serait-il fonction de l'augmentation de la pression, indéfiniment, ou bien soumis à une limite ? Quelle est l'importance du choix de la substance utilisée ? L'air, la vapeur d'alcool, ou bien même un liquide ou un solide, ne seraient-ils pas plus économiques que la vapeur d'eau ?

De telles questions n'étaient pas nouvelles, mais elles avaient pris un caractère d'urgence depuis l'effondrement du Premier Empire. Lorsqu'en 1814, fut rétablie la monarchie des Bourbons en la personne de Louis XVIII, la France venait de connaître plus de vingt années d'affrontements avec la Grande-Bretagne ; pendant toute cette période, à l'exception des quatorze mois de paix qui suivirent le traité d'Amiens en 1802, il y avait eu peu de contacts entre les deux pays. Il est exact que certains scientifiques avaient continué d'échanger quelque correspondance [2], et la célèbre visite que fit Humphry Davy à Paris, en 1813, pour y recevoir la médaille que lui avait attribuée l'Institut de France pour ses recherches en électricité, est une preuve de ce qu'une certaine forme d'échange entre grands savants se poursuivait. Mais la situation était très différente en technologie : dans ce domaine, la France et la Grande-Bretagne n'avaient pratiquement aucune relation, ce qui entraîna des conséquences qui apparurent de manière extrêmement frappante à la fin de la guerre.

Le retard de la technologie française par rapport à la technologie anglaise en 1814 était sensible même pour l'observateur le moins averti [3]. Dans les industries métallurgiques et textiles, par exemple, on utilisait en Grande-Bretagne de nombreuses techniques peu connues, voire insoupçonnées en France : le procédé du puddlage,

2. Pour preuve de ceci, voir par exemple Gavin de Beer, *The sciences were never at war*, (Londres, 1960).

3. Certes il est vrai que le retard relatif de la technologie française était déjà apparent dans les années 1780, mais l'écart entre la France et la Grande-Bretagne s'est accru considérablement du fait de l'isolement causé par les guerres de 1792-1815. Pour une analyse classique de la lenteur du développement de la technologie française depuis 1780 environ jusqu'à la fin de l'Empire, voir Charles Ballot, *L'introduction du machinisme dans l'industrie française*, éd. Claude Gével (Lille et Paris, 1923), *passim*, mais tout particulièrement p. 35-36. L'échec des quelques efforts faits çà et là pour introduire le procédé du puddlage de Cort fait l'objet d'une discussion pp. 35 et 506-507.

découvert par Cort, qui semble avoir été ignoré en France jusqu'à la Restauration, alors qu'il était couramment utilisé en Grande-Bretagne depuis une vingtaine d'années, illustre parfaitement cette situation. Mais c'est dans le domaine de la technologie de la machine à vapeur que le décalage entre les deux pays était, de loin, le plus sensible. L'économiste Jean-Baptiste Say ne fut qu'un écrivain parmi beaucoup d'autres à exprimer sa surprise devant la façon dont la machine à vapeur avait métamorphosé les activités industrielles en Grande-Bretagne. Comparant cette Angleterre nouvelle, industrialisée, avec le pays si différent qu'il avait connu avant que ne commencent les guerres révolutionnaires en 1792, il écrivait ceci :

« Partout les machines à vapeur se sont prodigieusement multipliées. Il n'y en avait que deux ou trois à Londres il y a trente ans, il y en a des milliers à présent. Elles sont par centaines dans les grandes villes manufacturières ; on en voit même dans les campagnes, et les travaux industriels ne peuvent plus se soutenir avec avantage qu'au moyen de leur puissant secours. »[4]

Pour les observateurs qui étaient davantage initiés sur le plan technique, c'était la manière dont ces machines étaient conçues, beaucoup plus que leur nombre, qui suscitait l'intérêt. Depuis la dernière et brève période des communications faciles au moment de la paix de 1802-1803, on avait, en Grande-Bretagne, réalisé des progrès impressionnants, dans la conception de la machine à vapeur, progrès qui, pour la plupart, rejetaient les idées associées au nom de James Watt[5]. Depuis 1800, en particulier, lorsque vinrent à expiration les périodes d'exclusivité de certains de ses brevets d'invention les plus importants, l'influence de Watt connaissait un rapide déclin. Les ingénieurs d'une nouvelle génération n'avaient nul scrupule à se démarquer de Watt, spécialement en ce qui concernait l'opposition manifestée par ce dernier à l'utilisation de la vapeur à des pressions supérieures à celle de l'atmosphère. Le technicien cornouaillais Richard Trevithick, dont le moteur à haute pression commençait à être utilisé avec succès dans l'industrie en 1804, est un homme caractéristique de cette nouvelle génération. Mais personne ne fut à l'origine d'une plus radicale transformation de la technologie britannique qu'Arthur Woolf, Cornouaillais également ; et c'est la machine de Woolf, bien plus que toute autre, qui gagna l'admiration des Français dès que la paix fut rétablie[6].

L'économie que cette machine assurait, constituait son grand mérite pour les industriels français, aussi bien que pour les propriétaires de mines de Cornouailles. En France, comme en Cornouailles, le charbon n'était pas abondant et au début du XIXe siècle la situation était aggravée par l'augmentation notable de son prix de

4. J.-B. Say, *De l'Angleterre et des Anglais* (Paris et Londres 1815), p. 30-31.

5. Sur l'histoire de la machine à vapeur en Grande-Bretagne au dix-huitième et au début du dix-neuvième siècle, voir les ouvrages de Cardwell, Daumas et Dickinson cités dans la Bibliographie, Section IV, parties *a* et *d*.

6. Sur l'introduction de la machine de Woolf en France, voir D. S. L. Cardwell, *From Watt to Clausius. The rise of thermodynamics in the early industrial age* (Londres 1971), p. 157-9 ; et également les ouvrages de référence sur Woolf : T. R. Harris, *Arthur Woolf the Cornish engineer 1766-1837* (Truro, 1966), et Rhys Jenkins, « A Cornish engineer : Arthur Woolf, 1766-1837 », *Transactions of the Newcomen Society*, xiii (1932-1933), 55-68.

revient. Situation qui avait eu pour conséquence de limiter en France l'extension de l'utilisation de la machine à vapeur, mais de stimuler en revanche en Cornouailles l'ingéniosité locale d'une manière tout à fait remarquable. Aussi, lorsque la paix s'établit enfin en 1814, toute machine susceptible de garantir une économie de combustible était évidemment la bienvenue en France. La machine de Woolf reçut cependant un accueil dépassant largement cette considération. On la loua immédiatement sans réserve, et à l'époque où Carnot rédigeait ses *Réflexions,* on la considérait encore en France comme la machine la plus réussie.

Il est indéniable que la machine de Woolf devait une grande part de son succès aux qualités d'homme d'affaires d'Humphrey Edwards, ancien collaborateur de Woolf, qui importait les machines d'Angleterre en 1815, puis, à partir de 1817, les fabriqua dans les célèbres manufactures de Chaillot à Paris (où les frères Jacques Constantin et Auguste-Charles Périer construisaient la grande majorité des machines françaises depuis les années 1780 [7]. Mais ce succès était aussi pour une certaine part le fruit du hasard. Car il se trouva que les années cruciales de 1814-1816, période où l'intérêt français pour la technologie britannique fut si intense, furent aussi celles où la réputation de la machine de Woolf connut tout d'un coup une ascension en Grande-Bretagne [8]. C'est à ce moment seulement, après plusieurs années d'expériences infructueuses, que Woolf parvint à démontrer aux propriétaires de mines de Cornouailles que ses machines étaient nettement plus économiques que celles de Watt, lesquelles étaient normalement utilisées à cette époque à la fois pour le pompage de l'eau et pour la remontée du charbon et des hommes.

Les machines de Woolf (voir le schéma) étaient formées de deux cylindres dont le plus grand avait généralement un diamètre d'environ un mètre. Sur le schéma les pistons viennent d'arriver en haut de leur course. Les soupapes A sont alors fermées (toutes trois étaient ouvertes pendant tout le temps de la montée) et les soupapes B (toutes fermées pendant la montée) sont ouvertes. La vapeur qui vient de la chaudière, avec une pression d'environ trois atmosphères, pénètre ainsi dans la partie supérieure du petit cylindre (I), et elle commence à pousser le piston vers le bas. Ce faisant, la vapeur qui vient d'en dessous du piston (II) et qui était initialement de trois atmosphères, se répand dans la partie supérieure du grand cylindre (III), et pousse le piston de ce cylindre vers le bas contre le vide partiel créé par le fait que l'espace sous le piston (IV) est relié au condenseur. En se répandant de l'aire II dans l'aire III, la pression de la vapeur tombe progressivement jusqu'à être un peu inférieure à celle de l'atmosphère. Lorsque les pistons ont atteint le

7. Sur les Périer et leurs activités à Chaillot, voir Jacques PAYEN, *Capital et machine à vapeur au XVIII*e *siècle. Les frères Périer et l'introduction en France de la machine à vapeur de Watt* (Paris et La Haye 1969).

8. La réputation de la machine de Woolf reposait principalement sur les témoignages fournis par le *Monthly engine reporter,* publié à partir de 1811 d'abord par Joël Lean puis par ses fils Thomas et John Lean. Cette publication donnait des rapports spéciaux sur le rendement de toutes les machines à vapeur utilisées dans les mines de Cornouailles et elle fut la source de la quasi-totalité de l'information statistique qui servit par la suite de référence dans les discussions au sujet de la machine de Woolf.

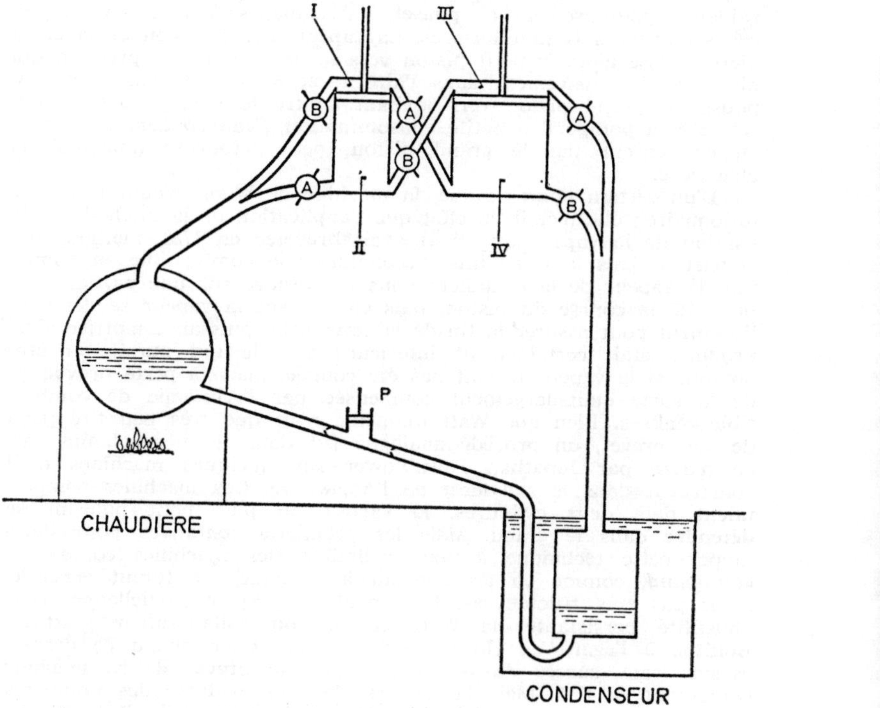

PRINCIPES DE LA MACHINE DE WOOLF A DOUBLE EXPANSION

	Soupapes A	Soupapes B	PRESSION DE LA VAPEUR			
			I	II	III	IV
Mouv^t^. descendant ..	Fermées	Ouvertes	Env. 3 atmosphères	Env. 3 atmosphères passant à $<$ 1 atm.	Env. 3 atmosphères passant à $<$ 1 atm.	Vide partiel
Mouv^t^. ascendant	Ouvertes	Fermées	Env. 3 atmosphères passant à $<$ 1 atm.	Env. 3 atmosphères	Vide partiel	Env. 3 atmosphères passant à $<$ 1 atm.

bas de leur course (ce qu'ils font en même temps puisqu'ils travaillent rigoureusement en phase), les soupapes A sont ouvertes, et celles marquées B sont fermées. La vapeur à la pression de la chaudière pousse alors le petit piston vers le haut contre la pression qui diminue progressivement dans l'aire I, et la vapeur dans l'aire IV pousse le grand piston vers le haut contre le vide partiel de III. Grâce à la pompe P à petite consommation, l'eau condensée, amenée au condenseur par le grand piston, peut retourner alimenter la chaudière.

D'un certain point de vue, la machine de Woolf n'était pas révolutionnaire ; elle n'était en effet que l'application de la méthode d'utilisation de la vapeur que Watt avait brevetée en 1782, méthode qui consistait dans la possibilité d'économiser le combustible en admettant la vapeur de la chaudière dans le cylindre sur une partie seulement de la course du piston, puis en laissant la vapeur se détendre librement pour assurer la fin de la course. La puissance motrice ainsi produite était certainement inférieure à celle qui aurait pu être obtenue si la vapeur n'avait pas été coupée, mais la perte provoquée de la sorte était largement compensée par l'économie de combustible réalisée. Bien que Watt lui-même n'ait que très peu tiré parti de son brevet, un procédé analogue fut dans le même temps mis en œuvre par Jonathan Hornblower sur quelques machines qu'il construisit dans le sud-ouest de l'Angleterre. Ces machines comportaient déjà deux cylindres, la vapeur du plus petit pouvant se détendre dans le grand. Mais les premières tentatives pour développer cette technique à deux cylindres (les machines combinées, *compound,* comme on les appelait à l'époque) ne furent généralement pas très fructueuses. Cela peut s'expliquer partiellement par l'hostilité persistante de Watt et de son collaborateur Matthew Boulton à l'égard de Hornblower, en particulier quand ce dernier essaya (sans succès du reste) d'étendre le brevet de sa machine *compound* en 1795. Mais la faiblesse la plus évidente des premières machines *compound* résidait dans le fait que l'on utilisait la vapeur à des pressions à peine plus élevées que celle de l'atmosphère. La réussite la plus remarquable de Woolf fut de montrer comment la vapeur pouvait être utilisée dans de telles machines à des pressions sensiblement plus élevées, encore qu'elles ne dépassaient que rarement, d'ordinaire, quatre atmosphères.

Au moment où furent publiées les *Réflexions,* on savait déjà en Grande-Bretagne que les machines de Woolf étaient limitées à un autre point de vue. Même la plus importante de ces machines, celle qui se trouvait à la mine de Wheal Abraham en Cornouailles et dont les qualités d'économie avaient fait si grande impression sur Carnot, (voir *Réflexions,* p. 176, et les Commentaires, note 97 ; éd. 1824, p. 116), s'était détériorée régulièrement et on avait dû la mettre hors service en 1823, alors qu'il n'y avait pas plus de dix ans qu'on l'utilisait. Dès le début des années 1820, les techniciens britanniques se tournaient déjà vers une forme simplifiée de la machine de Woolf. Forme simplifiée avec un seul cylindre, qui était beaucoup plus sûre et plus facile à entretenir. Mais Carnot, semble-t-il, ignorait tout cela. En France, autant qu'on puisse en juger la réputation de la machine à deux cylindres était plus florissante que jamais en 1824, et se maintint notablement répandue jusqu'au milieu du XIXe siècle. L'éphémère enthousiasme que soulevèrent les prétentions sans preuves avancées à propos de la machine à haute pression de l'Américain Jacob Perkins, machine concurrente dans laquelle la pression utilisée atteignait la mesure extraordinaire de trente-cinq atmosphères, était déjà, ou peu s'en faut, une vieille histoire en l'été 1824 [9], et si certaines découvertes plutôt embarrassantes faites par le mécanicien Riche de Prony, suggéraient que l'économie réalisée par les machines de Woolf avait été nettement exagérée ; leur contenu resta deux années encore ignoré du grand public [10].

Le cas Prony évoque cependant un avantage de la situation en France, à savoir que les premiers succès spectaculaires de la machine de Woolf y avaient attiré tout autant l'attention des théoriciens que celle des ingénieurs, et ce n'est pas sans raison qu'entre 1815 et 1825, se manifesta un véritable engouement pour la théorie des machines thermiques [11]. Le principal objet des discussions théoriques de cette époque était de déterminer les moyens d'obtenir une économie optimale. Pourquoi la machine de Woolf était-elle plus économique que ses concurrentes ? Dans quelle mesure pouvait-on encore améliorer son rendement ? C'est essentiellement dans ce contexte que se situe le propos de Carnot. Sans doute Carnot ne fonde pas sa théorie en référence à une machine particulière, mais il n'en est pas moins évident que l'on doit considérer son travail comme une contribution au débat théorique sur la question très controversée de l'économie, débat presque exclusivement français et qui a son origine en 1814 dans la découverte par les français des qualités, majorées, de la machine de Woolf.

Ce débat avait été fructueux à plus d'un égard. Il avait permis, partiellement, de préciser de nombreux concepts et d'éliminer certaines erreurs, les plus grossières ; il avait surtout préparé pour Carnot une chance : celle de rencontrer, lorsqu'il aborda le problème au début des années 1820, un milieu dont les opinions sur le sujet étaient déjà beaucoup plus cohérentes et mieux fondées qu'elles ne pouvaient l'être quelques années auparavant. Pour illustrer certaines conceptions qui étaient monnaie courante au moment de l'introduction de la machine de Woolf en France, il nous suffit de considérer l'une des plus importantes contributions au débat, celle du physicien Jean-Baptiste Biot, en 1816 [12]. Cette contribution est d'un intérêt tout particulier par l'attention qu'elle porte aux

9. Pour une preuve de l'intérêt manifesté par Carnot à l'égard de la machine de Perkins, voir *Réflexions*, p. 157 (éd. 1824, p. 99), ainsi que notre commentaire note 85.

10. Les vérifications de Prony furent faites en 1821-1822 afin de fournir des preuves dans le procès engagé contre Humphrey Edwards, l'ancien collaborateur de Woolf, par un client mécontent, Louis-Didier Lacour. Prony en a donné une description dans son « Rapport... sur la nouvelle et l'ancienne machine à vapeur établies à Paris, à Gros-Caillou... », *Annales des Mines*, xii (1826), 3-100. Les archives concernant ces vérifications sont conservées dans les mss. 2758 et 2766 de la bibliothèque de l'École Nationale des Ponts et Chaussées de Paris.

11. Pour un exposé des discussions théoriques antérieures à la publication des *Réflexions*, voir Robert Fox, « The Challenge of a new technology : theorists and the high-pressure steam engine before 1824 », Actes Colloque 1974 : *Sadi Carnot et l'essor de la thermodynamique* (Paris, 1976), p. 149-167.

12. J.-B. Biot, *Traité de physique expérimentale et mathématique* (4 vol. Paris 1816), iv. 739-41.

propriétés thermiques de la vapeur exclusivement et par son examen de la question de l'économie sans tenir aucun compte du procédé de détente sur une partie de la course du piston.

Biot part de la considération suivante : la quantité de chaleur requise pour remplir le cylindre d'une machine d'un volume V à une température t et à une pression P est proportionnelle à ρc, ρ étant la densité de la vapeur à la température, t et c la chaleur utilisée pour obtenir une masse unitaire de vapeur à partir de l'eau froide placée dans la chaudière. Etant donné que l'effet mécanique obtenu lors de chaque course du piston dans une machine sans détente est proportionnel à P, il s'ensuit que la pression la plus avantageuse est celle pour laquelle le rapport $\frac{\rho c}{P}$ est minimal. En admettant alors que la vapeur suive les règles générales des fluides gazeux, de telle sorte que sa pression P, son volume V, et sa température t soient liés par la relation $\frac{PV}{267 + t}$ = constante[13], Biot transforme la condition d'économie maximale en disant que la pression la plus avantageuse, ainsi que la température, correspondent au minimum de $\frac{c}{267 + t}$. De telle sorte que si c augmente plus lentement que $(267 + t)$, l'économie obtenue en utilisant la vapeur à de hautes pressions et de fortes températures ne semble pas devoir connaître de limite. Dans la mesure où Biot était enclin à penser que c augmente effectivement plus lentement que $(267 + t)$, la discussion qu'il avait instaurée était favorable à la machine à haute pression, mais, comme il le faisait lui-même remarquer[14], toute conclusion définitive s'avérait difficile en raison du manque de certitude concernant la variation de c en fonction de la température t.

En 1816 cependant, bien que les machines de Woolf et le procédé de Watt n'aient été qu'au début de leur diffusion en France, une évidence s'imposait à maints lecteurs de Biot, à savoir que le fait de négliger l'avantage de la détente était une omission grave. Et de fait, l'attention des théoriciens se porta assez rapidement sur ce défaut. Les deux débats qui furent lancés à ce propos en 1818 et 1819 par Jean-Nicolas-Pierre Hachette — ancien professeur de géométrie descriptive à l'École Polytechnique, qui avait perdu son poste pour des raisons d'ordre politique au moment de la Restauration — sont caractéristiques à cet égard[15].

13. Comme je le signale dans le Commentaire, note 62, l'idée que la vapeur obéissait aux lois normales des gaz était couramment admise dans la décennie précédant la publication des *Réflexions,* bien qu'aucune confirmation expérimentale n'en ait été donnée avant 1821. Sur l'idée d'Hachette d'une proportionnalité entre la vapeur saturée à différentes températures, et sa densité (i.e. P V = constante), voir plus bas, p. 23-4. Sur l'utilisation du nombre 267 là où nous devrions maintenant utiliser le nombre 273, voir le Commentaire, note 36.

14. BIOT, *op. cit.* (note 12), iv. 740.

15. J.-N.-P. HACHETTE, « Méthode pratique pour comparer les effets des machines à vapeur », *Bulletin de la Société d'Encouragement pour l'Industrie Nationale,* XVIIe année (1818), et *Traité élémentaire des machines* (2e édition, Paris 1819), p. 212-16.

En admettant que la chaleur latente de la vapeur est indépendante de la température et de la pression auxquelles elle est formée. Hachette y trouvait la raison pour laquelle la chaleur c précédemment définie augmente avec la température et la pression de la vapeur, mais en retrait sur Biot il estimait que la pression de la vapeur à différentes températures est proportionnelle à sa densité, c'est-à-dire que $P = k\rho$, et il en venait à l'étonnante conclusion que le rapport privilégié, $\frac{\rho c}{P}$ avec les symboles de Biot, augmente en proportion de la température. Il s'ensuivait, évidemment selon lui, qu'on ne pouvait faire aucune économie en opérant simplement avec de hautes pressions, sans détente, bien au contraire. L'économie de combustible, qui était indéniable avec la machine de Woolf, se trouvait alors devoir être presque sûrement le fait de la technique de la détente, et Hachette rendait cette conclusion parfaitement plausible en illustrant le débat par des évaluations numériques.

Il est à peine besoin de dire qu'en 1819, malgré cette discussion des trois années antérieures, on restait dans une très grande perplexité vis-à-vis de la machine à détente à haute pression, et que, dans une très large mesure, la responsabilité en incombait au manque d'études expérimentales bien coordonnées. Mais une cause notable d'incertitude disparut en avril de cette même année lorsque Nicolas Clément, industriel et chimiste à qui l'on devait bientôt attribuer la chaire nouvellement créée de chimie industrielle au Conservatoire des Arts et Métiers à Paris, décrivit quelques expériences sur le rapport entre c et t[16]. Ces expériences démontraient que c (dans le système de symboles de Biot, toujours) est entièrement indépendant de t et que, par conséquent, le rapport $\frac{c}{267 + t}$ diminue régulièrement tandis que t et P augmentent. Il semblait donc, qu'il y avait finalement un certain avantage à utiliser simplement la vapeur à de hautes pressions et sans détente pour les raisons que Biot avait suggérées. Mais il n'en était pas moins évident, eu égard aux températures pratiquement utilisables, que cet avantage avait une application restreinte. Lorsque Clément présenta ses résultats à l'Académie des sciences au mois d'août 1819, dans un mémoire sur la théorie des machines à vapeur écrit en collaboration avec son beau-père Charles-Bernard Desormes[17], cette conclusion fut confirmée largement et avec autorité : il était démontré, à travers une série de calculs numériques, que l'économie réalisée en utilisant la détente de la vapeur dépasse de beaucoup celle qui résulte, sans détente, du fait que c est indépendant de t.

16. C'est à la Société d'Encouragement pour l'Industrie Nationale que Clément a pour la première fois décrit les expériences qu'il avait faites à l'usine d'Oberkampf à Jouy ; voir *Bulletin de la Société d'Encouragement pour l'Industrie Nationale,* XVIIIe année (1819), 255. Sur l'exposé plus officiel de ses résultats qu'il fait à l'Académie des Sciences quatre mois plus tard, voir la note 17.

17. Le communiqué commun fut lu les 16 et 23 août 1819. Malheureusement il ne fut jamais publié, même si un résumé en parut effectivement sous forme d'un article anonyme intitulé « Mémoire sur la théorie des machines à vapeur ; par MM. Desormes et Clément. (Extrait) », dans le *Bulletin des sciences, par la Société Philomathique de Paris,* nouv. sér. vi. (1819), 115-18.

Il est important de noter, incidemment, que ce fait était accueilli avec scepticisme par certains contemporains, notamment Laplace et fut, quelques années plus tard, généralement (et justement) regardé comme approximatif [18]. Mais quand Carnot prit la plume, le fait était bien connu et avait une extrême influence.

On peut considérer sans réserves qu'un certain nombre de principes généraux sur la théorie des machines thermiques paraissaient bien établis au moment où Carnot se tourna vers la question, vraisemblablement au début des années 1820. Il apparaissait certain en particulier, pour les techniciens comme pour les théoriciens, que l'utilisation de la vapeur à haute pression est économique. Même des hommes comme Hachette, ou Clément et Desormes qui avaient tant souligné l'importance de la détente, s'accordaient sur la nécessité d'utiliser les pressions les plus élevées possibles, car, ainsi qu'ils venaient de le montrer de manière convaincante, le bénéfice réalisé lors de la phase de détente augmente avec la pression. Et pour eux — comme pour la majorité de leurs collègues — il ne semblait pas qu'il puisse y avoir de limite à l'économie de combustible réalisée dans cette voie. Mises à part, bien entendu, les difficultés d'ordre pratique notamment : l'insuffisance technique des procédés de soudure des joints qui entraînait de sérieux risques d'explosion dès que la pression dépassait quelques atmosphères.

Il y a dans la théorie de Carnot sur la machine thermique idéale bien des éléments qui sont le reflet de ces idées et de ces pratiques qui étaient en faveur à l'époque. Il est fondamental pour Carnot, par exemple, qu'une phase de détente soit intégrée dans la course du piston. Les phases de détente isotherme et adiabatique dans son cycle correspondent très clairement aux deux phases de la course du piston avant et après la coupure d'admission de la vapeur. De la même façon, son adhésion à la théorie de l'utilisation des hautes pressions ne présente, pour un texte publié en 1824, aucun caractère d'originalité, encore que Carnot se montre tout à fait original lorsqu'il insiste sur le fait que l'économie devrait être attribuée bien plus à l'élévation de la température qu'à celle de la pression.

Il est également possible de discerner l'influence des problèmes contemporains (mais non des solutions contemporaines) dans sa discussion sur les mérites respectifs des différentes substances utilisées. Car, lorsque furent écrites les *Réflexions*, il n'y avait pas unanimité complète pour considérer que la vapeur d'eau procure, certainement, la plus grande économie. Dès 1818, Alexis-Thérèse Petit, jeune et brillant professeur de physique à l'Ecole Polytechnique qui devait malheureusement succomber bientôt à la tuberculose, avait avancé l'idée que la substitution de l'air à la vapeur pourrait garantir une économie de combustible quatre fois plus élevée [19]. Claude Navier, professeur de mécanique appliquée à l'École des Ponts et Chaussées avait répondu à Petit en 1821 en prétendant qu'on peut atteindre avec la vapeur un rendement cinq fois supérieur [20], mais il apparaît, à la

18. Sur le discrédit de la loi de Clément et Desormes, voir le Commentaire, note 62.

19. A.-T. Petit, « Sur l'emploi du principe des forces vives dans le calcul de l'effet des machines », *Annales de chimie et de physique*, viii (1818), 287-305 (294).

20. C.-L.-M.-H. Navier, « Note sur l'action mécanique des combustibles », *Annales de chimie et de physique*, xvii (1821), 357-72 (368).

lumière d'autres débats qui se situent dans les années 1820, que cette réfutation des arguments de Petit par Navier n'était pas considérée comme le dernier mot en la matière. Dans ce contexte, cependant, personne n'envisageait la solution radicale à laquelle Carnot allait s'attacher : à savoir que pour une chute de température donnée, la nature de la substance utilisée comme agent n'a aucune influence sur le rendement.

Sources d'innovation : Lazare Carnot et Nicolas Clément

Bien que, comme j'ai essayé de le montrer, le travail de Carnot fût intimement lié aux problèmes et aux traditions de la technologie française au début des années 1820, de nombreux éléments des *Réflexions* pouvaient aisément dérouter les premiers lecteurs. En effet, tant par le détail que par l'impact général de la théorie, où l'accent est mis sur la différence de température entre la chaudière et le condenseur et sur la « chute » de chaleur (ou chute de calorique) correspondante, les *Réflexions* devaient paraître un ouvrage singulier. Elles ne produisent pas aujourd'hui la même impression, parce que nous pouvons maintenant identifier, ce qui était impossible en 1824 ou même encore il n'y a que vingt ans, les sources probables de bien des idées de Carnot. Parmi ces sources, la plus importante se trouve sans aucun doute dans les travaux du père de Sadi, Lazare Carnot [21].

La célébrité de Lazare tient davantage, on le sait, à ses activités politiques et militaires, qu'à son œuvre scientifique. Il fut successivement membre de l'Assemblée législative (1791-1792) et de la Convention nationale (1792-1795) ; en août 1793, il rejoignit Robespierre et dix autres collègues au célèbre Comité de Salut public. C'est en tant que membre du comité responsable de certaines affaires militaires (et tandis qu'il se tenait sur une prudente réserve en matière de politique intérieure) qu'il s'acquit le surnom bien connu « d'organisateur de la victoire ». Il contribua en effet sérieusement au succès des troupes françaises contre les armées de l'Alliance qui menaçaient si dangereusement la France à l'automne 1793. Il n'est pas surprenant qu'après les victoires françaises de 1794 à Tourcoing, Tournai, et Fleurus, encore très présentes dans les mémoires au moment de la réaction thermidorienne qui vit la chute de Robespierre, Lazare put échapper à cette réaction avec beaucoup plus de bonheur qu'aucun de ses collègues du Comité de Salut public, et devenir en novembre 1795 l'un des cinq membres du Directoire nouvellement institué. A partir de cette date, jusqu'à ce qu'il soit déchargé de ses fonctions en septembre 1797, lors du coup d'État du 18 fructidor, il resta une figure dominante du gouvernement français.

Lazare ne retrouva jamais par la suite la même faveur. Lorsque eut lieu ce coup d'État, ce ne fut que de justesse qu'il échappa à l'arrestation, mais il dut s'exiler les deux années suivantes. A son

21. Pour une étude de l'œuvre scientifique de Lazare, voir Charles Coulston Gillispie, *Lazare Carnot savant* (Princeton, N. J., 1971). La question de la dette de Sadi à l'égard de son père y est discutée p. 90-100. Les meilleures sources biographiques concernant Lazare sont : Lazare Hippolyte Carnot, *Mémoires sur Carnot par son fils* (2 vol., Paris, 1861-3) et Marcel Reinhard, *Le grand Carnot* (2 vol., Paris, 1950-2).

retour, en janvier 1800, il servit sept mois Napoléon Bonaparte comme ministre de la Guerre du Premier Consul, mais les relations entre les deux hommes ne furent jamais étroites. En fait, en tant que membre du Tribunat de 1802 à 1806, Carnot s'opposa à plusieurs mesures proposées par Napoléon, en particulier à la création du consulat à vie, de la Légion d'honneur, et à l'institution de l'Empire. Il fut évidemment très heureux d'être libéré de ses fonctions politiques de septembre 1800 lorsqu'il donna sa démission de ministre jusqu'en janvier 1814, lorsque la France étant de nouveau dangereusement menacée, il offrit encore ses services à Napoléon. Il fut nommé gouverneur d'Anvers, où il eut l'occasion de montrer ses talents d'administrateur et de militaire, mais sa vaillante défense de la ville — il fut le seul général de Napoléon à n'avoir connu aucune défaite — ne servit à rien. La prise de Paris par les forces alliées le 31 mars 1814, fut suivie par l'abdication de Napoléon et par la restauration de la monarchie. Au retour de Napoléon de son exil à l'île d'Elbe, pendant les Cent-Jours, s'offrit à Carnot la dernière possibilité de retrouver une activité publique en tant que ministre de l'Intérieur cette fois ; mais le second effondrement de l'Empire en juin 1815 y mit fin définitivement. Lazare Carnot ne vit alors d'autre solution que l'exil et finit ses jours à Magdebourg en Prusse où il mourut au mois d'août 1823.

Tout au long de sa tumultueuse carrière politique Lazare Carnot sut rester disponible à toute activité de l'esprit. Il écrivait des vers, dont certains furent publiés [22] ; il maîtrisait bien le latin et les langues vivantes, aptitude qu'il transmit à son fils Sadi. Mais ses contributions les plus intéressantes sont du domaine des mathématiques et en particulier de la géométrie et de la théorie des machines. Compétent dans ces deux domaines, Lazare n'y fait pas vraiment preuve de grande originalité, mais ses tentatives pour établir une science des machines ont exercé sur Sadi une influence certaine et qui mérite d'être mentionnée.

Le propos essentiel des *Réflexions* de Sadi, à savoir établir une théorie générale des machines à feu réduites à leurs principes, en négligeant les considérations pratiques, ressemblait fort à celui de la première publication scientifique de Lazare, l'*Essai sur les machines en général* (1783) [23]. Dans cet *Essai* Lazare cherchait à établir les conditions optimales de rendement d'une machine. Il est vrai que les machines dont il était question dans ce livre étaient strictement mécaniques, et ne comprenaient pas la machine à vapeur, ce qui n'est pas très surprenant à une époque où cette machine était encore peu connue en France. Les machines hydrauliques étaient les seules à application pratique à y être traitées et encore brièvement. Mais par ses qualités d'abstraction et jusque dans ses conclusions, l'*Essai* de Lazare préfigure les *Réflexions* de Sadi.

La conclusion où se présente de la manière la plus obvie une analogie spécifique entre l'*Essai* et les *Réflexions* est celle que Lazare établit sur les conditions de rendement maximum des machines hydrauliques [24]. Brièvement, elles consistent à donner à un vieux prin-

22. Par exemple : *Ode à la folie* (signée C...t) (Paris, s.d.), *Don Quichotte. Poème héroï-comique en six chants* (Paris, 1821), *Opuscules poétiques du général L.-N.-M. Carnot* (Paris, 1820).

23. Voir le Commentaire, note 8.

24. Voir le Commentaire, note 20.

cipe connu des techniciens de l'hydraulique toute sa portée : la transmission de la puissance motrice dans une machine doit s'effectuer sans qu'il y ait de choc et il ne doit pas y avoir de perte de mouvement avec l'eau qui quitte la machine. Dans une roue à aubes, par exemple, l'eau doit entrer et sortir de la machine avec la même vitesse exactement que celle des pièces en mouvement (cf. Commentaire, note 20). Dans les *Réflexions,* la condition comparable, pour un rendement maximum, est qu'il ne doit pas y avoir de « chute » de calorique ou de flux de chaleur qui ne produise un effet mécanique [25]. D'après ce critère le passage pur et simple de la chaleur d'un corps chaud à un corps froid est manifestement un gaspillage.

Du reste bien d'autres aspects des *Réflexions* manifestent la dette que Sadi a envers son père : par exemple, ses commentaires sur le mouvement perpétuel, l'intérêt particulier qu'il attache à la nécessité de n'observer qu'un cycle complet d'opérations, et, peut-être surtout, la notion de réversibilité qui peut bien avoir son origine dans la discussion de Lazare sur les « mouvements géométriques ». Mais je reviendrai plus loin, dans mes notes, sur les passages significatifs à cet égard [26].

Il eût été surprenant que Sadi n'ait pas été extrêmement influencé par Lazare car, en dépit de longues périodes de séparation, ils furent toujours très liés. Un frère de Lazare, Joseph-François-Claude Carnot, a écrit que dans son enfance Sadi craignait son père mais qu'il l'aimait profondément [27] ; et il y a toute raison de croire que Lazare, en retour, était très attaché à son fils.

Sadi naquit à Paris le 1er juin 1796, peu de temps après deux frères morts en bas âge et appelés également Sadi [28]. Cette naissance

25. *Réflexions*, p. 80-4 (éd. 1824, p. 22-6).

26. Commentaire, notes, 16, 17. Les motifs de croire à une étroite relation entre la notion de mouvement géométrique chez Lazare, et le concept si important de réversibilité, ont été établis par Gillispie. Voir en particulier sa communication : « The scientific work of Lazare Carnot, and its influence on that of his son », in, *Sadi Carnot et l'essor de la thermodynamique, op. cit.* (note 11), p. 23-32 (26-31).

27. Dans le « Précis historique de la famille des Carnot en Bourgogne ; avec quelques notes critiques sur divers personnages de la Révolution. Par Joseph-François-Claude Carnot... ouvrage commencé après la désastreuse journée du 18 fructidor, an V ; et fini au 18 fructidor, an IX » (dactylographie non paginée dans la collection de Monsieur Pierre-Sadi Carnot) :

« Sadi est un enfant qui a de l'esprit au-dessus de son âge, il apprend tout ce qu'il veut ; il est même peut-être un peu trop précoce ; mais il demande à être retenu ; il se ressent de l'affreuse proscription de son père, qu'il craint et qu'il aime beaucoup. »

28. Sadi fut ainsi appelé à cause du poète et naturaliste persan du treizième siècle, Saadi Musharif ed Din, dont les poèmes, surtout le « Jardin des roses » (Gulistan) étaient populaires en Europe à la fin du dix-huitième siècle. Il est vraisemblable que Lazare avait choisi ce nom pour commémorer sa participation, dans les années 1780, à la Société des Rosati, à Arras, cercle littéraire sans rien d'officiel dans lequel la célébration poétique de la beauté des roses était un thème habituel. On donna à Sadi les noms de Nicolas-Léonard lors de son baptême dans l'église de l'ancien couvent parisien des Capucins, Chaussée d'Antin, le 11 juillet 1796 ; voir Arthur Birembaut, « A propos des notices biographiques

eut lieu dans l'appartement du Petit Luxembourg que Lazare occupait de par sa charge de Directeur, et c'est là que Sadi vécut sa première année. En septembre 1797, cependant, la famille se dispersa. Après le coup d'Etat de fructidor, Lazare partit seul en exil, tandis que Sadi alla vivre avec sa mère, Sophie Dupont, dans la maison où résidait la famille de cette dernière, à Saint-Omer, près de Calais. Il semble peu probable que Sadi ait beaucoup vu son père lorsque celui-ci revint à Paris en janvier 1800, et ce n'est qu'après la démission de Lazare du ministère de la Guerre (en septembre 1800) qu'une vie de famille normale fut possible. Lazare était un père attentif et les années qui suivirent, de 1801, date de naissance d'un second fils, Hippolyte, à 1813, année de la mort de Mme Carnot, semblent avoir été parfaitement heureuses. Ce fut le moment où Lazare put s'adonner librement aux sciences et aux mathématiques, comme il ne lui fut plus jamais donné de le faire. Ce ne fut pas le fruit du hasard si, pendant cette période, il publia deux de ses ouvrages les plus importants : les *Principes de l'équilibre et du mouvement* et la *Géométrie de position*, en 1803 [29], et participa activement au travail de la Classe des Sciences physiques et mathématiques de l'Institut, classe qui avait pris la suite en 1795, de l'ancienne Académie des Sciences. Réélu à l'Institut en mars 1800, (il avait été en effet rayé en 1797 après le coup d'État de fructidor alors qu'il avait été élu l'année précédente) [30], Lazare assistait régulièrement aux séances et travaillait avec enthousiasme dans les Commissions qui avaient à rédiger les rapports sur les mémoires déposés.

Sadi bénéficia largement des loisirs de son père. En fait, c'est ce dernier qui se chargea de son éducation jusqu'à l'âge de seize ans. Bien que cette éducation reflétât évidemment les intérêts littéraires de Lazare, les aptitudes de Sadi en sciences et en mathématiques furent tout naturellement encouragées et, en novembre 1812, après les huit mois et demi de préparation spéciale sous la conduite de L.P.M. Bourdon, célèbre professeur de mathématiques au lycée Charlemagne, (proche de la maison familiale dans le quartier du Marais) [31], il entra à l'École Polytechnique, classé vingt-quatrième sur cent quatre-vingt-quatre, position très honorable pour quelqu'un de son âge dans une aussi âpre compétition (il n'y avait dans sa promotion que deux élèves plus jeunes que lui).

sur Sadi Carnot : quelques documents inédits », *Revue d'histoire des sciences et de leurs applications*, xxvii (1974), 355-70 (364-6).

Les données biographiques utilisées dans cette Introduction proviennent des sources imprimées indiquées dans la Bibliographie, Section IV, partie *b*, auxquelles s'ajoutent les sources inédites reproduites dans les Appendices D et E, ainsi que l'histoire de la famille citée dans la note 27.

29. On trouve de nombreuses preuves du regain d'intérêt de Lazare pour la science dans la bibliographie de ses principaux écrits scientifiques donnée par Gillispie, *op. cit.* (note 21).

30. Celui qui le remplaça n'était nul autre que Napoléon Bonaparte.

31. La résidence d'hiver de la famille pendant presque tout le Premier Empire fut le 5, rue Neuve-Saint-François (actuellement 3, rue Debelleyme) ; la plus grande partie des mois d'été se passait dans une maison de campagne à Presles, près de La Ferté-Alais, maison qui appartient encore à la famille. Sadi étant à l'École Polytechnique, Lazare déménagea, probablement en 1814, au 44, rue Saint-Louis dans le Marais (l'actuelle rue de Turenne).

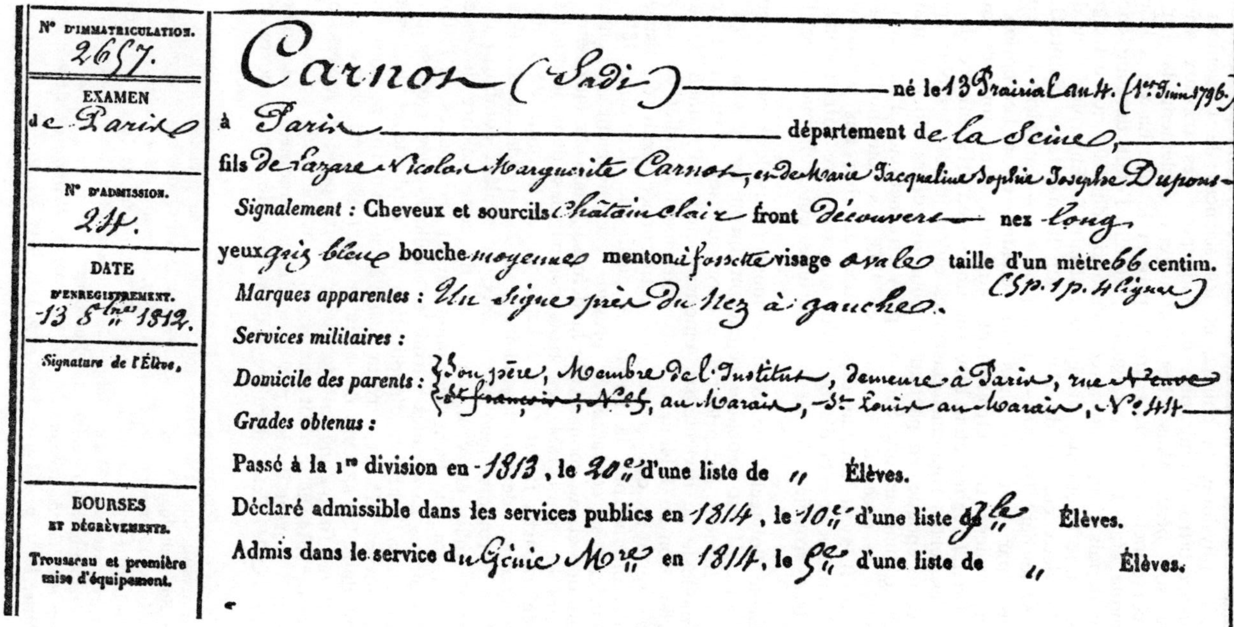

N° D'IMMATRICULATION. 2657.	Carnot (Sadi) né le 13 Prairial an 4. (1er Juin 1796.)
EXAMEN de Paris	à Paris département de la Seine,
N° D'ADMISSION. 24.	fils de Lazare Nicolas Marguerite Carnot, et de Marie Jacqueline Sophie Josephe Dupont
DATE D'ENREGISTREMENT. 13 8bre 1812.	*Signalement* : Cheveux et sourcils châtain clair front découvert nez long,
	yeux gris bleu bouche moyenne menton à fossette visage ovale taille d'un mètre 66 centim. (5p. 1p. 4 lignes)
Signature de l'Élève,	*Marques apparentes* : Un signe près du nez à gauche.
	Services militaires :
	Domicile des parents : Son père, Membre de l'Institut, demeure à Paris, rue ~~Neuve St François, N° 6~~, au Marais, — St Louis au Marais, N° 44
	Grades obtenus :
	Passé à la 1re division en 1813, le 20e d'une liste de " Élèves.
BOURSES ET DÉGRÈVEMENTS.	Déclaré admissible dans les services publics en 1814, le 10e d'une liste [illegible] Élèves.
Trousseau et première mise d'équipement.	Admis dans le service du Génie Mre en 1814, le 5e d'une liste de " Élèves.

Fiche matricule de Sadi Carnot à l'École Polytechnique

Les deux années où il étudia à l'École Polytechnique les mathématiques, la physique, la chimie, et les sciences de l'ingénieur ne purent qu'accroître l'admiration de Sadi pour les travaux scientifiques de son père. Mais elles marquèrent également la fin de contacts personnels réguliers entre le père et le fils. La vie à l'École Polytechnique était très contraignante, et elle l'était devenue encore davantage depuis l'importante réorganisation de 1804 qui astreignait les élèves à une rigoureuse discipline militaire [32]. Enfermés dans leur caserne du vieux collège de Navarre sur la montagne Sainte-Geneviève, ils se levaient très tôt — à cinq heures — suivaient des cours neuf heures par jour, six jours par semaine, et, à l'exception des dimanches, étaient très étroitement surveillés dans tout ce qu'ils faisaient. Un tel régime était bien sûr un moyen très efficace de leur inculquer les vertus romaines classiques qu'on jugeait les plus appropriées à cette époque, en particulier pour de futurs officiers, mais il est difficile d'imaginer que Sadi ait pu y être heureux. Plus vivement encore après le décès de sa mère en 1813, les souvenirs de la vie familiale qu'il avait connue depuis l'âge de cinq ans devaient lui paraître lointains et cela d'autant plus que son père entrait dans une période très troublée de sa vie, période qui culmina avec l'exil en 1815.

A l'École Polytechnique, Sadi se montra un élève satisfaisant et consciencieux. Il est probable cependant qu'on ne le considéra pas comme un élément exceptionnel, encore que son classement relativement modeste de dixième sur cinquante-cinq à l'examen de sortie de sa promotion en 1814 ne fut pas exactement le reflet de ses aptitudes, ne serait-ce que parce que cette année avait été sérieusement interrompue par la guerre. A partir de décembre 1813, les polytechniciens se consacrèrent presque exclusivement à l'entraînement militaire et, au moment de la défense finale de Paris aux derniers jours de mars 1814, les trois compagnies dans lesquelles ils avaient été répartis firent front à l'ennemi sur la route de Vincennes avec un courage devenu légendaire [33]. A la grande satisfaction de Lazare [34], Sadi fut distingué parmi ceux qui avaient combattu le plus vaillamment, mais en vain, au cours de cette célèbre journée du 30 mars 1814, lorsque Paris succomba devant les troupes de l'Alliance.

Avec d'autres camarades parmi les meilleurs élèves de sa promotion, Sadi entra à l'École d'application de l'artillerie et du génie de Metz en janvier 1815, et y resta jusqu'à ce qu'il fut nommé second lieutenant dans les sapeurs du génie en avril 1817. Au cours de cette période, il ne fit qu'une courte visite à son père, à Anvers, après la défaite de 1814, et il n'eut par la suite qu'une seule occasion de le voir, en 1821, lorsqu'il vint passer quelques semaines à Magdebourg, auprès de l'exilé. Cette dernière rencontre a dû être importante, on

32. On trouve une description très vivante et de première main de la vie à l'École Polytechnique à cette époque dans la lettre d'Auguste Comte à Valat du 2 janvier 1815, reproduite dans G. PINET, *Histoire de l'École Polytechnique* (Paris, 1887), p. 84 n. Comte fut élève à Polytechnique de 1814 à 1816, moment où il fut renvoyé pour l'indiscipline dont il avait fait preuve en manifestant contre la restauration du régime des Bourbons.

33. Sur cet épisode mémorable, voir A. FOURCY, *Histoire de l'École Polytechnique* (Paris, 1828), p. 322-8, et PINET, *op. cit.* (note 32), p. 73-87.

34. Voir sa lettre à Sadi, reproduite dans l'Appendice D, document D_4.

le conçoit aisément, et il est fort possible, que ce soit à la faveur de ces conversations entre le père et le fils que l'attention de ce dernier ait été attirée sur les problèmes dont il traite dans les *Réflexions* [35].

Sadi n'a pas fait, semble-t-il, une carrière militaire remarquable. C'était un jeune homme sensible, d'une nature solitaire, qui se plaisait à vivre à l'écart et tout à fait inadapté à la vie tapageuse d'une armée en garnison. Son frère Hippolyte décrira plus tard l'enthousiasme affectueux dont il était capable lorsqu'il n'était entouré que d'un petit nombre d'amis et l'amitié qu'il pouvait inspirer à ceux qui le connaissaient bien [36]. Mais il se définissait davantage par sa timidité qu'aggravait (ou peut-être raisonnait) cette misanthropie modérée qui se manifeste si clairement dans certaines de ses notes. A cet égard, une lettre récemment découverte, qu'un ami de la famille, qui connut Sadi à Metz en 1815, adressa à Lazare, est particulièrement intéressante [37]. Le portrait où Sadi est décrit comme un garçon « un peu timide », pour reprendre les termes de la lettre, n'est évidemment qu'un bienveillant euphémisme !

Les séjours obligatoires qu'il fit à Metz, Besançon et Langres de 1817 à 1819 ont dû être de pénibles épreuves pour lui. Mais, même dès les premières années de sa carrière, Sadi réussit à s'évader très fréquemment en permission à Paris et c'est sans doute avec un immense soulagement qu'il se vit nommé lieutenant au nouveau Corps d'État-Major en janvier 1819. Cela signifiait qu'il ne bénéficiait plus que d'une demi-solde mais avec la possibilité, en compensation, de demeurer à Paris, sauf durant une brève période annuelle d'exercice. C'est ainsi que Sadi résida pratiquement en permanence au 1, rue du Parc Royal, dans le Marais, pendant plus de dix ans.

Dès le début de cette nouvelle situation, il commença probablement à mener cette existence solitaire d'étude et de culture paisible qu'il devait poursuivre jusqu'à la fin de sa vie en 1832. Ses intérêts étaient nombreux. Sadi était un violoniste doué et en dépit de sa réserve un danseur accompli. Il aimait aussi beaucoup la boxe et, parmi les rares objets personnels lui ayant appartenu, et dont on soit encore en possession, se trouve une gravure représentant un boxeur anglais [38]. Comme tant d'autres de sa génération, il suivait des séries de conférences à la Sorbonne (où, vers 1820, Cousin, Villemain et Guizot enflammaient la jeunesse parisienne avec leurs brillants exposés philosophiques, historiques ou littéraires) et au Collège de France également. Selon son frère Hippolyte, qui vécut avec lui quelque temps après la mort de Lazare en 1823, il fréquentait régulièrement l'Opéra-Comique (les « Italiens »), le Louvre, la Bibliothèque royale, le Jardin des Plantes et le Conservatoire natio-

35. L'importance de la visite de Sadi à Magdebourg est mentionnée dans Gillispie, *op. cit.* (note 21), p. 91.

36. « Il avait le cœur très chaud sous une enveloppe froide », disait Hippolyte de son frère. Voir sa « Notice biographique sur Sadi Carnot », *op. cit.* (note 1) : *Réflexions* (éd. 1878), p. 76-7 ; *Biographie et manuscrit*, p. 17-18.

37. Voir la lettre de Cerbal à Lazare Carnot dans l'Appendice D, document D_{10}.

38. Le portrait appartient à la collection privée de M. Pierre-Sadi Carnot, qui possède également deux boucles de souliers en argent et un portrait de Sadi à l'âge d'environ 12 ans.

nal des arts et métiers, ce qui est peut-être, pour nous qui cherchons à comprendre mieux les *Réflexions*, le plus important.

Il est facile d'imaginer pourquoi Sadi était attiré par le Conservatoire. Bien qu'il ait existé depuis 1794 en tant que Musée des techniques, le Conservatoire avait pris un tout autre caractère à partir de 1819, lorsque les cours de mécanique, de chimie industrielle, et d'économie industrielle y furent donnés le soir à l'usage principal d'hommes pris par un travail dans la journée[39]. Pour des raisons politiques évidentes, le Conservatoire fut toujours suspect aux yeux des gouvernements conservateurs de la Restauration. Aussi lorsqu'en 1824 et 1825 les craintes d'une agitation populaire furent à leur paroxysme dans les milieux officiels, les cours qui se donnaient au Conservatoire furent l'objet d'une attention toute particulière. Il n'y a pas lieu de s'en étonner. S'il faut en croire les rapports quelque peu exagérés de la police secrète[40], les auditoires étaient constitués régulièrement de « personnes dont les opinions sont très mauvaises et qui n'y vont pas dans le but de s'instruire » ; après les cours, il y avait évidemment des réunions clandestines auxquelles l'obscurité prêtait un caractère nettement subversif. Les plus suspects étaient les enseignants, Charles Dupin, professeur de mécanique, Nicolas Clément, professeur de chimie industrielle, et Jean-Baptiste Say, professeur d'économie industrielle. Comme l'énonce un rapport de police de 1825, tous trois apparaissaient coupables de trouver constamment un « moyen de glisser dans leurs leçons des censures sur quelques-unes de nos institutions et sur certaines mesures adoptées par le gouvernement », censures qui, apparemment, faisaient la joie de l'auditoire. A quelqu'un comme Sadi, dont l'héritage joignait les sympathies républicaines et la haine des Bourbons, comme des éléments les plus réactionnaires de l'Église catholique, une telle atmosphère ne pouvait que convenir. Mais il y avait d'autres liens plus personnels qui attachaient Sadi au Conservatoire.

Dupin, au moins, avait dû le connaître bien avant l'instauration des cours en 1819. Il avait été un ami de la famille Carnot dès 1803 environ, lorsqu'il achevait ses études à l'École Polytechnique et au début de sa carrière d'ingénieur maritime il était traité par Lazare comme un fils de la maison[41]. Il n'oublia jamais la dette de recon-

39. Sur l'histoire du Conservatoire, voir A. DE MONZIE, *Le Conservatoire du peuple* (Paris, 1948) ; *Ministère de l'Éducation Nationale. Cent-cinquante ans de haut enseignement technique au Conservatoire National des Arts et Métiers* (Paris 1970) ; Robert FOX, « Education for a new age: the Conservatoire des Arts et Métiers 1815-1830 », in D. S. L. CARDWELL (éd.), *Artisan to graduate. Essays to commemorate the foundation in 1824 of the Manchester Mechanics' Institution, now in 1974 the University of Manchester Institute of Science and Technology* (Manchester, 1974), p. 23-38. Les conférences furent faites sur le modèle de celles des *Mechanics Institutes* britanniques, qui avaient d'ailleurs suscité dans leur pays un malaise tout à fait analogue.

40. Les comptes rendus sont conservés aux Archives Nationales, F7. 6965 (*item* 12.391). D'importants extraits en sont reproduits dans F. DREYFUS, *Un philanthrope d'autrefois. La Rochefoucauld-Liancourt, 1747-1827* (Paris, 1903), p. 415-6, et *Cent-cinquante ans de haut enseignement... op. cit.* (note 39), p. 23-4.

41. *Mémoires sur Carnot, op. cit.* (note 21), ii. 559 n. ; voir aussi p. 252 et 277 n. Pour des détails biographiques sur Dupin, voir V. LACAINE et C. LAURENT, *Biographies et nécrologies des hommes marquants du XIXe siècle* (7 vol., Paris, 1844-50), iv. 273-312, et J. BERTRAND, *Éloges académiques* (Paris, 1890), p. 221-46.

naissance qu'il avait contractée. Quand Lazare partit en exil en 1815, Dupin fut l'un de ceux qui le soutinrent publiquement ; et ce n'est que parce que Lazare lui-même l'en dissuada, qu'il renonça à publier une violente attaque contre l'attitude du gouvernement dans cette affaire [42]. Celui qui portait une telle affection au père, ne pouvait être, de toute manière, que l'ami du fils, et il est étonnant que l'on ne possède aucune preuve positive des liens qui devaient unir Dupin à Sadi.

Il est très vraisemblable que c'est à Dupin qu'il faille attribuer l'introduction de Sadi au Conservatoire et auprès de Nicolas Clément, le plus important de ses contemporains au point de vue des recherches sur les machines thermiques. Même si, comme je le soupçonne, il faut admettre qu'il y avait entre Dupin et Sadi quelques heurts, dus aux différences de caractères, — à la différence de Sadi, Dupin était nettement extraverti, il aimait la vie publique, et se distinguait à la fois par ses dons d'orateur politique et de conférencier —, Sadi n'avait certainement pas les mêmes problèmes dans ses rapports avec Clément, homme plus secret et morose. Il partageait avec Clément un même sentiment d'aliénation, non seulement à l'égard des gouvernements cléricaux et réactionnaires des années 1820, mais aussi des groupes politiques organisés de l'opposition. De plus Sadi et Clément étaient des solitaires dont les travaux trouvaient peu d'audience dans les milieux scientifiques établis. Aux yeux de Clément, cependant, son échec à l'élection à l'Académie des sciences — il fut un candidat malchanceux à six reprises [44] — était un exemple parmi beaucoup d'autres des nombreux affronts qu'il subissait et dont il semblait rendre Laplace principalement responsable [45]. Sadi, au contraire, semblait s'être résigné à se tenir éloigné des cercles académiques les plus importants et ce avec une belle sérénité. Pour autant qu'on puisse le savoir du moins, il semble n'avoir jamais recherché ni un siège à l'Académie, ni un poste d'enseignement.

Ce n'est que récemment, en particulier grâce à la découverte de deux séries de notes prises au cours des conférences de Clément pendant les années 1820, que l'on a pu soupçonner la dette de Sadi

42. Voir *Mémoires sur Carnot, op. cit.* (note 21), ii. 559 n. ; LACAINE et LAURENT, *op. cit.* (note 41), iv. 279 ; et BERTRAND, *op. cit.* (note 41), p. 234-6.

43. Sur Clément, voir Charles DUNOYER, « Clément-Desormes », *Journal des économistes,* i (1842), 208-13, et Anselme PAYEN, « Notice sur M. Clément Desormes », *Bulletin de la Société d'Encouragement pour l'Industrie Nationale,* xli (1842), 377-80. Clément a parfois été confondu avec Charles-Bernard Desormes, avec qui il fut en collaboration pour une grande part de ses recherches et pour quelques essais industriels. La confusion naît du fait que Clément avait pris, au début des années 1820, le nom de Clément-Desormes, après avoir épousé, en 1813, la fille de Desormes.

44. Il fut à quatre reprises candidat pour être membre de la section de chimie, et, à deux reprises, pour être membre correspondant.

45. Dans ses *Travaux scientifiques et industriels de M. Clément,* [Paris, s.d. (1829)], p. 8, écrits lors de sa candidature à l'Académie des Sciences en 1829, Clément rappela que Laplace s'était montré particulièrement critique à l'égard de la loi qu'il avait énoncée avec Desormes en août 1819.

à l'égard de Clément [46]. Ces notes, si on les rapproche de la publication du texte que Clément rédigea en août 1819, en collaboration avec Desormes [47], indiquent clairement que Clément travaillait à l'élaboration d'une théorie des machines thermiques au moment même où Carnot commençait à s'intéresser à ce problème. Mais il y a plus significatif encore, peut-être. Les similitudes d'approche de Clément et de Carnot, qui apparaissent à la fois dans la manière générale et dans le détail de leurs théories, suggèrent fortement que Clément a exercé une influence décisive sur Sadi Carnot [48]. Par la manière, tout d'abord. Les conférences de Clément et le texte de 1819 auquel nous venons de faire allusion sont dépourvus de références mathématiques complexes et, comme dans les *Réflexions*, les calculs qui y sont insérés, tels ceux concernant le fonctionnement de diverses machines, sont simples et arithmétiques. Comme Carnot encore — et au contraire de Hachette par exemple — Clément ne se soucie guère de la manière dont fonctionnent en réalité les machines, mais il se préoccupe de la manière dont elles devraient fonctionner dans l'absolu, et dans des conditions qu'il savait bien irréalisables. Le problème de Clément, en fait, est celui-là même que l'on retrouve dans les *Réflexions* : quel effet maximal peut-on obtenir à partir d'une quantité donnée de chaleur, abstraction faite de toute difficulté pratique ? C'est entièrement en accord avec cette manière d'aborder le problème des machines thermiques, que — comme Carnot et quelques autres à la même époque [49] — Clément ne se soucie guère des écarts assez larges entre ses prédictions théoriques pour les machines à vapeur à haute et à moyenne pression et les performances réalisées en pratique : la question de l'harmonie entre la théorie et la pratique n'avait pas, pour lui, à être anticipée, il la remettait à plus tard.

La plus importante des dettes que Carnot semble avoir eue à l'égard de Clément, concerne le traitement de la détente libre de l'agent utilisé après la coupure de l'admission. Entre le moment où Watt fit breveter son principe de la détente en 1782 et la seconde moitié du XIXe siècle, on trouve presque toujours l'opinion que cette

46. Cet ensemble de notes, sur lesquelles le Pr E. Mendoza a, le premier, attiré mon attention, est le suivant :

1) Notes prises aux conférences de Clément entre 1824 et 1828 par J.-M. Baudot. Elles sont groupées en trois volumes et conservées sous la cote ms. 8° Fa 40 (2) à la bibliothèque du Conservatoire des Arts et Métiers, Paris.

2) Notes prises aux conférences de Clément en 1823-4 par Louis-Benjamin Francœur, actuellement conservées sous la cote ms. 407 à la bibliothèque de l'École Nationale Supérieure des Beaux-Arts, Paris.

47. Voir note 17.

48. Pour une discussion de ces différentes sources et de leur influence sur les relations entre Clément et Carnot, voir les articles de Mendoza, Payen et Fox indiqués dans la Bibliographie, Section IV, partie *d*.

49. Voir *Réflexions*, p. 177 (éd. 1824, p. 117). Navier, Dupin et Charles Combes étaient les plus connus parmi les autres théoriciens travaillant sur la machine à feu au début des années 1820 ; aucun d'entre eux n'était préoccupé par la grande différence qu'il y avait entre les prédictions et les rendements réels. Voir Fox, *op. cit.* (note 11), p. 164-5, où, toutefois, je ne discute pas le travail de Combes.

détente a lieu de manière isotherme — ou du moins qu'elle doit être telle dans des conditions idéales —, et qu'on peut par conséquent lui appliquer la loi de Mariotte [50]. Dans leur texte de 1819, cependant, Clément et Desormes supposaient, et c'était là une idée originale, que la détente après la coupure de l'admission se fait de manière adiabatique, de telle sorte que la température de l'agent utilisé diminue.

Comment en étaient-ils venus à cette idée ? D'après le sommaire du papier qui a seul subsisté, il n'est pas facile de le dire mais il n'est pas impossible de reconstruire une explication à l'aide des notes prises dans les années 1820 aux Conférences de Clément [51]. Il n'était pas possible pour Clément et Desormes de soutenir que dans une machine thermique réelle la détente libre est plutôt adiabatique qu'isotherme et ils ne désiraient probablement pas le soutenir : cela était trop manifestement inexact et, de toute façon, sans rapport avec le cas idéal qui les intéressait. Mais traiter de la machine à vapeur en adoptant ce point de vue présentait, à mon avis, pour Clément et Desormes le grand attrait de leur permettre d'appliquer la nouvelle loi qu'ils venaient de découvrir [52] et de résoudre l'un des problèmes théoriques majeurs qu'entraînait l'hypothèse de la détente isotherme. Il n'était certes pas difficile de calculer la puissance motrice produite dans le cas d'une détente isotherme ; mais, vers 1820, on ne voyait pas clairement, tant s'en faut, quelle quantité de chaleur il fallait ajouter à la vapeur en détente — et, par conséquent, quelle quantité de combustible supplémentaire il fallait employer — afin de garder la température constante. (L'aspect très suspect de la discussion engagée sur ce problème par Navier en 1821 [53], montre bien à quel point ces calculs paraissaient difficiles). L'hypothèse de la détente adiabatique avait évidemment l'avantage de faire disparaître la difficulté, pour la simple raison qu'aucune chaleur n'était alors requise ni absorbée. Toutefois, dans cette hypothèse, une autre difficulté, beaucoup plus importante, se présentait à la place de la première à quiconque essayait, à cette époque, de résoudre le problème : déterminer l'apport de la puissance motrice produit dans la phase de détente adiabatique. (La loi $PV^{\gamma} =$ constante ne fut découverte en effet par Poisson qu'en 1823 [54]). Mais pour Clément et Desormes tout cela ne faisait pas problème. Si, comme ils le déduisaient de leur loi, la quantité de chaleur totale contenue dans une masse donnée de vapeur saturée était indépendante de la pression, l'état de saturation devait alors se maintenir dans une détente adiabatique ($\Delta Q = O$) et la température et la pression de la vapeur rester solidaires tout au long de la détente, dans un rapport qui pouvait être fourni par les tables des pressions de la

50. La loi de Boyle-Mariotte était encore utilisée plus de vingt ans après ; par exemple, par Victor Regnault dans les *Mémoires de l'Académie Royale des Sciences de l'Institut de France,* xxi (1847), 8-9.

51. Voir notes 17 et 46 pour les références.

52. Voir plus haut, p. 23-4.

53. NAVIER, *op. cit.* (note 20).

54. Poisson donna la relation dans sa communication « Sur la vitesse du son », *Connaissance des tems... pour l'an 1826* (Paris, 1823), p. 257-77. On trouve une version abrégée de cette communication dans les *Annales de chimie et de physique,* xxiii (1823), 5-16.

vapeur saturée[55]. En supposant selon l'opinion usuelle que toutes les lois élémentaires des gaz étaient aussi valables (c'est-à-dire que $\frac{P\,V}{267 + t} = \text{constante}$), il était alors facile de déterminer l'état de la vapeur (température et pression) en chaque point de son expansion et ainsi de calculer la puissance motrice. Il est typique que Clément et Desormes firent ce calcul numériquement en divisant la détente en plusieurs phases, puis en faisant la somme des effets de chaque phase pour un certain nombre de cas spécifiques[56].

Dans les *Réflexions*, bien entendu, il n'y avait aucune raison de suivre ce mode d'analyse. Carnot s'intéressait à la théorie des machines thermiques en général et il n'évoque que brièvement, au début de son livre, le problème spécifique de la machine à vapeur[57]. Mais l'influence des idées de Clément et Desormes au sujet de la détente est indéniable dans la longue note des pages 67 et 68 des *Réflexions*, éd. 1824, et davantage encore dans le manuscrit intitulé « Recherche d'une formule propre à représenter la puissance motrice de la vapeur d'eau », que Sadi Carnot rédigea probablement dans le même temps[58].

Je ne prétends pas avoir fait une présentation exhaustive des sources possibles des *Réflexions*. Il est sûr que, comme tout polytechnicien, Carnot avait connaissance de ce qui s'écrivait à l'époque en physique et sur les machines, et ce n'est que l'étendue de sa dette à l'égard de travaux comme le *Traité des machines* de Hachette et comme l'ouvrage *De la richesse minérale* de Héron de Villefosse, qu'on puisse mettre en doute. Pour ne donner qu'un seul exemple au sujet de ce livre de Villefosse auquel il est fait allusion dans les *Réflexions*, p. 165 (éd. 1824, p. 105), il semble clair que Carnot l'a estimé important pour sa discussion des machines hydrauliques à colonne d'eau[59]. Et sans aucun doute ces machines mettant en œuvre la simple puissance mécanique due à la chute d'une substance, l'eau, qui n'est pas détruite dans l'opération, pouvaient bien constituer un modèle suggestif, mais l'évidence de sources plus « littérales » qu'on pourrait assigner à la théorie de Carnot est encore à démontrer.

L'ACCUEIL DES RÉFLEXIONS

A peine est-il besoin d'insister sur les dangers que présente toute recherche des sources en histoire des sciences : une telle recherche en effet peut aisément conduire à sous-estimer l'originalité d'une découverte ou d'une innovation et à négliger la marge importante

55. En 1824 la table de référence était celle de Biot. Voir Commentaire, note 63.

56. Les calculs sont repris dans Fox, « Watt's expansive principle in the work of Sadi Carnot and Nicolas Clément », *Notes and records of the Royal Society of London*, xxiv (1969), 233-53 (243-4).

57. *Réflexions*, p. 75-6 (éd. 1824, p. 17-18).

58. Voir Appendice A, document A_1.

59. Voir Commentaire, note 22.

qui existe généralement entre la source et sa reprise sous une forme modifiée ou sous un nouvel aspect synthétique.

On n'insistera jamais assez sur le fait, qu'avec ou sans précédents, les *Réflexions* sont un ouvrage hautement original. Il se peut que ce livre ait été conçu dans une large mesure à partir d'éléments qui existaient déjà, mais la manière dont ces éléments furent réunis et liés pour un nouveau propos n'en était pas moins authentiquement celle d'un créateur.

La nouveauté des *Réflexions,* il convient de le dire, était cependant d'un type qui se dérobe aisément à la perception immédiate. Pour ses quelques lecteurs contemporains, ce livre fut surtout, à mon avis, objet d'incompréhension. L'unique compte rendu critique qui lui fut consacré et que l'on doit à l'ingénieur Pierre-Simon Girard dans la *Revue encyclopédique,* journal à tendances libérales, n'en était qu'un simple résumé [60]. C'était un article favorable, qui rapportait assez fidèlement l'argumentation, mais ne rendait nullement compte de son originalité ou de son importance. L'attention que Girard centra, de fait, sur les passages que Sadi avait choisi d'imprimer en italiques [61] nous permet de penser que, malgré la connaissance qu'il avait très vraisemblablement quant à Lazare, et à Sadi par conséquent [62], Girard lui-même n'a probablement lu le livre que superficiellement. En bref, son article n'était guère plus qu'un compte rendu de pure forme, sans efficacité, publié par un journal qui de toute façon ne s'intéressait essentiellement qu'à la littérature et à la politique.

Doit-on s'étonner qu'un ingénieur comme Girard n'ait rien trouvé d'intéressant à dire sur les *Réflexions* ? Quel intérêt pouvait-on trouver en 1824 à un livre qui préconisait l'utilisation des hautes pressions et la technique de détente ? Un tel conseil tenait du lieu commun que confirmaient huit années d'une pratique couronnée de succès spectaculaire en France, et encore plusieurs controverses théoriques dont les conclusions avaient atteint un niveau d'exactitude apparemment satisfaisant. Le résultat de ces discussions rendait évidentes pour tous, après 1820, les conditions d'obtention d'une économie maximale (alors qu'il en était tout autrement vers 1818). Et il devait apparaître qu'il n'y avait pas grand-chose à ajouter sur la question, d'autant plus que les conditions susdites, définies comme un idéal, s'avéraient absolument irréalisables en pratique.

Par contraste, la conclusion de Carnot selon laquelle la nature de l'agent utilisé n'a pas d'importance théorique quant au maximum de rendement, était certainement originale, car elle allait bien à l'encontre des discussions de l'époque au sujet de divers degrés d'économie susceptibles d'être obtenus avec d'autres agents que la vapeur, en particulier avec l'air [63]. Mais, même sur ce problème plus vaste, les *Réflexions* offraient peu d'éléments qui fussent d'un intérêt immé-

60. *Revue encyclopédique,* xxiii (1824), 411-14.

61. Mon attention a été attirée sur ce point par le Pr McKeon.

62. Girard avait fréquenté assiduement la maison de Lazare pendant l'Empire. Voir *Mémoires sur Carnot, op. cit.* (note 21), ii. 255.

63. Pour une description de l'époque des différentes machines utilisant soit l'air, soit d'autres énergies de fonctionnement à la place de la vapeur, voir Elijah Galloway, *History and progress of the steam engine* (Londres, 1831), p. 257-68 et 641-79 (dans un Appendice par Luke Herbert).

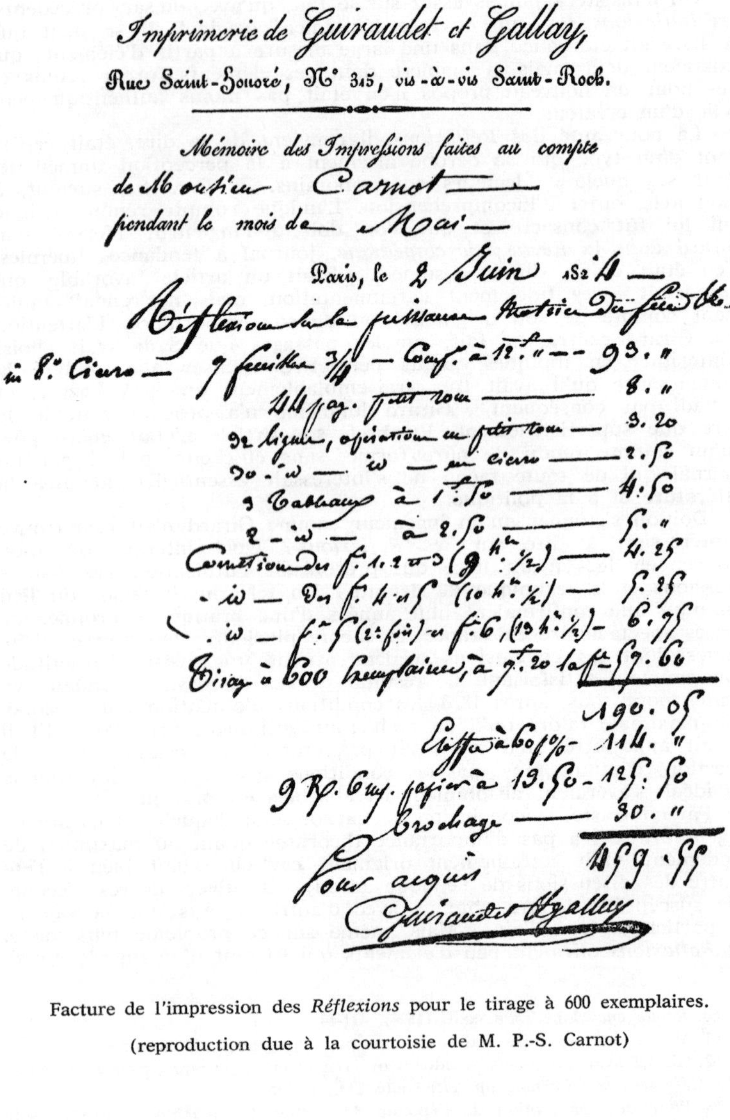

Imprimerie de Guiraudet et Gallay,
Rue Saint-Honoré, N° 315, vis-à-vis Saint-Roch.

Mémoire des Impressions faites au compte
de Monsieur Carnot
pendant le mois de Mai

Paris, le 2 Juin 1824

Réflexions sur la puissance motrice du feu &c.

in 8° Cicero	7 feuilles 3/4 — Comp. à 12 f	93. "
	24 pag. petit rom	8. "
	de lignes, opérations en petit rom	3.20
	d° — d° — en cicero	2.50
	3 Tableaux à 1.50	4.50
	2 — d° — à 2.50	5. "
	Corrections des f. 1.2 et 3 (9 h. 1/2)	4.25
	d° — des f. 4 et 5 (10 h. 1/2)	5.25
	d° — f. 5 (2e fois) et f. 6, (13 h. 1/2)	6.75
	Tirage à 600 exemplaires, à 7.20 la f.	57.60
		190.05
	Etoffe à 60 %	114. "
	9 R. 6 m. papier à 13.50	125.50
	Brochage	30. "
		459.55

Pour acquit
Guiraudet et Gallay

Facture de l'impression des *Réflexions* pour le tirage à 600 exemplaires.

(reproduction due à la courtoisie de M. P.-S. Carnot)

diat. Vers 1824, le choix de l'agent tendait à se faire en fonction de la facilité opératoire, du prix de la construction, de la sécurité, de la fiabilité, tous domaines dans lesquels l'ouvrage de Carnot n'apportait aucune contribution. Il semble bien qu'en fait, au moment où Sadi Carnot écrivit son livre, l'économie assignée pour une machine fonctionnant dans une situation idéale mais irréalisable n'avait à attendre aucune attention favorable. Plusieurs années d'expérience avaient amplement montré que les problèmes les plus urgents en matière de technologie de la puissance motrice étaient d'ordre pratique et non théorique [64]. Comment souder les joints, par exemple, pour qu'ils puissent résister à une pression de vapeur supérieure à quelques atmosphères ? Et pour utiliser l'air comme agent, comment construire des machines supportant de hautes pressions ou du moins ayant les dimensions suffisantes pour assurer un rendement utile ?

Dans le contexte les *Réflexions* pouvaient apparaître facilement soit comme un ouvrage banal, soit comme n'ayant aucun rapport avec les problèmes reconnus pour les plus urgents et il devait sembler naturel de les ramener à n'être qu'une contribution quelque peu académique à un débat (celui de l'économie) qui était sur son déclin [65]. Sans parler de la manière dont cette contribution sans grande originalité y était apportée. L'approche de Carnot était, il est vrai, à ce point de vue totalement inhabituelle. Le concept de « chute » de la chaleur entre le haut « niveau » de température dans la chaudière et le bas « niveau » dans le condenseur n'avait guère de quoi susciter des objections théoriques, car il était bien évident pour quiconque se souciait de donner à la question un instant de réflexion que la chaleur entre dans la machine avec la vapeur bouillante provenant de la chaudière et en sort absorbée par l'eau froide du condenseur [66]. L'analyse de Carnot ne pouvait donc être mise en doute, mais elle avait la faiblesse de ne pas porter sur les problèmes de la machine à vapeur tels qu'on les envisageait habituellement. Jusqu'alors, en effet, les discussions sur la puissance motrice obtenue à partir d'un agent particulier étaient centrées sur la *pression* sous laquelle cet agent était utilisé. N'était-ce pas, après tout, la

64. Le fait que tout le monde se préoccupe du problème de la prévention des explosions en est un bon exemple ; voir Commentaire, note 6. Pour des observations sur certains problèmes pratiques de la technologie de l'énergie dans les années 1820, voir également CARDWELL, *Watt to Clausius, op. cit,* (note 6), p. 151-3 et p. 176-9.

65. La cause principale de ce déclin d'intérêt fut incontestablement l'impossibilité de résoudre les problèmes pratiques du genre de ceux évoqués plus haut ; en regard de ces difficultés, les considérations d'économie n'avaient sans doute que peu de poids. Toutefois la légère baisse du prix du charbon en France après la période 1815-1821 peut également y avoir contribué, ne serait-ce qu'en accentuant le fait que les soucis d'économie perdaient de leur importance. Ce n'est que dans les années 1850 que le prix du charbon en France retrouva (et dépassa) son niveau des premières années de la Restauration. Voir François SIMIAND, « Essai sur le prix du charbon en France au XIXe siècle », *L'année sociologique*, v (1900-1), 1-81 (10-23).

66. Voir Commentaire, notes 11 et 12, à propos de la discussion, par A.-J. Pacey, du fait qu'aux environs de 1800 l'idée que le *flux* de chaleur donnait naissance, d'une manière ou d'une autre, à de l'énergie motrice commençait, quoique avec certaines réserves, à être de mieux en mieux admise.

pression de la vapeur à l'intérieur d'une machine qui déterminait directement sa puissance ! Soulever une discussion en termes de *température* et de processus d'engendrement par la chaleur de la puissance motrice, devait avoir toute l'apparence d'une complication inutile.

Si, comme je le pense, la question du rôle de la chaleur dans la production de la puissance motrice et l'importance de la *température* de l'agent utilisé ne correspondaient absolument pas à des notions familières au lecteur de l'époque, il n'y a rien d'étonnant à ce que l'introduction d'une phase adiabatique si fondamentale dans l'argumentation de Carnot, au cours de laquelle la chaleur « tombe » de la température de la chaudière à celle du condenseur, n'ait rencontré que l'indifférence la plus complète. Semblablement, l'observation qui apparaît vers la fin des *Réflexions* sur l'intérêt qu'il y aurait à découvrir un agent qui se vaporiserait seulement à haute température [67] — si bien que haute température serait synonyme de pression moyenne — devait sembler beaucoup plus illusoire et mystérieuse que passionnante et éclairante.

De même encore, l'idée d'un cycle fermé d'opérations, qui rompait de manière aiguë avec la sacro-sainte habitude de considérer seulement la puissance motrice produite durant la phase de poussée du piston vers l'extérieur [68] avait plus de chances de rencontrer l'indifférence générale que de se voir discutée et réfutée. Car, dans le seul cas susceptible d'intéresser les contemporains de Carnot — c'est-à-dire celui de la vapeur — le cycle décrit dans les *Réflexions* [69] reste incomplet. Et ce ne fut que dix ans plus tard, en 1834, que Clapeyron mit en valeur comment la manière dont Carnot traitait des gaz pouvait être étendue très bien à la vapeur [70].

La réaction des praticiens et des théoriciens de la technologie se conçoit ainsi suffisamment. Si, comme c'est possible, les *Réflexions* furent considérées et jugées simplement en tant que contribution à la science des machines, il n'y a pas lieu de s'appesantir sur la négligence dont elles eurent à souffrir puisque je tiens qu'il n'est pas trop

67. *Réflexions*, p. 172-3 (éd. 1824, p. 112-3).

68. C'est dans l'œuvre de Nicolas Clément que l'on trouve la seule dérogation à cette pratique parmi les contemporains de Carnot. Dans ses conférences au Conservatoire des Arts et Métiers en 1823-24 Clément calcula l'effet net d'une machine à vapeur en soustrayant l'effet « perdu » pendant la phase de condensation de l'effet gagné pendant la phase d'expansion, aussi bien avant l'interruption de l'admission qu'après. Toutefois même Clément, qui ne traitait, dans ces conférences, que de la machine à vapeur et non des machines à feu en général, ne prit pas en considération un cycle complet d'opérations. A cet égard, sa méthode ressemble à celle de Carnot telle qu'on la trouve tant dans les *Réflexions* que dans le manuscrit « Recherche d'une formule... » (voir Appendice A, document A_1). Pour des observations sur la manière dont Clément attaque le problème, voir Robert Fox, « Watt's expansive principle... », *op. cit.* (note 11), p. 164.

Il est intéressant de remarquer que dans ses conférences de 1825-8, Clément revint à l'usage habituel qui voulait que l'on ne considère que l'effet de la phase d'expansion.

69. *Réflexions*, p. 75-6 (éd. 1824, p. 17-18).

70. B.-P.-E. Clapeyron, « Mémoire sur la puissance motrice de la chaleur », *Journal de l'École Polytechnique*, xiv, cahier 23 (1834), 153-90 (160-2).

difficile de comprendre pourquoi les ingénieurs les ont ignorées. Mais un problème n'est pas résolu encore, pour autant.

Les *Réflexions* furent présentées lors d'une séance plénière à l'Académie des sciences le 14 juin 1824 et Girard en fit un compte rendu le 26 juillet, lors d'une autre séance à laquelle participaient des physiciens aussi éminents que Dulong, Laplace, Fourier et Arago [71]. N'y avait-il pas quelque chose qui pût les intéresser dans cet ouvrage, même s'il n'avait pas attiré l'attention des ingénieurs ? Bien que les *Réflexions* n'aient pas été écrites comme contribution à la théorie de la chaleur, il est très possible de les lire comme telle, et, sur ce sujet qui était loin d'être épuisé, elles proposaient des conclusions dont l'originalité était indéniable. Pourquoi donc ces conclusions ne provoquèrent-elles pas de réaction ?

Il importe de dire d'abord un mot sur la théorie de Carnot concernant la chaleur. Elle était fondée sur la théorie du calorique, c'est-à-dire sur l'hypothèse que la chaleur est un fluide impondérable, indestructible et très élastique, appelé calorique, qui pénètre tous les corps. Lorsque, par exemple, un corps est chauffé, il y a flux entrant de calorique à partir de la source de chaleur, la température du corps étant certaine fonction indéterminée de l'augmentation du calorique qu'il contient. Il était parfaitement naturel que Carnot adoptât cette théorie en 1824, car, bien que quelques doutes eussent déjà été émis à son sujet, en particulier au cours de la décennie précédente, elle rendait parfaitement compte, encore que d'une manière purement qualitative, de phénomènes de pointe pour la physique et la chimie tels que chaleur latente, propagation thermique, échauffement adiabatique, chaleur dégagée par percussion, chaleurs accompagnant les réactions chimiques ; seule la chaleur associée au frottement s'était avérée incompréhensible pour les partisans du calorique, difficulté exposée, par exemple, dans le rapport des célèbres observations de Rumford sur le forage des canons en 1798 [73]. Mais, cela dit, il est important de remarquer que l'argument des *Réflexions* ne fait pas appel à une description détaillée de la nature et des propriétés du fluide-chaleur ; il ne repose en fait sur

71. *Académie des Sciences. Procès-verbaux des séances de l'Académie tenues depuis la fondation de l'Institut jusqu'au mois d'août 1835* (10 vol., Hendaye, 1910-22), viii. 101 (14 juin 1824) et 118 (26 juillet 1824). Ces procès-verbaux, qui font état de la présentation des *Réflexions* à l'Académie par Girard (' de la part de M. Carnot le fils '), ainsi que de la lecture de son rapport, ne donnent aucune précision sur ce qui a été dit. Mais il est probable que le compte rendu de la *Revue encyclopédique* (voir note 60) reproduit l'essentiel du rapport de Girard.

Eu égard à ses relations avec la famille de Carnot (voir note 62) et à son vif intérêt pour l'énergie à vapeur au début des années 1820, il n'est pas surprenant que Girard ait été, parmi tous les académiciens, le présentateur et le rapporteur du livre.

72. Sur la théorie du calorique à cette période, voir Robert Fox, *The caloric theory of gases from Lavoisier to Regnault* (Oxford : Clarendon Press, 1971), chapitres 2-5.

73. Ces expériences sont décrites par le Comte Rumford, alias Benjamin Thompson, « An inquiry concerning the source of heat which is excited by friction », *Philosophical Transactions of the Royal Society of London,* lxxxviii (1798), 80-102.

la théorie du calorique que dans la mesure — mais une mesure importante — où, pour Carnot, la chaleur se conserve. Elle ne peut ni être créée, ni détruite. Comme le montrent quelques remarques prudentes dans les *Réflexions* et les changements de dernière minute qu'il fit à son texte [74], Carnot avait cependant, à cet égard, une conscience troublée au moment où il publia son livre. Déjà, semble-t-il, il était hanté par le doute qui s'exprime si nettement dans les notes manuscrites découvertes après sa mort. Dans ces notes, qui furent probablement rédigées peu de temps après les *Réflexions*, Carnot écrit : « La chaleur n'est autre chose que la puissance motrice, ou plutôt que le mouvement, qui a changé de forme. C'est un mouvement dans les particules des corps. Partout où il y a destruction de puissance motrice, il y a, en même temps, production de chaleur en quantité précisément proportionnelle à la quantité de puissance motrice détruite. Réciproquement, partout où il y a destruction de chaleur, il y a production de puissance motrice. » [75]

Ce passage, comme plusieurs autres que l'on peut relever dans les notes manuscrites de Carnot, est l'expression merveilleusement lucide de son rejet complet de la théorie du calorique et de l'idée (sur laquelle repose l'argumentation des *Réflexions*) que dans tout système il existe une fonction d'état, la quantité de chaleur contenue Q, et que, dans tout cycle fermé, réversible ou irréversible, $\Delta Q = 0$ (c'est-à-dire que le bilan net de la chaleur que le système absorbe et restitue à son environnement est nul).

Je voudrais maintenant revenir aux résultats originaux que contiennent les *Réflexions* en physique des gaz, résultats auxquels j'ai fait allusion plus haut. Ces résultats ont leurs équivalents dans la thermodynamique moderne, mis à part ce qui concerne la variation de la chaleur spécifique d'un gaz avec sa densité qui n'est approchée que sous une forme particulière et triviale [76]. Mais il est plus important pour l'historien — et ici je reviens au problème de l'explication de l'absence d'intérêt des physiciens pour les *Réflexions* — de constater le fait suivant : tous les résultats de Carnot allaient tellement au cœur des problèmes courants de la physique du temps que leur force était en état de compter soulever quelque attention. Ceci est particulièrement vrai de la conclusion donnée aux pages 99-100 (éd. 1824, pp. 41-42) d'après laquelle, dans n'importe quelle phase de détente ou de compression isotherme, la quantité de chaleur absorbée ou libérée est indépendante de la nature du gaz. Car c'est seulement quatre années après la publication des *Réflexions* que Pierre-Louis Dulong arriva par voie expérimentale à la même conclusion, mais communiqua ses résultats à l'Académie des sciences sans mentionner le nom de Carnot [77]. Celui-ci, pourtant, avait avancé la question en montrant un peu plus loin que la quantité de chaleur

74. *Réflexions*, p. 95 et 147 (éd. 1824, p. 37 n. et 89) ; de même, Commentaire, note 78.

75. Voir Appendice A, document A_2, p. 247.

76. Voir *Réflexions*, p. 115-16 (éd. 1824, p. 57-8), et cf. p. 121-6 (éd. 1824, p. 63-8), où le résultat est appliqué.

77. Voir *Réflexions*, p. 99-100 (éd. 1824, p. 41-2). Et cf. DULONG, « Recherches sur la chaleur spécifique des fluides élastiques », *Annales de chimie et de physique*, xli (1829), 113-59 ; lecture à l'Académie le 18 mai 1828.

absorbée dans une phase de détente isotherme avec passage d'un volume V_1 à un volume V_2 est égale à $f(t) \,.\, \mathrm{L}\frac{V_2}{V_1}$, où $f(t)$ est la fonction de température que nous connaissons aujourd'hui comme étant une proportionnalité à la température absolue [78]. Il est difficile d'imaginer comment Dulong, ou l'un de ses auditeurs à l'Académie des sciences en 1828, aurait pu omettre de faire mention de ce résultat s'il l'avait connu. L'omission de toute référence aux *Réflexions*, dans les circonstances en question, est la plus significative des évidences concernant la diffusion de ce livre. Elle suggère qu'il n'a pas été lu, tout simplement, par les physiciens. Peut-être parce qu'il leur parut n'être qu'un ouvrage de plus parmi tant d'autres, sur la théorie de la machine à vapeur. Peut-être aussi parce que son caractère discursif et ses manques, soit en matière d'analyse mathématique, soit par rapport à des expérimentations nouvelles, ne lui permettaient pas d'avoir le style et les lettres de créances qu'on exigeait d'une contribution originale à la Physique.

Bien entendu, la meilleure façon pour Carnot d'attirer l'attention sur les *Réflexions* aurait été de publier quelque chose d'autre sur ce sujet après 1824. Mais il n'en fit rien. On ne peut, là encore, que spéculer sur les raisons de cette réserve. Il semble très probable, cependant, que durant les huit années qui lui restèrent à vivre, Carnot fut déçu et frustré, moins d'ailleurs par l'insuccès de son livre que par sa propre prise de conscience des erreurs qui s'y trouvaient. Comme je l'ai déjà dit, même au moment de la rédaction des *Réflexions*, Sadi avait apparemment commencé à douter de sa théorie de la chaleur et nous savons, grâce à ses notes, qu'avant sa mort il rejeta non seulement la théorie du calorique, mais qu'il arriva aussi à ce que nous reconnaissons maintenant comme une version limitée du principe de conservation de l'énergie [79]. En fait, Carnot alla même jusqu'à calculer une valeur pour l'équivalent mécanique de la chaleur, valeur correspondant à 3,7 joules par calorie et qui est remarquablement proche de la valeur 4,2 acceptée de nos jours [80]. Inévitablement, le lecteur moderne considère une telle anticipation des conclusions auxquelles Joule et d'autres n'arriveront que dans les années 1840 comme un triomphe. Mais je serais tenté d'y voir davantage un indice de la tragédie que connut Sadi dans les dernières années de sa vie. Etant donné qu'il avait abandonné l'idée de la conservation de la chaleur, qu'est-ce qui pouvait être sauvé des *Réflexions* ? La réponse, nous le savons, est que presque tout pouvait être sauvé, mais les deux grands physiciens qui le démontrèrent, Thomson et Clausius, trouvèrent au début le problème aussi difficile à résoudre qu'il avait dû le paraître à Sadi lui-même.

Aussi m'avancerais-je jusqu'à dire que Sadi ne publia plus rien après 1824, à cause précisément des contradictions entre le contenu des *Réflexions* et ses nouvelles conceptions sur la relation entre chaleur et travail. Placé devant de telles contradictions, il avait à peine besoin d'un petit encouragement pour se retourner vers les

78. *Réflexions*, p. 110-11, et la longue note en bas de page, p. 131-7 (éd. 1824, p. 52-3 et 73-9).

79. Voir l'Appendice A, document A_2, p. 247.

80. Voir l'Appendice A, document A_2, p. 248, et la note (26) jointe.

diverses activités non scientifiques pour lesquelles il avait depuis toujours manifesté un vif intérêt. Il s'était toujours comporté, après tout, comme un dilettante ; pas du tout comme un ingénieur ou un physicien de profession, mais comme quelqu'un dont les intérêts s'étendaient bien au-delà de la physique et de la technologie. Après 1824, en particulier, il semble bien que cette tendance se soit accentuée. Dans une demande de mise en disponibilité du corps d'État-Major, qui fut adressée par Sadi Carnot au ministère de la Guerre en décembre 1826, il se décrit lui-même comme un homme « engagé dans des affaires d'intérêt » que, dit-il, « je ne pourrais pas abandonner subitement sans pertes très sensibles pour moi » [81] et, en mars 1827, dans une autre lettre, il fait encore allusion à des affaires qui exigent de sa part plus de liberté. Nous le citons : « ...il m'a été impossible dans un aussi court espace de tems de terminer les affaires qui réclamaient ici ma présence, je me vois donc forcé de prier Votre Excellence de me donner une prolongation de congé sans solde, indéfinie s'il se peut ou de neuf à dix mois, si elle doit être limitée. Les raisons qui m'avaient conduit à demander un premier congé subsistent encore dans toute leur force et sont même tellement impérieuses qu'elles m'obligeraient à abandonner la carrière militaire s'il m'était impossible d'obtenir le tems qui m'est devenu indispensable » [82].

Grâce à l'indulgence qui caractérisa l'attitude du ministre à l'égard de Sadi tout au long de sa carrière militaire, il obtint une prolongation de congé de trois mois, mais en avril 1828, après une autre prolongation, comme ses problèmes restaient toujours sans solution, il écrivit encore une fois au ministre pour demander un nouveau congé : « Depuis quatre mois je me trouve en congé à Paris où Votre Excellence m'a autorisé à demeurer pour la gestion de mes affaires personnelles et particulièrement pour les soins à donner à un procès dans lequel je suis intéressé.

» Malheureusement je suis loin d'apercevoir le terme de cette affaire et le congé qui m'a été accordé expire le neuf mai prochain.

» Dans une semblable situation, dans l'impossiblité de prévoir le tems qui me sera nécessaire, craignant de fatiguer Votre Excellence par des demandes réitérées, je la prie de m'accorder un congé illimité, offrant de renoncer à ma solde et au droit d'ancienneté que j'aurais pu acquérir.

» Si ce que je demande est impossible, je prie Votre Excellence d'accepter ma démission de l'emploi qui m'a été confié, me voyant par ma position hors d'état d'en exercer aujourd'hui les fonctions sans compromettre ce que je possède. » [83]

Probablement mis à trop rude épreuve quant à sa patience, le ministre choisit la seconde des propositions de cette lettre. La démission de Carnot fut acceptée le 19 mai 1828.

La lettre d'avril 1828 est, naturellement, particulièrement intéressante par sa référence à une poursuite judiciaire. Malheureusement l'affaire demeure environnée de mystère, bien que, comme l'a

81. Appendice E, document E_{27}.
82. Appendice E, document E_{29}.
83. Appendice E, document E_{36}.

montré Arthur Birembaut[84], la présence dans le carnet d'adresses de Sadi du nom de Giraudeau, avec l'adresse « Sainte-Anne », puisse être significative. Le Giraudeau en question était un ancien homme d'affaires, engagé à l'époque dans le règlement de questions juridiques et spécialisé dans les cas d'arbitrage et de liquidation commerciale[85]. Ce renseignement, si mince soit-il, suggère que la poursuite judiciaire dont parlait Sadi pouvait très bien être de nature commerciale ; et, de fait, l'obscure allusion à Sadi « constructeur de machines à vapeur », dans l'*Histoire de l'École Polytechnique* de A. Fourcy, en 1828[86], suggère plus précisément que l'affaire a fort bien pu naître de l'implication de Sadi dans la fabrication de machines à vapeur, activité qui offrait alors amplement matière à litiges.

Il est du moins plausible que Sadi ait pu avoir à la même époque des intérêts ou commerciaux ou industriels. Cela s'accorderait parfaitement avec ce que l'on connaît de son enthousiasme pour tout ce qui touche à l'économie, de ses liens avec le Conservatoire des Arts et Métiers, et aussi avec le souci du progrès de l'industrie française qui hantait tant d'hommes de sa génération, particulièrement ceux qui avaient des tendances libérales. Nous savons que Sadi visita fréquemment des usines, et un indice important de son intérêt pour la révolution industrielle française naissante est décelable dans le fait qu'il fut l'un des premiers membres de l'Association Polytechnique — association de polytechniciens qui fut fondée immédiatement après la révolution de juillet 1830 pour diffuser dans le monde du travail, par des cours publics, une information scientifique et technologique[87]. Le nom de Sadi Carnot apparaît sur la première liste des membres de cette association publiée en août 1830[88], et bien que nous ignorions le degré de sa participation active dans cette société, il est concevable que celle-ci ait été le moyen d'une rencontre avec Émile Clapeyron, dont le « Mémoire sur la puissance motrice de la chaleur » en 1834 a tellement assuré la résurrection des *Réflexions* après 1840. Bien qu'il ne fût pas membre de l'Association Polytechnique, Clapeyron (qui était d'une promotion de l'École Polytechnique assez proche de celle de Carnot[89]) fit une

84. A. Birembaut, « Sadi Carnot en son temps de 1817 à 1832 », dans *Sadi Carnot et l'essor de la thermodynamique, op. cit.* (note 11), p. 53-78 (67).

85. Henri Dulac, *Almanach des 25,000 adresses des principaux habitans de Paris pour l'année 1828* (Paris, 1828), p. 268.

86. Fourcy, *op. cit.* (note 33), p. 445.

87. Sur l'histoire de l'Association Polytechnique, voir *Histoire de l'Association Polytechnique et du développement de l'instruction populaire en France... 1830-1880* (Paris, 1880).

88. Le nom de Carnot, qui est qualifié de « ex-ingénieur militaire », apparaît dans une brochure de huit pages destinée à faire connaître l'Association et publiée par ses organisateurs, Aymé Dubois, Blanc, Auguste Comte et V. Lechevalier. La liste des membres donnée dans la brochure est datée du 19 août 1830. J'ai consulté l'exemplaire de la Bibliothèque de l'École Polytechnique (X^2.b.95). Le nom de Carnot apparaît dans des listes publiées plus tard, datées du 5 octobre 1830 et de juillet 1832, que l'on peut également trouver à la Bibliothèque de l'École Polytechnique.

89. Clapeyron fut reçu à l'École Polytechnique en 1816 et en sortit diplômé en 1818, pour entrer à l'École des Mines.

conférence devant la société, conjointement avec Gabriel Lamé [90], le 20 juin 1832 et, à cette date, Sadi (qui selon Hippolyte n'est tombé malade qu'à la fin du mois) pouvait très bien être présent.

Carnot n'était pas, naturellement, de ceux qui cherchent les charges et il n'a certainement pas pris part à l'organisation de l'Association Polytechnique. A cette époque, comme il l'avait fait durant toute sa vie, il était évidemment surtout préoccupé de préserver sa vie privée. Il semble s'être tenu à l'écart du cercle Saint-Simonien où son frère Hippolyte était de plus en plus entraîné et il est très caractéristique que, lorsqu'on parla de le citer comme membre de la Chambre des Pairs après la révolution de juillet 1830, il ne permit pas comme Hippolyte que son nom soit mis en avant [91]. Il se retourna au contraire, semble-t-il, une fois encore, vers des activités scientifiques et se consacra, en particulier, à des expériences qu'Hippolyte désigne d'une manière assez obscure comme étant « des recherches approfondies sur les propriétés physiques des gaz et des

90. Un résumé de la communication fut publié dans *Association Polytechnique. Compte rendu trimestriel. Juillet 1832* (Paris, 1832), p. 35-46, sous le titre de « Mémoire sur les chemins de fer considérés sous le point de vue de la défense du territoire. »

On peut aussi imaginer que c'est par l'entremise d'Hippolyte que Sadi rencontra Clapeyron. Dans son « Sur le Saint-Simonisme », *Séances et travaux de l'Académie des Sciences Morales et Politiques*, 47e année, nouv. sér. xxviii (1887), 122-55 (128 et 144 n.), Hippolyte évoque ses relations avec Clapeyron au cercle Saint-Simonien dont le centre était la maison de Prosper Enfantin, à l'époque où tous deux étaient des membres de ce cercle ; il affirme également qu'ils se connaissaient en tant que collaborateurs au journal *Le Globe* pendant la phase Saint-Simonienne de ce dernier, sous la direction de Michel Chevalier (nommé en 1831). Mais ce témoignage laisse quelque peu à désirer car, comme Hippolyte le fait lui-même remarquer, la rédaction de ces souvenirs est postérieure de presque cinquante ans à l'événement. Il semble notamment qu'il y ait une certaine confusion dans le récit des relations nouées chez Enfantin, puisque Hippolyte fait référence, selon toute vraisemblance, aux rencontres qui eurent lieu entre 1826 et 1828, à une époque où Clapeyron servait encore comme ingénieur en Russie, où il travaillait depuis 1820. Toutefois, il n'y eut pas de rupture entre Hippolyte et Enfantin avant novembre 1831, de sorte qu'il est tout à fait plausible qu'il ait effectivement rencontré Clapeyron après le retour de ce dernier en France lors de la Révolution de juillet 1830. Sur le cercle Saint-Simonien, voir par exemple Georges WEILL, *L'École Saint-Simonienne. Son histoire, son influence jusqu'à nos jours* (Paris, 1896).

Il convient de signaler que A. Birembaut estime peu probable une rencontre entre Clapeyron et Sadi avant la mort de celui-ci. Voir « La découverte des *Réflexions* par Clapeyron », in *Sadi Carnot et l'essor de la thermodynamique*, *op. cit.* (note 11), p. 191-3.

91. Hippolyte CARNOT, « *Notice biographique sur Sadi Carnot* », *op. cit.* (note 1) : *Réflexions* (éd. 1878), p. 78 ; *Biographie et manuscrit*, p. 19. Je n'ai pas trouvé confirmation de l'affirmation d'Hippolyte selon laquelle des proches de Louis-Philippe auraient contacté Sadi afin de savoir si lui ou Hippolyte, en tant que fils d'un célèbre Conventionnel, accepteraient de devenir pairs ; on retrouve pourtant cette histoire dans Ch. RÉMOND, *Histoire d'un siècle et d'une famille. Les trois républiques et les trois Carnot* (Paris, 1889), p. 259-60.

vapeurs et notamment sur leurs tensions élastiques »[92]. Si l'on compare les souvenirs d'Hippolyte et ce qui subsiste des notes manuscrites de Sadi, il semblerait que ces expériences aient porté essentiellement sur les pressions de vapeurs et peut-être aussi sur l'épreuve de la loi de Clément et Desormes. Mais les tables de résultats que Sadi commença peut-être à dresser ne furent jamais achevées et sont aujourd'hui perdues.

Redécouverte des Réflexions

Carnot n'a pas eu le temps d'avoir la moindre idée de la célébrité dont il est question en tête de cette introduction. Hippolyte rapporte qu'en juin 1832 il tomba malade, apparemment atteint de la fièvre scarlatine. Il sembla se porter un peu mieux vers la fin du mois de juillet, mais le 3 août, après un bref répit, il dut quitter son appartement du 5-bis de la rue de l'Est à Paris, où il avait vécu un peu plus d'une année, pour la maison de Santé du docteur aliéniste Jean-Étienne-Dominique Esquirol, à Ivry[93]. Le registre de cette célèbre clinique privée — registre qu'Arthur Birembaut a pu retrouver et consulter — indique qu'à son arrivée Sadi était atteint de « manie », ce qui correspond probablement à ce qu'Hippolyte désignait sous le nom de « fièvre cérébrale »[94]. Quelle que soit la nature exacte du mal, un mystère demeure quant aux événements qui devaient rapidement entraîner la mort du malade. Le registre cité mentionne que le 24 août, trois semaines plus tard, Sadi, guéri de la « manie », a succombé au choléra. A-t-il été, dans l'état d'affaiblissement où il se trouvait, victime de l'épidémie de choléra qui, après avoir progressé pendant dix ans depuis le sud-est asiatique, gagna effectivement la France en 1832 ? Arthur Birembaut cependant fait valoir que le choléra n'avait pas encore atteint Ivry au mois d'août et que, par conséquent, Sadi a dû mourir pour une autre raison, inconnue[95].

La mort de Sadi Carnot ne passa pas inaperçue. Plusieurs journaux, informés selon toute vraisemblance par son frère, en firent état, et un article nécrologique de deux pages, rédigé par son plus

92. Hippolyte Carnot, « Notice biographique sur Sadi Carnot », *op. cit.* (note 1) : *Réflexions* (éd. 1878), p. 79 ; *Biographie et manuscrit*, p. 20.

93. Sur l'admission de Sadi à la clinique d'Esquirol et sur les circonstances de sa mort, voir Birembaut, *op. cit.* (note 28), p. 369-70, et *op. cit.* (note 84), p. 74-8. L'inscription sur les registres de la clinique est la suivante : « Mr. Carnot, Lazare Sadi. 38 [ans]. ex ingénieur militaire. [né à] Paris, Seine. [domicile] Rue de l'Est no 5. son frère rue des Sts Pères no 26. manie. [entré le] 3 août 1832. guéri de sa manie mort le 24 août 1832 choléra. »

94. Hippolyte Carnot, « Notice biographique sur Carnot », *op. cit.* (note 1) : *Réflexions*, (éd. 1878), p. 79 ; *Biographie et manuscrit*, p. 21.

95. A. Birembaut, *op. cit.* (note 28), p. 370, et *op. cit.* (84), p. 77.

96. Par exemple : *Moniteur Universel*, 27 août 1832 ; *La Quotidienne*, 26 août 1832 ; *Le Bonhomme Richard*, 28 août 1832 ; *Allgemeine Zeitung* (Augsburg), 1er septembre 1832. Un avis de décès parut également dans les *Annales de chimie et de physique* (1833) (t. 52, p. 211, six lignes). La ressemblance entre ces différents avis laisse à penser que, comme il était naturel, c'est Hippolyte qui se chargea de les envoyer.

proche ami, Claude-Pierre Robelin, qui était à son chevet au moment de sa mort, parut dans la *Revue encyclopédique* [97], devenue Saint-Simonienne depuis 1824 et éditée par Hippolyte depuis 1830. Mais Sadi fut si vite oublié que lorsque William Thomson essaya d'acheter un exemplaire des *Réflexions* à Paris en 1845, il ne trouva pas un seul libraire qui en ait seulement entendu parler [98]. Les œuvres de Lazare et d'Hippolyte — lequel avait déjà une importance croissante dans les milieux politiques antiroyalistes — étaient assez connues. Sadi, au contraire, était totalement ignoré, et le serait probablement resté longtemps encore, s'il n'y avait eu le mémoire d'Émile Clapeyron dans le *Journal de l'École Polytechnique* en 1834 [99]. C'est à ce mémoire que les *Réflexions* doivent vraiment d'avoir été redécouvertes vers la fin de la décennie 1840.

Clapeyron y reprenait et prolongeait les résultats de Sadi sous une forme analytique et il illustrait l'argumentation au moyen du diagramme indicateur aujourd'hui familier (dont Carnot lui-même n'avait pas usé).

Il est fondamental pour Clapeyron, comme ce l'était pour Carnot dans les *Réflexions,* que la chaleur se conserve et que la quantité de chaleur contenue dans un gaz ou une vapeur Q soit une fonction d'état. C'est-à-dire que Q est en un mot fonction de P et V seulement de telle sorte que dans un processus isotherme avec un gaz parfait, satisfaisant à la relation $PV = (267 + t)$ à un facteur constant près, la chaleur absorbée est donnée par

$$dQ = \left[\left(\frac{\partial Q}{\partial V}\right)_P - \frac{P}{V}\left(\frac{\partial Q}{\partial P}\right)_V\right] dV.$$

C'est aussi, naturellement, la chaleur transférée dans un processus infinitésimal tel que Carnot le considère, processus où le gain de puissance motrice est égal à $(dP)_v.dV$ ou $\frac{Rdt}{V}.dV$. Dès lors, si l'on suit l'argumentation de Carnot [100], la puissance motrice gagnée par unité de chaleur transférée — qui est ici $\dfrac{Rdt}{V\left(\frac{\partial Q}{\partial V}\right)_P - P\left(\frac{\partial Q}{\partial P}\right)_V}$ — doit être la différentielle d'une fonction de la température t seulement, et il faut que le dénominateur soit fonction du produit $P \cdot V$.

D'où l'équation différentielle de la forme

97. *Revue encyclopédique,* lv (1832), 528-30. A. Birembaut conteste que l'on puisse voir en Robelin « l'ami le plus intime de Sadi » (l'expression est d'Hippolyte, dans sa « Notice biographique ») ; et même il met en doute le fait que Robelin soit l'auteur de la notice nécrologique. Voir A. BIREMBAUT, *op. cit.* (note 28), p. 356-8.

98. William THOMSON (Lord KELVIN), « On the dissipation of energy », *Fortnightly Review,* 2e sér. li (1892), 315 n. On trouve un récit de l'événement dans Silvanus-P. THOMSON, *The life of William Thomson, Baron Kelvin of Largs* (2 vol., Londres, 1910), i. 132-3.

99. CLAPEYRON, *op. cit.* (note 70).

100. *Réflexions,* p. 131-7 (éd. 1824, p. 73-9 n.).

$$V\left(\frac{\partial Q}{\partial V}\right)_P - P\left(\frac{\partial Q}{\partial P}\right)_V = F(PV) \qquad (1)$$

qui peut se résoudre par

$$Q = R(B - C.LP) \qquad (2)$$

avec B et C fonctions de t seul, comme on le vérifie aisément par substitution. On a alors

$$\frac{Rdt}{V\left(\frac{\partial Q}{\partial V}\right)_P - P\left(\frac{\partial Q}{\partial P}\right)_V} = \frac{dt}{C} \qquad (3)$$

ce qui fait apparaître clairement que C est la quantité présentant une importance fondamentale.

L'équation (2) était déjà connue de Carnot bien qu'il l'ait exprimée par rapport à V et non par rapport à P [101]. Mais Clapeyron en étendit l'application à un système de vapeur et d'eau en équilibre pour trouver la variation de la pression de vapeur en fonction de la température — résultat exprimé par la célèbre formule qui porte son nom [102]. Bien qu'il y ait correspondance avec un résultat établi dans les *Réflexions,* la version de Clapeyron dans son mémoire de 1834 est tout à fait différente. Tandis que Carnot ne met l'idée à l'épreuve qu'à travers la comparaison des valeurs mesurées des quantités physiques, de sorte qu'il n'obtient qu'un test numérique, plus ou moins satisfaisant, de sa théorie, Clapeyron tient la théorie de Carnot pour acquise et formule son équation sous une forme générale, comme un théorème qui doit être respecté. Manifestement il suffit vraiment, pour lui, de pouvoir montrer que l'équation qui contient d'après (2) et (3) ci-dessus, la quantité C, est raisonnablement confirmée par l'expérience. Et il a été capable, en particulier, de calculer la valeur de C pour diverses températures et de montrer qu'il y a croissance avec la température [104]. D'où la confirmation qu'il a pu apporter à la conclusion de Carnot selon laquelle une « chute » donnée a moins d'efficacité dans les hautes températures, mais il n'a fait qu'un petit progrès dans le sens de la découverte de la relation type entre C et t [105].

Si le mémoire de Clapeyron a eu un rôle majeur dans la redécouverte de Carnot vers les années 1840, il n'a pas eu d'effet immédiat bien qu'il ait été traduit en anglais en 1837 et partiellement en allemand en 1843 [106]. C'est William Thomson qui fut le premier à en recon-

101. *Réflexions,* p. 135 (éd. 1824, p. 77 n.).

102. CLAPEYRON, *op. cit.* (note 70), p. 173. L'équation est donnée sous la forme $k = (l - \frac{\delta}{\rho})\frac{dP}{dt}.C$, où k est la chaleur latente par unité de volume de vapeur, δ et ρ les densités respectives de la vapeur et du liquide, P la pression de la vapeur à la température t.

103. *Réflexions,* p. 140-6 (éd. 1824, p. 82-8).

104. CLAPEYRON, *op. cit.* (note 70), p. 180-5.

105. Sur la quantité C, voir Commentaire, note 67.

106. Les traductions furent respectivement publiées dans : *Scientific memoirs,*

naître l'importance, alors qu'il venait de terminer ses études à Cambridge et qu'il allait bientôt prendre la chaire de Philosophie naturelle (à l'âge surprenant de vingt-deux ans) à l'Université de Glasgow. Il lut le mémoire de Clapeyron en 1845, pendant la période de quatre mois et demi qu'il passa à étudier la physique expérimentale au laboratoire de Victor Regnault au Collège de France [107], mais c'est seulement dans un mémoire publié en 1848 qu'il en appliqua les principes [108].

A l'époque où il rédigeait le texte de cet exposé, Thomson n'avait toujours pas eu l'occasion de lire un exemplaire des *Réflexions*, mais il pouvait cependant tirer suffisamment de conclusions du travail de Clapeyron pour utiliser efficacement l'analyse de Carnot et définir ainsi une nouvelle échelle de température absolue indépendante des différentes substances utilisées. Bien que Victor Regnault ait auparavant démontré que les températures enregistrées sur les thermomètres à gaz (à quelques exceptions près, comme l'acide sulfureux), concordent presque parfaitement [109], Thomson considérait comme arbitraire de définir une échelle standard de température en choisissant un gaz plutôt qu'un autre.

Il proposait une nouvelle échelle en définissant la température de manière qu'une quantité de chaleur « tombant », comme dans le cycle idéal de Carnot, avec la même différence de températures produise toujours la même quantité de puissance motrice, quels que soient l'agent utilisé et la température d'où a lieu la chute. Thomson a, selon toute apparence, atteint son but. Car, dans la mesure où cette définition de la température était très étroitement liée à une théorie conséquente et compréhensible, la nouvelle échelle pouvait être dite absolue. Et, tant que la théorie de Carnot était acceptée comme vraie, aucun raffinement ultérieur, par exemple des équations d'état des différents gaz, n'était susceptible de saper son caractère absolu. Il était d'un grand intérêt, naturellement, de comparer la nouvelle échelle absolue avec l'échelle traditionnelle du thermomètre à gaz et Thomson se lança dans cette entreprise en se servant de l'équation de Clapeyron. Il montra que lorsqu'ils sont mesurés sur l'échelle des gaz, les degrés de son échelle absolue (sur laquelle le C de Clapeyron est une constante) sont de plus en plus serrés à mesure que la température décroît. Dans une note de bas de page, il exprimait sa satisfaction devant un tel résultat qui prouve, obser-

selected from the transactions of foreign academies of science and learned societies and from foreign journals, éd. par Richard TAYLOR, vol. i (1837), 347-76, et (en résumé) dans *Annalen der Physik und Chemie*, éd. par J. C. POGGENDORF, lix (1843), 446-51.

107. W. THOMSON, *op. cit.* (note 98), i. 132.

108. William THOMSON, « On an absolute thermometric scale founded on Carnot's theory of the motive power of heat, and calculated from Regnault's observations », in *Mathematical and physical papers by Sir William Thomson* (6 vol., Cambridge, 1882-1911), i. 100-6 ; également dans *Philosophical magazine*, 3e sér. xxxiii (1848), 313-17.

109. H.-V. REGNAULT, « Relation des expériences entreprises par ordre de Monsieur le Ministre des Travaux Publics, et sur la proposition de la Commission Centrale des Machines à vapeur, pour déterminer les principales lois et les données numériques qui entrent dans le calcul des machines à vapeur », *Mémoires de l'Académie Royale des Sciences de l'Institut de France*, xxi (1847), 168-90.

vait-il, que le zéro absolu de température ne peut jamais être atteint sur un thermomètre à gaz et qu'il est raisonnable de penser que ce zéro correspond à $-\infty$ sur l'échelle absolue [110].

Même au moment où il rédigeait ce texte de 1848, Thomson n'était que trop conscient du problème qui devait l'obséder si cruellement les deux années suivantes. Il mentionne dans son mémoire les expériences récentes de son ami James Prescott Joule, à Salford, près de Manchester, d'après lesquelles une quantité donnée de travail fournie à une roue à palettes pivotant dans un calorimètre plein d'eau, produit la même quantité de chaleur — comme on peut en juger par l'élévation de température de l'eau [111]. L'effet inverse — la conversion de chaleur en travail — restait certes encore à démontrer ; mais c'est évidemment à partir du moment où il fut informé des expériences de Joule, en 1847 [112], que Thomson se mit à douter sérieusement de l'indestructibilité du calorique. Pour lui, le problème se posait inéluctablement. Comment tenir à la fois pour Carnot, dont la théorie reposait sur la conservation du calorique, et pour Joule, qui opinait pour l'interconvertibilité de la chaleur et du travail ? Les positions des deux hommes paraissaient aussi plausibles l'une que l'autre, considérées isolément et de nouvelles recherches expérimentales réalisées en 1848-1849 ne firent qu'aggraver le dilemme.

Celle de ces recherches qui aboutit en faveur de Carnot compte tout particulièrement. Sa matière apparaît dans un mémoire que le frère de William Thomson, James Thomson (qui devait plus tard devenir professeur de génie civil à Belfast et à Glasgow) exposa à la Royal Society d'Edimbourg le 2 janvier 1849 [113]. Il semble bien que c'est William Thomson qui suggéra à James la possibilité de voir contredite la théorie de Carnot en considérant une machine imaginaire fonctionnant à l'aide d'un mélange de glace et d'eau à 0° C. On savait en effet que lorsque l'eau se transforme en glace, il y a augmentation de volume, de sorte que l'alternance de fusion et de gel, avec le mélange considéré, pouvait servir en principe pour constituer un modèle de production de puissance motrice. Dans un tel modèle, toutes les transformations s'opérant à la température constante de 0° C, la théorie de Carnot se trouvait directement remise en cause puisqu'il n'y avait pas de chute de chaleur bien qu'un cer-

110. Thomson, *Mathematical and physical papers, op. cit.* (note 108), i. 104 n.

111. *Ibid.*, i. 102 n.

112. Thomson rencontra pour la première fois Joule à Oxford en juin 1847, à la lecture d'une communication faite devant la *British Association for the Advancement of Science* et dans laquelle Joule décrivait ses dernières expériences sur la roue à palettes. Le texte de la communication, « On the mechanical equivalent of heat, as determined by the heat evolved by the friction of fluids », se trouve dans *The scientific papers of James Prescott Joule* (2 vol., Londres, 1887) i. 277-81 ; également dans *Philosophical magazine*, 3e sér. xxxi (1847), 173-6. Avant cela, on trouve des relations d'expériences diverses de Joule sur la transformation du travail en chaleur dès 1843 ; voir Joule, *Scientific papers*, i. 109-59, 171-89, et 202-5.

113. James Thomson, « Theorical considerations on the effect of pressure in lowering the freezing point of water », in Thomson, *Mathematical and physical papers, op. cit.* (note 108), i. 156-64 ; également dans *Transactions of the Royal Society of Edinburgh*, xvi (1849), 575-80, et (en résumé) dans *Annales de chimie et de physique*, 3e sér. xxxv (1852), 376-81.

tain travail soit produit. La réponse de James Thomson à cette contradiction apparente de la théorie de Carnot était déroutante, mais simple : il n'y a en réalité aucune contradiction si l'on admet qu'une augmentation de pression provoque un abaissement du point de fusion de la glace et que le modèle envisagé n'est pas isotherme, contrairement aux apparences. L'effet en question, à savoir l'abaissement du point de fusion de la glace avec l'accroissement de la pression, était complètement inconnu et inattendu ; mais peu de temps après la publication de James, William Thomson montra expérimentalement que cet abaissement du point de fusion a lieu, et même que sa valeur (0,0075° C pour un accroissement de pression d'une atmosphère) correspond exactement à celle prévue par James [114]. C'était là, naturellement, une victoire pour la théorie de Carnot. Pourtant, les confirmations expérimentales des conceptions de Joule se faisant dans le même temps plus nombreuses et convaincantes [115], le dilemme ne faisait pour Thomson que s'intensifier.

La nécessité d'opter catégoriquement pour Joule ou pour Carnot ne se présenta finalement pas, on le sait. Presque simultanément et tout à fait indépendamment, Thomson et le physicien allemand Rudolf Clausius trouvèrent la voie d'un compromis. Ce fut Clausius cependant qui publia ses idées le premier. Il montra, dans un article rédigé au début de 1850 [116], que la conservation de la chaleur, telle qu'elle avait été supposée dans les *Réflexions*, pouvait être abandonnée, et il présenta une version du cycle de Carnot selon laquelle la chaleur rendue par la vapeur au contact du corps froid (le condenseur) est inférieure à celle empruntée au corps chaud (la chaudière), la différence entre les deux quantités de chaleur étant proportionnelle au travail produit durant le cycle.

En bref, conformément aux affirmations de Joule, une certaine quantité de chaleur devait être consommée pour qu'un travail puisse être produit ; mais il n'était pas moins fondamental, conformément aux idées de Sadi Carnot, que la chaleur passe d'un corps chaud à un corps froid. Clausius, de cette manière, rendait compatibles les deux principes que nous avons l'habitude d'appeler le premier et le second principe de la thermodynamique.

114. William THOMSON, « The effect of pressure in lowering the freezing point of water experimentally demonstrated » in THOMSON, *Mathematical and physical papers, op. cit.* (note 108), i. 165-9 également dans *Philosophical magazine*, 3e sér. xxxvii (1850), 123-7, et (en résumé) dans *Annales de chimie et de physique*, 3e sér. xxxv (1852), 381-3.

115. Joule donna lecture de sa communication classique « On the mechanical equivalent of heat » devant la *Royal Society* de Londres en juin 1849. Il y faisait l'exposé le plus complet de ses expériences avec la roue à palettes et donnait l'évaluation définitive de 772 ft. lb par B.Th.U. (430,36 kgm.) pour l'équivalent mécanique de la chaleur. Voir JOULE, *Scientific papers, op. cit.* (note 112), i. 298-328 ; également dans *Philosophical transactions of the Royal Society of London*, cxi, partie I (1850), 61-82, et (en résumé) dans *Annales de chimie et de physique*, 3e sér. xxxv (1852), 121-5.

116. Rudolf J. E. CLAUSIUS, « Uber die bewegende Kraft der Wärme und die Gesetze, welche sich daraus für die Wärmelehre selbst ableiten lassen », *Annalen der Physik und Chemie*, éd. par J. C. POGGENDORF, lxxix (1850), 368-97 et 500-24 ; résumé dans *Annales de chimie et de physique*, 3e sér. xxxv (1852), 482-503 ; également dans *Philosophical magazine*, 4e sér. ii (1851), 1-21 et 102-19.

L'histoire de cette nouvelle discipline commence sans doute là ; plus exactement peut-être en 1851, lorsque Thomson s'associa publiquement au compromis proposé par Clausius l'année précédente [117]. Il y avait cependant de sérieuses mises au point à réaliser sur le sujet, notamment pour le développement de la notion d'entropie, et le débat sur la manière précise dont le deuxième principe devait être formulé se poursuivit encore de nombreuses années. Nous ne saurions ici entrer dans cette histoire et le moment est venu pour nous de conclure.

Avec Clausius et Thomson, la réputation de Carnot était assurée. Mais il est intéressant de remarquer que, malgré les mentions élogieuses dont les *Réflexions* furent alors l'objet, il fallut attendre une vingtaine d'années pour que l'ouvrage soit une fois encore accessible (en 1872) [118]. Et ce n'est qu'en 1878 qu'Hippolyte Carnot présenta à l'Académie des sciences les notes manuscrites de son frère, tenues sous le boisseau pendant quarante-six ans [119]. Ce sont ces notes qui permirent de découvrir l'incroyable perspicacité avec laquelle Sadi Carnot avait lui-même modifié ses propres idées avant de mourir et qui révélèrent tout le mérite de cet homme de génie.

117. William THOMSON, « On the dynamical theory of heat, with numerical results deduced from Mr. Joule's equivalent of a thermal unit, and Mr. Regnault's observations on steam » in THOMSON, *Mathematical and physical papers, op. cit.* (note 108), i. 174-210 (181) ; également dans *Philosophical magazine,* 4e sér. iv (1852), 8-21, 105-17, 168-76 et 424-34, et (en résumé) *Annales de chimie et de physique,* 3e sér. xxxvi (1852), 118-24.

118. Voir Bibliographie, Section I, *item* ii.

119. Voir Appendice A, partie A_2.

RÉFLEXIONS

SUR LA

PUISSANCE MOTRICE

DU FEU

ET

SUR LES MACHINES

PROPRES A DÉVELOPPER CETTE PUISSANCE.

PAR S. CARNOT,

ANCIEN ÉLÈVE DE L'ÉCOLE POLYTECHNIQUE.

A PARIS,

CHEZ BACHELIER, LIBRAIRE,

QUAI DES AUGUSTINS, N°. 55.

1824.

Page de titre des *Réflexions* (1824)[1]

NOTE D'ÉDITION

Les sources de la présente édition sont le manuscrit original de l'ouvrage et l'édition première de 1824. Le texte publié ci-après est le texte de cette édition, reproduit page par page en respectant sa typographie, et les différences avec le manuscrit sont mentionnées en bas de page.

La totalité du manuscrit des *Réflexions* qui, à n'en pas douter, est de la main de Carnot, se trouvait parmi les papiers qu'Hippolyte présenta à l'Académie des sciences en 1878. Il est écrit sur quatre cahiers, désormais conservés dans les Archives de l'Académie. Les variantes du manuscrit sont ici reproduites, grâce à l'obligeance de MM. les Secrétaires Perpétuels et à celle des Éditions Gauthier-Villars.

En faisant la liste des différences entre le manuscrit et le texte publié des *Réflexions,* je n'ai pas retenu les transformations mineures d'orthographe ou de ponctuation. Par exemple, Carnot a tendance à utiliser les formes : changements, tremblements, etc., dans le manuscrit, alors que l'édition imprimée fait figurer les formes plus désuètes : changemens, tremblemens. Il emploie fréquemment des abréviations et tout au long de son texte les signes de ponctuation, les paragraphes et l'emploi de majuscules sont régis par des règles d'un emploi fortuit.

Les variantes sont appelées dans le texte par des lettres minuscules, a, b, c... et sont composées avec le système de signes suivants :

-] précède la version du manuscrit ;
-][indique la suppression d'une phrase ou de quelques mots sur le manuscrit ;
- [] Indique une addition par rapport au manuscrit.

Un astérisque * indique qu'une correction est de la main de Carnot ou semble devoir lui être attribuée.

Exemples :

du feu] *de la chaleur* *

signifie que Carnot avait d'abord écrit « de la chaleur » et qu'il a lui-même corrigé pour mettre « du feu ».

][*Les machines à feu semblent...*

signifie que le manuscrit porte la phrase mentionnée et que celle-ci a été supprimée dans l'édition.

[] *C'est le cas... dans plusieurs machines*

signifie que la phrase du texte édité ne figurait pas sur le manuscrit.

Appels de notes

Le lecteur doit prendre garde qu'il y a deux sortes d'appels de notes. Les notes de Sadi Carnot lui-même sont appelées avec une parenthèse (cf. p. 61, ligne 11) comme dans l'édition originale de 1824. Les notes de notre commentaire sont appelées à l'aide de nombres plus petits placés en exposant.

Exemples : Légende de la page de titre p. 55 *supra* (note 1).

4e ligne de la première page des *Réflexions*, p. 59 *infra* (note 2).

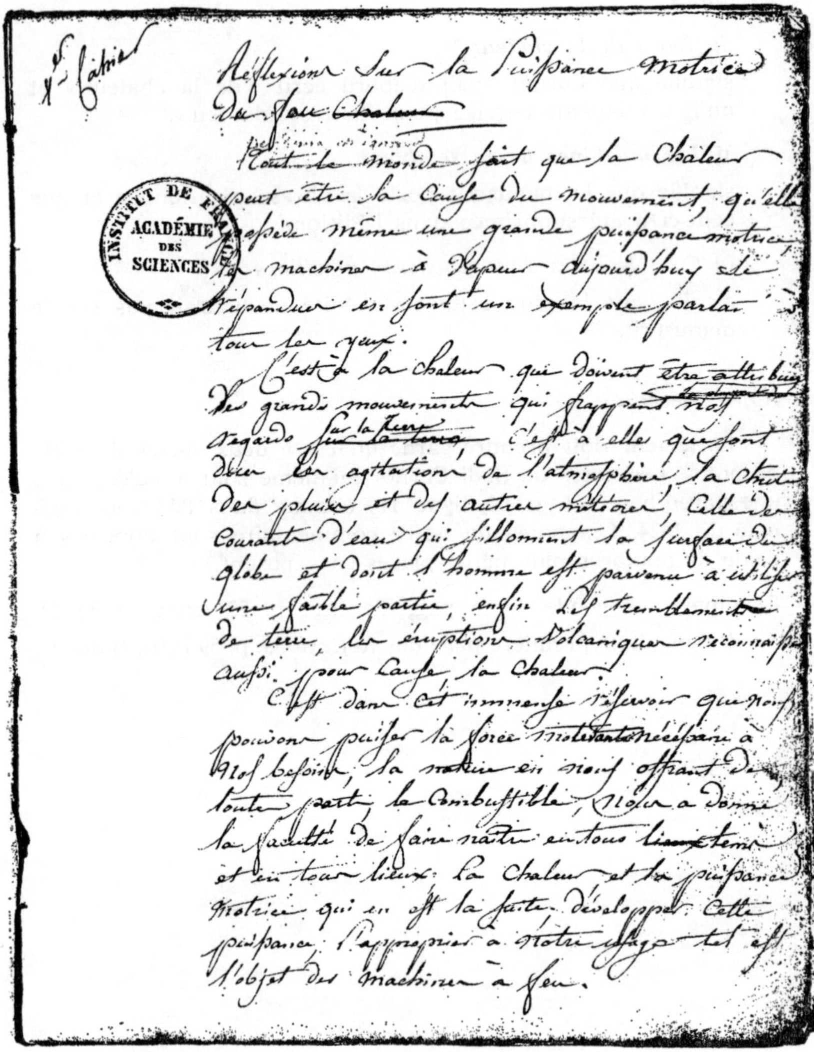

1er Cahier

Réflexions sur la Puissance motrice du feu ~~Chaleur~~

Tout le monde sait que la Chaleur peut être la cause du mouvement, qu'elle possède même une grande puissance motrice. les machines à vapeur aujourd'hui si répandues en sont un exemple parlant à tous les yeux.

C'est à la chaleur que doivent être attribués les grands mouvements qui frappent nos regards sur la terre, c'est à elle que sont dues les agitations de l'atmosphère, la chute des pluies et des autres météores, celle des courants d'eau qui sillonnent la surface du globe et dont l'homme est parvenu à utiliser une faible partie, enfin les tremblements de terre, les éruptions volcaniques reconnaissent aussi pour cause la chaleur.

C'est dans cet immense réservoir que nous pouvons puiser la force motrice nécessaire à nos besoins, la nature en nous offrant de toutes parts le combustible, nous a donné la faculté de faire naître en tous temps et en tous lieux la chaleur et la puissance motrice qui en est la suite. développer cette puissance, l'approprier à notre usage tel est l'objet des machines à feu.

Reproduction de la 1re page du manuscrit
« Réflexions sur la puissance motrice du feu »

RÉFLEXIONS

SUR LA

PUISSANCE MOTRICE DU FEU[a]

Personne n'ignore[b] que la chaleur peut être la cause du mouvement, qu'elle possède même une grande puissance motrice : les machines à vapeur, aujourd'hui si répandues, en sont une preuve parlante[c] à tous les yeux[2].

C'est à la chaleur que doivent être attribués les grands mouvemens qui frappent nos[d] regards sur la terre ; c'est à elle que sont dues les agitations de l'atmosphère, l'ascension des nuages[e], la chute des pluies et des autres météores, les[f] courans d'eau qui sillonnent la surface du globe et dont l'homme est parvenu à employer pour son usage[g] une faible partie : enfin les tremblemens de terre, les éruptions volcaniques, reconnaissent aussi pour cause la chaleur.

C'est dans cet immense réservoir que nous pouvons puiser la force mouvante[h] nécessaire à

a. du feu] de la chaleur * — b. Personne n'ignore] Tout le monde sait * — c. une preuve parlante] un exemple parlant — d. nos] la plupart des *inséré au-dessus de la ligne et rayé* — e. [ ] l'ascension des nuages — f. les] celles des — g. employer pour son usage] utiliser — h. mouvante] motrice *.

nos besoins ; la nature, en nous offrant de toutes parts le combustible, nous a donné la faculté de faire naître en tous temps [a] et en tous lieux la chaleur et la puissance motrice qui en est la suite. Développer cette puissance, l'approprier à notre usage, tel est l'objet des machines à feu.

L'étude de ces machines est du plus haut intérêt, leur importance est immense, leur emploi s'accroît tous les jours. Elles paraissent destinées à produire une grande révolution dans le monde civilisé [b]. Déjà la machine à feu exploite [c] nos mines, fait mouvoir nos navires, creuse nos ports et nos rivières, forge le fer, façonne les bois, écrase les grains, file et ourdit nos étoffes, transporte les plus pesans fardeaux, etc. [d]. Elle semble devoir un jour servir [e] de moteur universel et obtenir la préférence sur la force des animaux, les chutes d'eau et les courans d'air. Elle a, sur le premier de ces moteurs, l'avantage de l'économie ; sur les deux autres, l'avantage inappréciable de pouvoir s'employer en tous temps et en tous lieux, et de ne jamais souffrir d'interruption dans son travail [f].

Si quelque jour les perfectionnemens de la machine à feu s'étendent assez loin pour la rendre peu coûteuse en établissement et en combustible, elle réunira toutes les qualités désirables, et fera prendre aux arts industriels

a. temps] lieux * — b.][Les machines, à feu semblent en effet devoir un jour servir de moteur presqu'universel, et devoir obtenir la préférence sur la * — c. la machine à feu exploite] elles exploitent * ...font, creusent, forgent, façonnent, écrasent, filent, ourdissent — d. plus pesans fardeaux, etc.] fardeaux les plus pesants &c. (pesants *remplaçant* lourds *rayé*) — e. un jour servir] servir un jour * — f. travail] action *.

un essor dont il serait difficile de prévoir toute l'étendue.

Non seulement, en effet, un moteur puissant et commode, que l'on peut se procurer ou transporter partout, se substitue aux moteurs déjà en usage [a] ; mais il fait prendre aux arts où on l'applique une extension rapide, il peut même créer des arts entièrement nouveaux.

Le service le plus signalé que la machine à feu ait rendu à l'Angleterre est sans contredit d'avoir ranimé l'exploitation de ses mines de houille, devenue languissante et qui menaçait de s'éteindre entièrement à cause de la difficulté toujours croissante des épuisemens et de l'extraction du combustible (1). On doit mettre sur le second rang [b] les services rendus à la fabrication du fer, tant par la houille [c], offerte avec abondance et substituée aux bois au moment où

(1) On peut affirmer que l'extraction de la houille a décuplé en Angleterre depuis l'invention des machines à feu. Il en est à peu près de même de l'extraction du cuivre, de l'étain et du fer [3]. L'effet produit il y a un demi-siècle par la machine à feu sur les mines d'Angleterre se répète aujourd'hui sur les mines d'or et d'argent du nouveau monde, mines dont l'exploitation déclinait de jour en jour, principalement à cause de l'insuffisance des moteurs employés aux épuisemens et à l'extraction des minerais.

a. en usage] usitées — b. le second rang] la seconde ligne * — c.][qui a été *.

ceux-ci commençaient à s'épuiser, que par les machines puissantes de toutes espèces dont l'emploi de la machine à feu a permis ou facilité l'usage.

Le fer [a] et le feu sont, comme on sait, les alimens, les soutiens des arts mécaniques. Il n'existe peut-être pas en Angleterre un établissement d'industrie dont l'existence ne soit fondée sur l'usage de ces agens et qui ne les emploie avec profusion. Enlever aujourd'hui à l'Angleterre ses machines à vapeur, ce serait lui ôter à la fois la houille et le fer ; ce serait tarir [b] toutes ses sources de richesses, ruiner tous ses moyens de prospérité ; ce serait anéantir cette puissance colossale [4]. La destruction de sa marine, qu'elle regarde comme son plus ferme appui, lui serait peut-être moins funeste.

La navigation sûre et rapide des bâtimens à vapeur peut être regardée comme un art entièrement nouveau dû aux machines à feu. Déjà cet art a permis l'établissement de communications promptes et régulières sur les bras de mer, sur les grands fleuves de l'ancien et du nouveau continent. Il a permis de parcourir des régions encore sauvages, où naguère on pouvait à peine pénétrer ; il a permis de porter les fruits de la civilisation sur des points du globe où ils eussent été attendus encore

a. le fer] la houille * — b. ce serait tarir] et par suite toute son industrie, ce serait *.

bien des années. La navigation due aux machines à feu rapproche en quelque sorte les unes [a] des autres les nations les plus lointaines [b]. Elle tend à réunir entre eux les peuples de la terre comme s'ils habitaient tous une même contrée. Diminuer en effet le temps, les fatigues, les incertitudes et les dangers des voyages, n'est-ce pas abréger beaucoup les distances (1) ? [5]

La découverte des machines à feu a dû, comme la plupart des inventions humaines, sa naissance à des essais presque informes, essais qui ont été attribués à diverses personnes et dont on ne connaît pas bien le véritable auteur. C'est au reste moins dans ces premiers essais que consiste la principale découverte, que dans les perfectionnemens successifs qui ont amené les machines à feu [c] à l'état où nous les voyons aujourd'hui. Il [d] y a à peu près autant de distance entre les premiers appareils où l'on a développé [e] la force expansive de la

(1) Nous disons diminuer les dangers des voyages : en effet, quoique l'emploi de la [f] machine à feu sur un navire [g] offre quelques dangers que l'on s'est beaucoup exagérés [6], ils sont compensés et au delà par la faculté de se tenir toujours sur une route frayée et bien connue, de résister à l'effort des vents lorsqu'ils poussent le navire contre les côtes, contre les bas-fonds ou contre les écueils.

a. unes] pays * — b. nations les plus lointaines] pays les plus éloignés * — c. à feu] *inséré au-dessus de la ligne et rayé* — d. Il] L'on peut dire qu'il * — e. appareils où l'on a développé] essais sur * — f. de la] des * — g.][en *.

vapeur et les machines actuelles, qu'entre le premier radeau que les hommes aient formé et le vaisseau de haut bord.

Si l'honneur d'une découverte appartient à la nation où elle a acquis tout son accroissement, tous ses développemens, cet honneur ne peut être ici refusé à l'Angleterre[7] : Savery, Newcomen, Smeathon, le célèbre Watt[a], Woolf[b], Trevetick[c] et quelques autres ingénieurs anglais, sont les véritables créateurs de la machine à feu ; elle a acquis entre leurs mains tous ses degrés successifs de perfectionnement. Il est naturel, au reste, qu'une invention prenne naissance et surtout se développe, se perfectionne, là où le besoin s'en fait le plus impérieusement sentir[d].

Malgré les travaux de tous genres entrepris sur les machines à feu, malgré l'état satisfaisant où elles sont aujourd'hui parvenues, leur théorie est[e] fort peu avancée, et les essais d'amélioration[f] tentés sur elles sont encore dirigés presque au hasard.

L'on a souvent agité la question de savoir si la puissance motrice (1) de la chaleur est

(1) [g] Nous nous servons ici de l'expression [h] puissance motrice pour désigner l'effet utile qu'un moteur est capable de produire. Cet effet peut toujours être assimilé à l'élé-

a.][Boulton *inséré au-dessus de la ligne* — b. Woolf] Volf — c. Trevetick *rayé dans le manuscrit* — d. [] Il est naturel... impérieusement sentir — e.][encore * — f. d'amélioration] de perfectionnement * — g.][Par puiss * — h. de l'expression] du mot *.

limitée, ou si elle est sans bornes ; si les perfectionnemens possibles des machines à feu ont un terme assignable, terme que la nature des choses empêche de dépasser par quelque moyen que ce soit, ou si [a] au contraire ces perfectionnemens sont susceptibles d'une extension indéfinie [8]. L'on a aussi cherché longtemps, et l'on cherche encore aujourd'hui, s'il n'existerait pas des agens préférables à la vapeur d'eau pour développer la vapeur motrice du feu ; si l'air atmosphérique, par exemple, ne présenterait pas, à cet égard, de grands avantages. Nous nous proposons de soumettre ici ces questions à un examen réfléchi [b].

Le phénomène de la production du mouvement par la chaleur n'a pas été considéré sous un point de vue assez général [c]. On l'a considéré seulement dans des machines dont la nature et le mode d'action ne lui permettaient pas de prendre toute l'étendue dont il est susceptible. Dans de pareilles machines le phénomène se trouve en quelque sorte tronqué, incomplet ; il devient difficile de reconnaître ses principes et d'étudier ses lois.

vation d'un poids à une certaine hauteur ; il a, comme on sait, pour mesure le produit du poids multiplié par la hauteur dont il est censé élevé [9].

a.][elle est sans bornes * — b. réfléchi] attentif * — c. général] étendu.

Pour envisager [a] dans toute sa généralité le principe de la production du mouvement par la chaleur, il faut le concevoir indépendamment d'aucun mécanisme, d'aucun agent particulier ; il faut établir des raisonnemens applicables, non seulement aux machines à vapeur (1), mais à toute machine à feu imaginable, quelle que soit la substance mise en œuvre et quelle que soit la manière dont on agisse sur elle.

Les machines qui ne reçoivent pas leur mouvement de la chaleur, celles qui ont pour moteur [b] la force des hommes ou des animaux, une chute d'eau, un courant d'air, etc., peuvent être étudiées jusque dans leurs moindres détails par la théorie mécanique [c]. Tous les cas sont prévus, tous les mouvemens imaginables sont soumis à des principes généraux solidement établis et applicables en toute circonstance. C'est là le caractère d'une théorie complète. Une semblable théorie manque évidemment [d] pour les machines à feu [10]. On ne la possédera que lorsque les lois de la physique seront assez étendues, assez généralisées, pour faire

(1) Nous distinguons ici la machine à vapeur de la machine à feu en général : celle-ci peut faire usage d'un agent quelconque, de la vapeur d'eau ou de tout autre, pour réaliser la puissance motrice de la chaleur.

a. envisager] étudier — b.][une chute d'eau * — c. théorie mécanique] mécanique théorique — d. Une semblable théorie manque évidemment] Cette théorie on ne la possède évidemment pas encore *.

connaître à l'avance tous les effets de la chaleur agissant d'une manière déterminée sur un corps quelconque.

Nous supposerons dans ce qui va suivre une connaissance au moins superficielle des diverses parties qui composent une machine à vapeur ordinaire. Ainsi nous jugeons inutile d'expliquer ce que c'est que foyer, chaudière, cylindre à vapeur, piston, condenseur, etc.

La production du mouvement dans les machines à vapeur est toujours accompagnée d'une circonstance sur laquelle nous devons fixer l'attention[11]. Cette circonstance est le rétablissement d'équilibre dans le calorique, c'est-à-dire son passage d'un corps où la température est plus ou moins élevée à un autre où elle est plus basse. Qu'arrive-t-il en effet dans une machine à vapeur actuellement en activité ? Le calorique, développé dans le foyer par l'effet de la combustion, traverse les parois de la chaudière[a], vient donner naissance à de la vapeur, s'y[b] incorpore en quelque sorte[c]. Celle-ci, l'entraînant avec elle, la porte[d] d'abord dans le cylindre[e], où elle remplit[f] un office quelconque, et de là dans le condenseur, où elle se liquéfie par le contact de l'eau froide qui s'y rencontre[g]. L'eau froide du condenseur s'empare donc en dernier résultat du calorique développé par la combus-

a.][et * — b. s'y] et s' * — c.][avec elle * — d. l'entraînant avec elle, la porte] l'entraîne avec elle * — e. cylindre] corps de pompe * — f. remplit] doit remplir * — g. elle lui abandonnent sa chaleur latente *inséré au-dessus de la ligne et rayé.*

tion [a]. Elle s'échauffe par l'intermédiaire de la vapeur, comme si elle eût été placée directement sur le foyer. La vapeur n'est ici [b] qu'un moyen de transporter le calorique ; elle remplit [c] le même office que dans le [d] chauffage des bains par la vapeur, à l'exception que dans le cas où nous sommes son mouvement est rendu utile [e].

L'on reconnaît facilement, dans les opérations que nous venons de décrire [f], le rétablissement d'équilibre dans le calorique, son passage d'un corps plus ou moins échauffé à un corps plus froid. Le premier de ces corps est ici l'air brûlé du foyer, le second est l'eau de condensation. Le rétablissement d'équilibre du calorique se fait entre eux, si ce n'est complétement, du moins en partie. car, d'une part, l'air brûlé, après avoir rempli son office, après avoir enveloppé la chaudière, s'échappe par la cheminée avec une température bien moindre que celle qu'il [g] avait acquise par l'effet de la combustion ; et, d'autre part, l'eau du condenseur, après avoir liquéfié la vapeur, s'éloigne de la machine avec une température supérieure à celle qu'elle y avait apportée.

La production de la puissance motrice est donc due, dans les machines à vapeur, non à une consommation réelle du calorique [12], *mais à son transport d'un corps chaud à un corps*

a. par la combustion] dans le foyer * — b. ici *rayé puis rajouté* — c.][ici *inséré au-dessus de la ligne et rayé* — d. dans le] lorsqu'on l'emploie au *inséré au-dessus de la ligne et rayé* — e. rendu utile] utilisé *la version originale était :* mis à profit, *mais ces mots sont rayés ; le passage :* elle remplit le même office... est utilisé, *est légèrement rayé* — f. *la phrase* dans les opérations... décrire *est insérée au-dessus de la ligne, remplaçant le mot* ici *qui est rayé* — g. il] elle *.

froid, c'est-à-dire à son rétablissement d'équilibre, équilibre supposé rompu par quelque cause que ce soit, par une action chimique, telle que la combustion, ou par toute autre[a]. Nous[b] verrons bientôt que ce principe est applicable à toute machine mise en mouvement par la chaleur.

D'après ce principe, il ne suffit pas, pour donner naissance à la puissance motrice, de produire de la chaleur : il faut encore se procurer du froid ; sans lui la chaleur serait inutile. Et en effet, si l'on ne rencontrait autour de soi que des corps aussi chauds que nos foyers, comment parviendrait-on à condenser la vapeur[c] ? où la placerait-on une fois qu'elle aurait pris naissance ? Il ne faudrait pas croire que l'on pût, ainsi que cela se pratique dans certaines machines (1), la rejeter dans l'atmosphère : l'atmosphère ne la recevrait pas. Il ne la reçoit, dans l'état actuel des choses, que parce qu'il remplit pour elle l'office d'un vaste condenseur, parce qu'il se trouve à une température

(1) Certaines machines à haute pression[13] rejettent la[d] vapeur dans l'atmosphère, au lieu de la condenser : on les emploie particulièrement dans les lieux où il serait difficile de se procurer un courant d'eau froide suffisant pour opérer la condensation.

a.][cause * — b. *mot illisible rayé* — c. formée *ajouté entre les lignes et rayé* — d. la] leur *.

plus froide : autrement il en serait bientôt rempli [a], ou plutôt il en serait d'avance saturé [b] (1).

Partout où il existe une différence de température, partout où il peut y avoir rétablissement d'équilibre du calorique, il peut y avoir aussi production de puissance motrice. La vapeur d'eau est un moyen de réaliser cette puissance, mais elle n'est pas le seul : tous les corps de la nature peuvent être employés à cet usage ;

(1) L'existence de l'eau à l'état liquide, admise nécessairement ici, puisque sans elle les machines à vapeur ne pourraient pas s'alimenter, suppose [c] l'existence d'une pression capable d'empêcher cette eau de se vaporiser, par conséquent d'une pression égale ou supérieure à la tension de la vapeur, eu égard à la température. Si une pareille pression n'était pas exercée par l'air atmosphérique, il s'élèverait à l'instant une quantité de vapeur d'eau suffisante pour l'exercer sur elle-même, et il faudrait toujours surmonter cette pression, pour rejeter la vapeur des machines dans la nouvelle atmosphère. Or cela équivaudrait évidemment à surmonter la tension [d] qui reste à la vapeur après sa condensation effectuée par les moyens ordinaires.

Si une température très-élevée régnait à la surface de notre globe, comme il ne paraît pas douteux qu'elle règne dans son intérieur, toutes les eaux de l'Océan existeraient en vapeur dans l'atmosphère, et il ne s'en [e] rencontrerait aucune portion à l'état liquide.

a. *le passage :* parce qu'il se trouve... rempli *figure dans le manuscrit ainsi :* c'est à dire, parce qu'il se trouve à une température plus froide (basse qu'elle *inséré au-dessus de la ligne*), autrement il en serait bientôt plein de vapeur (rempli *inséré au-dessus de la ligne*) *le passage entier est rayé sauf les insertions et le mot* bientôt — b.][et n'en recevrait plus aucune * — c.][née — d. tension] pression * — e. il ne s'en] L'on n'en *.

tous sont susceptibles de changemens de volume, de contractions et de dilatations successives par des alternatives de chaleur et de froid ; tous sont capables de vaincre, dans leurs changemens de volume, certaines résistances et de développer ainsi [a] la puissance motrice. Un corps solide, une barre métallique, par exemple, alternativement chauffée et refroidie, augmente et diminue [b] de longueur, et peut mouvoir des corps fixés à ses extrémités. Un liquide alternativement chauffé et refroidi augmente et diminue de volume et peut vaincre des obstacles plus ou moins grands opposés à sa dilatation [14]. Un fluide aériforme est susceptible de changemens considérables de volume par les variations de température : s'il est renfermé dans une capacité extensible, telle qu'un cylindre muni d'un piston, il produira [c] des mouvemens d'une grande étendue. Les vapeurs de tous les corps susceptibles de passer à l'état gazeux, de l'alcool, du mercure, du soufre, etc., pourraient remplir le même office que la vapeur d'eau. Celle-ci, alternativement chauffée et refroidie, produirait de la puissance motrice à la manière des gaz permanens, c'est-à-dire sans jamais retourner à l'état liquide. La plupart de ces moyens ont été proposés, plusieurs même ont

a.][de — b.][de volume et peut vaincre des obstacles plus ou moins grands opposés à sa dilatation. Un fluide aëriforme est s * — c. par les variations de température ...il produira] et peut par conséquent produire *.

été essayés, quoique ce soit jusqu'ici sans succès remarquable [a].

Nous avons fait voir que, dans les machines à vapeur, la puissance motrice est due à un rétablissement d'équilibre dans le calorique : cela a lieu, non seulement pour les machines à vapeur, mais aussi pour toute machine à feu, c'est-à-dire pour toute machine dont le calorique est le moteur. La chaleur ne peut évidemment être une cause de mouvement qu'en vertu des changemens de volume ou de forme qu'elle fait subir aux corps ; ces changemens ne sont pas dus à une constance de température, mais bien à des alternatives de chaleur et de froid : or, pour échauffer une substance quelconque, il faut un corps plus chaud qu'elle ; pour la refroidir, il faut un corps plus froid. On prend [b] nécessairement du calorique au premier de ces corps pour le transmettre au [c] second par le moyen de la substance intermédiaire. C'est là [d] rétablir, ou du moins travailler à rétablir, l'équilibre du calorique.

Il est naturel de se faire ici une question à la fois curieuse et importante : La puissance motrice de la chaleur est-elle immuable en quantité, ou varie-t-elle avec l'agent [e] dont on fait usage pour la réaliser avec la substance inter-

a. succès remarquable] utilité réelle pour la pratique * — b.][donc * — c. au] par * — d. C'est là] et c'est là donc * — e. l'agent] la substance *.

médiaire, choisie comme sujet d'action de la chaleur ?

Il est clair que cette question ne peut être faite que pour une quantité de calorique donnée (1), la différence des températures étant également donnée. L'on dispose, par exemple, d'un corps A, maintenu à la température 100°, et d'un autre corps B, maintenu à la température 0°, et l'on demande quelle quantité de puissance motrice peut naître par le transport d'une portion donnée de calorique (par exemple celle qui est nécessaire pour fondre un kilogramme de glace) du premier de ces corps au second ; on demande si cette quantité de puissance motrice est nécessairement limitée, si elle varie avec la substance employée à la réaliser, si la vapeur d'eau offre à cet égard plus ou moins d'avantage que la vapeur d'al-

(1) Nous jugeons inutile d'expliquer ici ce que c'est que quantité de calorique ou quantité de chaleur (car nous employons indifféremment les deux expressions) [15], ni de décrire comment on mesure ces quantités par le calorimètre. Nous n'expliquerons pas non plus ce que c'est que chaleur latente, degré de température, chaleur spécifique, etc. : le lecteur doit être familiarisé avec ces expressions par l'étude des traités [a] élémentaires de physique ou de chimie.

a. l'étude des traités] la lecture des traités *.

cool, de mercure, qu'un gaz permanent ou que toute autre substance.

Nous essaierons de [a] résoudre ces questions en faisant usage des notions précédemment établies.

L'on a remarqué plus haut ce fait évident par lui-même [b], ou qui du moins devient sensible dès que l'on réfléchit aux changemens de volume occasionés par la chaleur : *Partout où il* [c] *existe une différence de température, il peut y avoir* [d] *production de puissance motrice.* Réciproquement partout où l'on peut consommer de cette puissance, il est possible de faire naître une différence de température, il est possible d'occasioner une rupture d'équilibre dans le calorique. La percussion, le frottement des corps ne sont-ils pas en effet des moyens d'élever leur température, de la faire arriver spontanément à un degré plus haut que celui des corps environnans, et par conséquent de produire une rupture d'équilibre dans le calorique, là où existait auparavant cet équilibre ? C'est un fait d'expérience que la température des fluides gazeux s'élève par la compression et s'abaisse par la raréfaction. Voilà un moyen certain de changer la température des corps et de rompre l'équilibre du calorique autant de fois qu'on le voudra avec la même substance. La

a. Nous essaierons de] Ce sont là des questions q nous espérons pouvoir * — b.][partout où il existe * — c. partout où il] partout où le froid * — d.][aussi *.

vapeur d'eau employée d'une manière inverse de celle où on l'emploie dans les machines à vapeur, peut aussi être regardée comme un moyen de rompre l'équilibre du calorique. Pour s'en convaincre, il suffit de réfléchir attentivement à la manière dont se développe la puissance motrice par l'action de sa chaleur sur la vapeur d'eau. Concevons deux corps A et B entretenus chacun à une température constante, celle de A étant plus élevée que celle de B : ces deux corps [a], auxquels on [b] peut donner ou enlever de la chaleur sans faire varier [c] leur température [d], feront les fonctions de deux réservoirs indéfinis de calorique. Nous nommerons le premier foyer et le second réfrigérant.

Si l'on veut donner naissance à de la puissance motrice par [e] le transport d'une certaine quantité de chaleur du corps A au corps B, l'on pourra procéder de la manière suivante [16] :

1° Emprunter du calorique au corps A pour en former de la vapeur, c'est-à-dire faire remplir à ce corps les fonctions du foyer, ou plutôt du métal composant la chaudière, dans les machines ordinaires : nous supposerons ici que la vapeur prend naissance à la température même du corps A.

2° La vapeur ayant été reçue dans une capacité extensible telle qu'un cylindre muni

a.][feront les fonctions de deux réservoirs indéfinis de calorique, réservoirs * — b. on][ont * — c.][sensiblement * — d.][nous nommerons le premier * — e. par] au moyen du *.

d'un piston, augmenter le volume de cette capacité et par conséquent aussi celui de la vapeur [a]. Ainsi raréfiée [b], elle descendra spontanément de température, comme cela arrive pour tous les fluides élastiques : admettons que la raréfaction soit poussée jusqu'au point où la température devient précisément celle du corps B.

3° Condenser la vapeur en la mettant en contact avec le corps B, et en exerçant [c] en même temps sur elle une pression constante, jusqu'à ce qu'elle soit entièrement liquéfiée. Le corps B remplit ici [d] le rôle [e] de l'eau d'injection dans les machines ordinaires, avec cette différence qu'il condense la vapeur sans se mêler avec elle et sans [f] changer lui-même de température (1).

(1) On s'étonnera peut-être ici que le corps B se trouvant à la même température que la vapeur puisse la condenser : sans doute cela n'est pas rigoureusement possible ; mais la plus petite différence [g] de température déterminera [h] la condensation, ce qui suffit pour établir la justesse de notre raisonnement. C'est ainsi que, dans le calcul différentiel, il suffit que l'on puisse concevoir les quantités négligées indéfiniment réductibles par rapport aux quantités conservées dans les équations, pour acquérir la certitude du résultat définitif [i].

Le corps B condense la vapeur sans changer lui-même de température : cela résulte [j] de notre supposition. Nous avons admis que ce corps était maintenu à une tempéra-

a.][Cette v * — b. Ainsi raréfiée, elle] La vapeur ainsi raréfiée — c.][sur * — d. ici *rayé dans le manuscrit* — e. le rôle] les fonctions — f. [] se mêler avec elle et sans — g. la plus petite différence] le plus petit excès de * — h. déterminera] suffira pour déterminer * — i. acquérir la certitude du résultat définitif] arriver à un résultat certain * — j. : cela résulte], parce que c'est le résultat.

Les opérations que nous venons de décrire eussent pu être faites dans un sens et dans un ordre [a] inverse. Rien n'empêchait de former de la vapeur avec le calorique du corps B, et à la température de ce corps, de la comprimer de manière à lui faire acquérir la température du corps A, enfin de la condenser par son contact avec ce dernier corps, et cela en continuant la compression jusqu'à une liquéfaction complète.

Par nos premières opérations, il y avait eu à la fois production de puissance motrice et transport du [b] calorique du corps A au corps B ;

ture constante. On lui enlève le calorique à mesure que la vapeur le lui fournit [c]. C'est le cas où se trouve le métal du condenseur lorsque la liquéfaction de la vapeur s'exécute en appliquant l'eau froide extérieurement, chose pratiquée autrefois dans plusieurs machines [d]. C'est ainsi que l'eau d'un réservoir pourrait être maintenue à un niveau constant, si le liquide s'écoulait d'un côté tandis qu'il arrive de l'autre.

On pourrait même concevoir les corps A et B se maintenant d'eux-mêmes [e] à une température constante [f], quoique pouvant perdre ou acquérir certaines quantités de chaleur [g]. Si, par exemple, le corps A était une [h] masse de vapeur prête à se liquéfier, et le corps B [i] une masse de glace prête à se fondre [j], ces corps pourraient, comme on sait [k], fournir ou recevoir du calorique sans changer de degré thermométrique.

a. sens et dans un ordre] ordre * — b. transport du] passage du * — c. fournit] apporte * — d. [] C'est le cas... plusieurs machines — e. se maintenant d'eux-mêmes] maintenus chacun * — f.][sans * — g.][Cela aurait lieu par exemple * — h.][certaine * — i. le corps B] si le corps B était * — j.][car on sait * — k. comme on sait (*inséré au-dessus des mots rayés :* four donn).

par les opérations inverses, il y a à la fois dépense de puissance motrice et retour du calorique du corps B au corps A. Mais si l'on a agi de part et d'autre sur la même quantité de vapeur, s'il ne s'est fait aucune perte ni [a] de puissance motrice ni de calorique, la quantité de puissance motrice produite dans le premier cas sera égale à celle qui aura été dépensée dans le second, et la quantité de calorique passée, dans le premier cas, du corps A au corps B sera égale à la quantité qui repasse, dans le second, du corps B au corps A, de sorte qu'on pourrait faire un nombre indéfini d'opérations alternatives de ce genre sans qu'il y eût en somme ni puissance motrice produite, ni calorique passé d'un corps à l'autre.

Or, s'il existait des moyens d'employer la chaleur préférables à ceux dont nous avons fait usage, c'est-à-dire s'il était possible, par quelque méthode que ce fût, de faire produire au calorique une quantité de puissance motrice plus grande que nous ne l'avons fait par notre première série d'opérations, il suffirait de distraire [b] une portion de cette puissance pour faire remonter, par la méthode qui vient d'être indiquée, le calorique du corps B au corps A, du réfrigérant au foyer, pour [c] rétablir les choses dans leur état primitif et se mettre par-là en me-

a. ni] de * — b.][et d'employer * — c.][se mettre ainsi en mesure *.

sure de recommencer une opération entièrement semblable à la première et ainsi de suite : ce serait là, non seulement le mouvement perpétuel, mais une création indéfinie de force motrice sans consommation ni de calorique ni de quelque autre agent que ce soit. Une semblable création est tout-à-fait contraire aux idées reçues jusqu'à présent, aux lois de la mécanique et de la saine physique ; elle est inadmissible (1)[17]. On doit donc conclure que *le*

(1) On objectera peut-être ici que le mouvement perpétuel, démontré impossible par les seules actions mécaniques, ne l'est peut-être pas lorsqu'on emploie l'influence soit de la chaleur, soit de l'électricité ; mais peut-on concevoir les phénomènes de la chaleur et de l'électricité comme dus à autre chose qu'à des mouvemens quelconques de corps, et comme tels ne doivent-ils pas être soumis aux lois générales de la mécanique ? [a] Ne sait-on pas d'ailleurs [b] *à posteriori* que toutes les tentatives faites pour produire le mouvement perpétuel par quelque moyen que ce soit ont été infructueuses ? Que l'on n'est jamais parvenu à produire un mouvement véritablement perpétuel, c'est-à-dire un [c] mouvement qui se continuât toujours sans altération dans les corps mis en œuvre pour le réaliser ?

L'on a regardé quelquefois l'appareil électromoteur (la pile de Volta) comme capable de produire le mouvement perpétuel [18] ; on a cherché à réaliser cette idée en construisant des piles sèches, prétendues inaltérables. Mais, quoi que l'on ait pu faire, l'appareil a toujours

a. *La phrase suivante est insérée entre les lignes et rayée :* L'idée de phénomène emporte avec elle celle de mutation et l'idée de mutation celle de mouvement — b.][que l * — c. un] du *.

maximum de puissance motrice résultant de l'emploi de la vapeur est aussi le maximum de puissance motrice réalisable par quelque moyen que ce soit[19]. Nous donnerons, au reste, bientôt une seconde démonstration plus rigoureuse de ce théorème. Celle-ci ne doit être considérée que comme un aperçu. (V. pag. 29).

On est en droit de nous faire, au sujet de la proposition qui vient d'être énoncée, la question suivante : Quel est ici le sens du mot

éprouvé des détériorations sensibles, lorsque son action a été soutenue pendant un certain temps avec quelque énergie [a].

L'acception générale et philosophique des mots *mouvement perpétuel* doit comprendre, non pas seulement un mouvement susceptible [b] de se prolonger indéfiniment après une première impulsion reçue, mais l'action [c] d'un appareil, d'un assemblage quelconque [d], capable de créer la puissance motrice en quantité illimitée, capable de tirer successivement du repos tous les corps de la nature, s'ils s'y trouvaient plongés, de détruire [e] en eux le principe de l'inertie, capable enfin [f] de puiser en lui-même les forces nécessaires pour mouvoir l'univers tout entier, pour [g] prolonger, pour [h] accélérer incessamment son mouvement. Telle [i] serait une véritable création [j] de puissance motrice. Si elle était possible, il serait inutile de chercher dans les courans d'eau et d'air, dans les combustibles, cette puissance motrice [k] ; nous eu aurions à notre disposition une source intarrissable où nous pourrions puiser à volonté.

a.][Si le mouvement perpétuel était possible il serait inutile de chercher dans les (*originellement :* dans la nature des) courants d'eau et d'air, dans les combustibles la puissance motrice. Nous en aurions à notre disposition (toujours et en tous lieux *écrit au-dessus de la ligne et rayé*) une source intarissable où nous pourrions puiser à volonté * — b. susceptible] capable * — c. l'action * plutôt le mouvement * — d.][de corps * — e. en eux *et* partout *rayés* — f. enfin] de mouvoir enfin l'univers tout * — g. pour] de * — h. pour] d' * — i. Telle] Voilà ce que (quelle *rayé*) — j. *plusieurs mots illisibles rayés* — k. cette puissance motrice] la puissance mot. *Sur le manuscrit le paragraphe final reprend a) ci-dessus à partir de :* était possible.

maximum ? à quel signe reconnaîtra-t-on que ce maximum est atteint ? à quel signe reconnaîtra-t-on si la vapeur est employée le plus avantageusement possible à la production de la puissance motrice ? [a]

Puisque tout rétablissement d'équilibre dans le calorique peut être la cause de la production de la puissance motrice, tout rétablissement d'équilibre qui se fera sans production de cette puissance devra être considéré comme une véritable perte : or, pour peu qu'on y réfléchisse, on s'apercevra que tout changement de température qui n'est pas dû à un changement de volume des corps ne peut être [b] qu'un rétablissement inutile d'équilibre dans le calorique (1). La condition nécessaire du maximum est donc *qu'il ne se fasse dans les corps employés à réaliser la puissance motrice de la chaleur aucun changement de température qui ne soit dû à un changement de volume* [20].

(1) Nous ne supposons ici aucune action chimique entre les corps mis en usage pour réaliser la puissance motrice de la chaleur. L'action chimique qui se passe dans le foyer est une action [c] en quelque sorte préliminaire, une opération destinée, non à produire immédiatement de la puissance motrice, mais à rompre l'équilibre du calorique, à produire une différence de température qui doit ensuite donner naissance au mouvement.

a.][Si l'on * — b. *Manque de netteté du manuscrit et hésitations manifestes de l'auteur qui a, semble-t-il, écrit d'abord :* ...ne peut être dû qu'à l'établissement inutile d'équilibre dans le calorique. — *passage rayé et remplacé par...* ne peut être dû qu'au contact de corps de diverses températures diverses, ou au rayonnement. — *passage lui-même rayé et remplacé, en utilisant la marge, par* ...ne peut être dû qu'au passage du calorique d'un corps à l'autre au rayonnement ou au contact de corps de températures diverses. *Les mots* qu'un rétablissement inutile d'équilibre dans le calorique *figurent aussi en marge* — c. opération *inséré au-dessus de la ligne et rayé.*

Réciproquement, toutes les fois que cette condition sera remplie, le maximum sera atteint [a].

Ce principe ne doit jamais être perdu de vue dans la construction des machines à feu ; il en est [b] la base fondamentale. Si l'on ne peut pas l'observer rigoureusement il faut [c] du moins s'en écarter le moins possible.

Tout changement de température qui n'est pas dû à un changement de volume ou à une action chimique (action que provisoirement nous supposons ne pas se rencontrer ici) est nécessairement [d] dû [e] au passage direct du calorique d'un corps [f] plus ou moins échauffé à un corps plus froid. Ce passage a lieu principalement au contact de corps de températures diverses : aussi un pareil contact doit-il être évité autant que possible. Il ne peut pas être évité complétement, sans doute ; mais il faut du moins faire en sorte que les corps mis en contact les uns avec les autres diffèrent peu entre eux de température.

Lorque nous avons supposé tout à l'heure, dans notre démonstration, le calorique du corps A employé à former de la vapeur, cette vapeur était censée prendre naissance à la température même du corps A : ainsi le contact n'avait lieu qu'entre des corps de températures égales ; le changement de température arrivé ensuite dans la vapeur était dû à la [g] dilatation,

a.][aussi (*à la place de* tel est) le principe que nous venons d'énoncer doit-il servir de base à la construction d'une (d'une *remplace* de toute) bonne machine à feu, si l'on ne peut pas y satisfaire complètement il faut du moins chercher en approcher le plus (*originellement* autant que) possible. Tout changement de température. Ce principe ne doit jamais être perdu de vue dans la construction des machines à feu il en est (en doit être *et* doit leur servir de *rayés*) la base fondamentale. Si l'on ne peut pas (y satisfaire complètement *rayé*) l'observer rigoureusement dans la pratique il faut du moins s'efforcer d'en approcher le plus possible. Tel est le principe qui doit servir de base fondamentale à la construction de toute machine à feu, il ne doit jamais être perdu de vue et si l'on ne peut pas y satisfaire complètement, il faut du moins s'efforcer d'en approcher le plus possible * — b. est] doit être * — c. il faut] l'on doit * — d. necessairement *rayé dans le manuscrit* — e.][à *(rayé)* comme nous l'avons remarqué — f.][à l'autre * — g. la][sa *.

par conséquent à un changement de volume ; enfin la condensation s'opérait aussi sans contact [a] de corps de températures diverses. Elle s'opérait en exerçant [b] une pression constante sur la vapeur mise en contact avec le corps B de même température qu'elle. Les conditions du maximum se trouvaient donc remplies. A la vérité les choses ne peuvent pas se passer rigoureusement comme nous l'avons supposé. Pour déterminer le passage du calorique d'un corps à l'autre, il faut dans le premier [c] un excès de température ; mais cet excès peut être supposé aussi petit qu'on le voudra [d] ; on peut le regarder comme nul en théorie, sans que pour cela les raisonnemens perdent rien de leur exactitude.

L'on peut faire à notre démonstration une objection plus réelle, que voici :

Lorsque l'on emprunte du calorique au corps A, pour [e] donner naissance à de la vapeur, et que cette vapeur est ensuite condensée par son contact avec le corps B, l'eau employée à la former et que l'on supposait d'abord à la température du corps A se trouve, à la fin de l'opération, à la température du corps B ; elle s'est refroidie. Si l'on veut recommencer une opération semblable à la première, si l'on veut développer une nouvelle quantité de puissance

a.][entre des * — b.][sur la vapeur * — c. le premier] l'un d'eux * — d. aussi petit qu'on le voudra] infiniment petit — e.][en former *.

motrice avec le même instrument, avec la même vapeur, il faut d'abord rétablir les choses dans leur état primitif, il faut rendre à l'eau le degré de température qu'elle avait d'abord. Cela peut se faire sans doute en la remettant immédiatement en contact avec le corps A ; mais il y a alors contact entre des corps de températures diverses et perte de puissance motrice (1) : il deviendrait impossible d'exécuter l'opération inverse, c'est-à-dire de faire retourner au corps A le calorique employé à élever la température du liquide.

(1) [21] Ce genre de perte se rencontre dans toutes les machines à vapeur : en effet, l'eau destinée à alimenter la chaudière est toujours plus froide que l'eau qui y est déjà contenue ; il se fait entre elles un rétablissement inutile d'équilibre dans le calorique. On se convaincra aisément *à postériori* que ce rétablissement d'équilibre entraîne une perte de puissance motrice, si l'on réfléchit qu'il eût été possible d'échauffer préalablement l'eau d'alimentation en l'employant comme eau de condensation dans une petite machine accessoire, où l'on eût fait usage de la vapeur tirée de la grande chaudière et où la condensation se fût opérée à une température intermédiaire entre celle de la chaudière et celle du condenseur principal. La force produite par la petite machine n'eût coûté aucune dépense de chaleur, puisque toute celle qui eût été employée serait rentrée dans la chaudière avec l'eau de condensation [a].

a. [] La force produite... de condensation.

Cette difficulté peut être levée en supposant la différence de température entre le corps A et le corps B infiniment [a] petite; la quantité de chaleur nécessaire pour reporter le liquide à sa température première sera aussi [b] infiniment petite et négligeable relativement à celle qui est nécessaire pour donner naissance à la vapeur, quantité toujours finie.

La proposition, se trouvant d'ailleurs démontrée pour le cas où la différence entre les températures des deux corps est infiniment [c] petite, sera facilement étendue au cas général. En effet, s'il s'agissait de faire naître la puissance motrice par le transport du calorique du corps A au corps Z, la température de ce dernier corps étant fort différente de celle du premier, on imaginerait une suite de corps B, C, D, etc., de températures intermédiaires entre celles des corps A, Z, et choisies de manière à ce que les différences de A à B, de B à C, etc., soient toutes infiniment [d] petites. Le calorique émané de A n'arriverait à Z qu'après avoir passé par les corps B, C, D, etc., et après avoir développé dans chacun de ses transports le maximum de puissance motrice. Les opérations inverses seraient ici toutes possibles, et le raisonnement de la pag. 20 deviendrait rigoureusement applicable.

a. infiniment] extrêmement * — b. aussi] alors * — c. infiniment] fort * — d. infiniment] fort *.

D'après les notions établies jusqu'à présent, on peut comparer avec assez de justesse la puissance motrice de la chaleur à celle d'une chute d'eau : toutes deux ont un maximum que l'on ne peut pas dépasser, quelle que soit d'une part la machine employée à recevoir l'action de l'eau, et quelle que soit de l'autre la substance employée à recevoir l'action de la chaleur. La puissance motrice d'une [a] chute d'eau dépend de sa hauteur [b] et de la quantité du liquide [22] ; la puissance motrice de la chaleur dépend aussi de la quantité de calorique employé, et de ce qu'on pourrait nommer [c], de ce que nous appellerons en effet la hauteur de sa chute (1), c'est-à-dire de la différence de température des corps entre lesquels se fait l'échange [d] du calorique. Dans la chute d'eau, la puissance motrice est rigoureusement proportionnelle à la différence de niveau entre le réservoir supérieur et le réservoir inférieur. Dans la chute du calorique, la puissance motrice augmente sans doute avec la différence de [e] température entre le corps chaud et le corps froid ; mais nous

(1) La matière ici traitée étant tout à fait nouvelle, nous sommes forcés d'employer des expressions encore inusitées et qui n'ont peut-être pas toute la clarté désirable.

a. d'une] de la chaleur * — b.][des réservoirs qui contiennent * — c.][et * — d. l'échange [le transport * — e. de] des *.

ignorons si elle est proportionnelle à cette différence. Nous ignorons, par exemple, si la chute du calorique de 100° à 50° fournit plus ou moins de puissance motrice que la chute de ce même calorique de 50° à 0° [23]. C'est [a] une question que nous nous proposons d'examiner plus tard.

Nous allons donner ici une seconde démonstration de la proposition fondamentale énoncée pag. 22, et présenter cette proposition sous une forme plus générale que nous ne l'avons fait ci-dessus [b].

Lorsqu'un fluide gazeux est rapidement comprimé, sa température s'élève ; elle s'abaisse au contraire lorsqu'il est rapidement dilaté. C'est là un [c] des faits les mieux constatés par l'expérience [d] : nous le prendrons pour base de notre démonstration (1).

[24] Si, lorsqu'un gaz s'est élevé de température

(1) Les faits d'expérience qui prouvent le mieux le changement de température des gaz par la compression ou la dilatation sont les suivans :

1° L'abaissement du thermomètre placé sous le récipient d'une machine pneumatique où l'on fait le vide [25]. Cet abaissement est très-sensible sur le thermomètre de Breguet : il peut aller au delà de 40 à 50 degrés. Le nuage qui se forme dans cette occasion semble devoir être at-

a.][là * — b. présenter cette proposition ...fait dessus][faire voir qu'elle peut être conçue indépendamment de toute idée de vapeur d'eau — c. *Carnot écrit* C'est là l'un, *puis change la phrase en* C'est un — d. *La phrase* fait qu'il serait d'ailleurs possible de prouver par le raisonnement *est insérée au-dessus de la ligne à ce point.*

par l'effet de la compression, l'on veut le ra-

ribué à la condensation de la vapeur d'eau causée par le refroidissement de l'air [a].

2° L'inflammation de l'amadou dans les briquets dit pneumatiques, qui sont, comme on sait, de petits corps de pompe où l'on fait éprouver à l'air une compression rapide [26] ;

3° L'abaissement du thermomètre placé dans une capacité où, après avoir comprimé de l'air, on le laisse échapper par l'ouverture d'un robinet [27] ;

4° Les résultats d'expérience sur la vitesse du son. M. de Laplace a fait voir que, pour soumettre exactement ces résultats à la théorie et au calcul, il fallait admettre l'échauffement de l'air par une compression subite [28].

Le seul fait qui puisse être opposé à ceux-ci est une expérience de MM. Gay-Lussac et Welter [b], décrite dans les *Annales de physique et de chimie* [c]. Une petite ouverture ayant été faite à un vaste réservoir d'air comprimé, et la boule d'un thermomètre ayant été présentée au courant d'air [d] qui sortait par cette ouverture, l'on n'a pas observé d'abaissement sensible dans le degré de température marqué par le thermomètre [29].

L'on peut donner à ce fait deux explications : 1° le frottement de l'air contre les parois de l'ouverture par laquelle il s'échappe développe peut-être de la chaleur en quantité notable [30] ; 2° l'air qui vient toucher immédiatement la boule du thermomètre reprend peut-être, par son choc contre cette boule, ou plutôt par l'effet du détour qu'il est forcé de prendre à sa rencontre, une densité égale à celle qu'il avait dans le récipient, à peu près

a. [] Le nuage qui se forme ...de l'air — b.][expérience * — c.][Ces physiciens * — d. [] d'air

mener à sa température primitive sans faire subir à son volume de nouveaux changemens, il faut lui enlever du calorique. Ce calorique pourrait aussi être enlevé à mesure que la compression s'exécute, de manière à ce que la température du gaz restât constante. De même, si le gaz est raréfié, l'on peut éviter qu'il ne baisse de température en lui fournissant une certaine quantité de calorique. Nous appellerons le ca-

comme l'eau d'un courant s'élève, contre un obstacle fixe, au-dessus de son niveau [a].

Le changement de température occasioné dans les gaz par le changement de volume peut être regardé comme l'un des faits les plus importans de la physique, à cause des nombreuses conséquences qu'il entraîne, et en même temps comme l'un des plus difficiles à éclaircir et à mesurer par des expériences décisives. Il semble présenter dans plusieurs circonstances des anomalies singulières [b].

N'est-ce pas au refroidissement de l'air par la dilatation qu'il faut attribuer le froid des régions supérieures de l'atmosphère ? [31] Les raisons données jusqu'ici pour expliquer ce froid sont tout-à-fait insuffisantes : on a dit [c] que l'air des régions élevées [d], recevant peu de chaleur réfléchie par la terre, et rayonnant [e] lui-même vers les espaces célestes, devait [f] perdre du calorique, et que c'était là la cause de son refroidissement [g], mais cette explication se trouve [h] détruite si l'on remarque qu'à égale hauteur [i] le froid règne aussi bien et même avec plus d'intensité sur les plaines élevées que sur le sommet des montagnes, ou [j] que dans les parties d'atmosphère [k] éloignées du sol.

a. *à cet endroit vient le passage, légèrement rayé :* pour faire une expérience exempte de cette (influence *rayé*) cause d'erreur, il faudrait recevoir l'air au sortir du (réservoir, dans une, du réservoir dans, *rayés*) récipient, dans une petite capacité où sa vitesse serait rompue par quelques corps solides et où il reprendrait la densité atmosphérique. au sortir de cette capacité par une ouverture suffisamment large on mesurerait sa température en attendant toutefois qu'elle fût devenue stationnaire — b. [] Le changement de température ...des anomalies singulières — c. dit] prétendu * — d.][ne * — e. rayonnant] rayonnem * — f.][par ces caus * — g. perdre du calorique, et que c'était là la cause de son refroidissement] nécessairement se refroidir — h.][s'abaisser * — i. qu'à égale hauteur] que — j. ou] et * — k. les parties d'atmosphère] l'atmosphère * (*le mot rayé* atmosphère *est suivi, dans le manuscrit, par les mots rayés* libre et.

lorique employé dans ces occasions où il ne se fait aucun changement de température, calorique dû au changement de volume. Cette dénomination n'indique pas que le calorique appartienne au volume, il ne lui appartient pas plus qu'il n'appartient à la pression, et pourrait être tout aussi bien appelé calorique dû au changement de pression. Nous ignorons quelles lois il suit relativement aux variations de volume[32] : il est possible que sa quantité change soit avec la nature du gaz, soit avec sa densité, soit avec sa température. L'expérience ne nous a[a] rien appris sur ce sujet ; elle nous a[b] appris seulement que ce calorique se développe en quantité plus ou moins grande par la compression des fluides élastiques.

Cette notion préliminaire étant posée, imaginons un[c] fluide élastique, de l'air[d] atmosphérique par exemple, renfermé dans un vaisseau cylindrique *abcd*, fig. 1, muni d'un diaphragme mobile ou piston *cd* ; soient en outre les deux corps A, B, entretenus chacun à une température constante, celle de A étant plus élevée que celle de B ; figurons-nous maintenant la suite des opérations qui vont être décrites[33] :

1° Contact du corps A avec l'air renfermé dans la capacité *abcd*, ou avec la paroi de cette

a. ne nous a] n'a — b. nous a] n'a * — c. un] une portion d * — d. de l'air] d'air *.

capacité, paroi que nous supposerons transmettre facilement le calorique. L'air se trouve par ce contact à la température même du corps A ; *cd* est la position actuelle du piston.

2° Le piston s'élève graduellement, et vient prendre la position *ef*. Le contact a toujours lieu entre le corps A et l'air, qui se trouve ainsi maintenu à une température constante pendant la raréfaction. Le corps A fournit le calorique nécessaire pour maintenir la constance de température.

3° Le corps A est éloigné, et l'air ne se trouve plus [a] en contact avec aucun corps capable de lui fournir du calorique ; le piston continue cependant à se mouvoir, et passe de la position *ef* à la position *gh*. L'air se raréfie sans recevoir de calorique, et sa température s'abaisse. Imaginons qu'elle s'abaisse ainsi jusqu'à devenir égale à celle du corps B : à ce moment le piston s'arrête et occupe la position *gh*.

4° L'air est mis en contact avec le corps B ; il est comprimé par le retour du piston [b], que l'on ramène de la position *gh* à la position *cd*. Cet air reste cependant à une température constante, à cause de son contact avec le corps B auquel il cède son calorique.

5° Le corps B est écarté, et l'on continue la

a. plus] en c * — b.][à *

compression de l'air, qui, se trouvant alors isolé, s'élève de température. La compression est continuée jusqu'à ce que l'air ait acquis la température du corps A. Le piston passe pendant ce temps de la position *cd* à la position [a].

6° L'air est remis en contact avec le corps A ; le piston retourne de la position *ik* à la position *ef* ; la température demeure invariable.

7° La période décrite sous le n° 3 se renouvelle, puis successivement les périodes 4, 5, 6, 3, 4, 5, 6, 3, 4, 5, ainsi de suite.

Dans ces diverses opérations, le piston éprouve un effort plus ou moins grand de la part de l'air renfermé dans le cylindre ; la force élastique de cet air varie, tant à cause des changemens de volume que des changemens de température ; mais l'on doit remarquer qu'à volume égal, c'est-à-dire pour des positions semblables du piston, la température se trouve plus élevée pendant les mouvemens de dilatation que pendant les mouvemens de compression. Pendant les premiers, la force élastique de l'air se trouve donc plus grande et par conséquent la quantité de puissance motrice produite par les mouvemens de dilatation est plus considéra-

a.][ik.

ble que celle qui est consommée pour produire les mouvemens de compression. Ainsi, l'on obtiendra un excédant de puissance motrice, excédant dont on pourra disposer pour des usages quelconques. L'air nous a donc servi de machine à feu ; [a] nous l'avons même employé de la manière la plus avantageuse possible, car il ne s'est fait aucun rétablissement inutile d'équilibre dans le calorique [b].

Toutes les opérations ci-dessus décrites peuvent être éxécutées [c] dans un sens et dans un ordre inverses. Imaginons qu'après la sixième période, c'est-à-dire le piston étant arrivé à la position *ef*, on le fasse revenir à la position *ik*, et qu'en même temps on maintienne l'air en contact avec le corps A : le calorique fourni par ce corps, pendant la sixième période, retournera à sa source, c'est-à-dire au corps A, et les choses se trouveront dans l'état où elles étaient à la fin de la période cinquième. Si maintenant on écarte le corps A, et que l'on fasse mouvoir le piston de *ef* en *cd*, la température de l'air décroîtra d'autant de degrés qu'elle s'est accrue pendant la période cinquieme, et deviendra celle du corps B. L'on peut évidemment continuer une suite d'opérations inverses de celles que nous avons d'abord décrites : il suffit de se placer

a. ;] et ainsi qu'on le verra bientôt — b. [] car il ne s'est fait... dans le calorique — c.][en sens inver *.

dans les mêmes circonstances et d'exécuter pour chaque période un mouvement de dilatation au lieu d'un mouvement de compression, et réciproquement.

Le résultat des premières opérations avait été la production d'une certaine quantité de puissance motrice et le transport du calorique du corps A au corps B ; le résultat des opérations inverses est la consommation de la puissance motrice produite, et le retour du calorique du corps B au corps A : de sorte que ces deux suites d'opérations s'annullent, se neutralisent en quelque sorte l'une l'autre.

L'impossiblité de faire produire au calorique une quantité de puissance motrice plus grande que celle que nous en avons obtenue par notre première suite d'opérations est maintenant facile à prouver. Elle se démontrera par un raisonnement entièrement semblable à celui dont nous avons fait usage pag. 20. Le raisonnement aura même ici un degré d'exactitude de plus : l'air dont nous nous servons pour développer la puissance motrice est ramené, à la fin[a] de chaque cercle d'opérations, précisément à l'état où il se trouvait d'abord, tandis qu'il n'en était pas tout-à-fait de même pour la va-

a. à la fin] au bout.

peur d'eau, ainsi que nous l'avons remarqué (1) [34].

Nous avons [a] choisi l'air atmosphérique comme l'instrument qui devait développer la puissance motrice de la chaleur ; mais il est évident que les raisonnemens eussent été les mêmes pour toute autre substance gazeuse, et même pour tout autre corps susceptible de changer [b] de température par des contractions et des dilatations successives, ce qui comprend tous les corps de la nature, ou du

(1) Nous supposons implicitement dans notre démonstration que, lorsqu'un corps a [c] éprouvé des changemens quelconques et qu'après un certain nombre de transformations il est ramené identiquement à son état primitif, c'est-à-dire à cet état considéré relativement à la densité, à la température, au mode d'agrégation [d], nous supposerons, dis-je, que ce corps se trouve contenir la même quantité de [e] chaleur qu'il contenait d'abord, ou autrement, que les quantités de chaleur [f] absorbées ou dégagées dans ses diverses transformations sont exactement compensées [g]. Ce fait n'a jamais été révoqué en doute ; il a été d'abord admis sans réflexion et vérifié ensuite dans beaucoup de cas [h] par les expériences du calorimètre. Le nier, ce [i] serait renverser toute la théorie de la chaleur, à laquelle il sert de base. Au reste, pour le dire en passant, les principaux fondemens [j] sur lesquels repose la théorie de la chaleur auraient besoin de l'examen le plus attentif [35]. Plusieurs faits d'expérience [k] paraissent à peu près inexplicables dans l'état actuel de cette théorie [l].

a.][ici * — b. changer] changements * — c.][changé d'état * — d. *dans le manuscrit la phrase* au mode d'agrégation *apparaît avant* à la densité — e. la même quantité de *rayé dans le manuscrit* — f. chaleur] calorique — g. sont exactement compensées] se compensent exactement * — h. [ ] dans beaucoup de cas — i. ce *rayé dans le manuscrit* — j. fondemens] faits — k. faits d'expérience] phénomènes — l.][dans ce nombre il faut ranger la chaleur qui se développe par la percussion et le frottement des corps solides et peut être aussi des corps fluides ou gazeux (dans ces diverses actions *rayé*), il est difficile de se refuser à croire que (qu'il n'y ait pas *rayé*) dans ces diverses actions, il n'y ait pas une véritable production du calorique.

moins tous ceux qui sont propres à réaliser la puissance motrice de la chaleur. Ainsi nous sommes conduits à établir la proposition générale que voici :

La puissance motrice de la chaleur est indépendante des agens mis en œuvre[a] *pour la réaliser ; sa quantité est fixée uniquement par les températures des corps entre lesquels se fait en dernier résultat le transport du calorique.*

Il faut sous-entendre ici que chacune des méthodes de développer la puissance motrice atteint la perfection dont elle est susceptible. Cette condition se trouvera remplie si[b], comme nous l'avons remarqué plus haut, il[c] ne se fait dans les corps aucun changement de température que ne soit dû à un changement de volume, ou, ce qui est la même chose autrement exprimée, s'il n'y a jamais de contact entre des corps de températures sensiblement différentes.

Les diverses méthodes de réaliser la puissance motrice peuvent être prises d'ailleurs, soit dans l'emploi de substances diverses, soit dans l'emploi de la même substance à deux états différens, par exemple, d'un gaz à deux densités différentes.

Ceci nous conduit[d] naturellement à des recherches intéressantes sur les fluides aériformes ;

a. œuvre] usage * — b. [] si — c. il] s'il — d.][assez *.

recherches qui [a] nous mèneront d'ailleurs à de nouveaux résultats sur la puissance motrice de la chaleur, et nous donneront les moyens de vérifier dans quelques cas particuliers la proposition fondamentale ci-dessus énoncée (1).

L'on remarquera facilement que notre démonstration eût été simplifiée en supposant les températures des corps A et B fort peu différentes entre elles. Alors les mouvemens du piston se trouvant fort peu étendus pendant les périodes 3 et 5, ces périodes eussent pu être supprimées sans influence sensible sur la production de la puissance motrice. Un [b] fort petit changement de volume doit suffire [c] en effet pour produire un fort petit changement de température, et ce petit changement de volume est négligeable à côté de celui des périodes 4 et 6 dont l'étendue est illimitée.

Si l'on supprime les périodes 3 et 5 dans la série d'opérations ci-dessus décrite, elle se réduit aux suivantes.

1° Contact du gaz renfermé en *abcd* (fig. 2)

(1) Nous supposerons, dans ce qui va suivre, le lecteur au courant des derniers progrès de la physique moderne [d], en ce qui concerne les substances gazeuses et la chaleur.

a. recherches qui] ces recherches — b. Un] il suffit en effet d'un — c. [] doit suffire — d.][du moins (surtout *inséré au-dessus, rayé*).

avec le corps A, passage du piston de *cd* en *ef* ;

2° Éloignement du corps A, contact du gaz renfermé en *abef* avec le corps B, retour du piston de *ef* en *cd* ;

3° Éloignement du corps B, contact du gaz avec le corps A, passage du piston de *cd* en *ef*, c'est-à-dire renouvellement de la période première, ainsi de suite.

La puissance motrice résultante de l'ensemble des opérations 1, 2, sera évidemment la différence entre celle qui est produite par l'expansion du gaz tandis qu'il se trouve à la température du corps A, et celle qui est consommée pour comprimer ce gaz tandis qu'il se trouve à la température du corps B [a].

Supposons que les opérations 1, 2, soient exécutées sur deux gaz de natures chimiques différentes, mais pris sous la même pression, sous la pression atmosphérique, par exemple : ces deux gaz se comporteront absolument l'un comme l'autre dans les mêmes circonstances, c'est-à-dire que [b] leurs forces expansives [c], primitivement égales entre elles [d], demeureront toujours égales, quelles que soient les variations de volume et de température, pourvu que ces variations soient les mêmes de part et d'autre. Cela résulte évidemment des lois de

a. *Le paragraphe* La puissance motrice résultante... du corps B *figure dans le manuscrit comme note de bas de page* — b.][si * — c.][et leurs leurs *(sic)* températures étaient * — d.][elles *.

Mariotte et de MM. Gay-Lussac et Dalton[36], lois communes à tous les fluides élastiques et en vertu desquelles les mêmes rapports existent pour tous ces fluides entre le volume, la force expansive et la température.

Puisque deux gaz différens, pris à la même température et sous la même pression, doivent se comporter l'un comme l'autre dans les mêmes circonstances, si on leur fait subir à tous deux les opérations ci-dessus décrites, ils devront donner naissance à des quantités de puissance motrice égales. Or cela suppose, d'après la proposition fondamentale que nous avons établie, l'emploi des deux quantités égales de calorique[a], c'est-à-dire cela suppose que la quantité de calorique passée du corps A au corps B est la même, soit que l'on opère sur l'un des gaz, soit que l'on opère sur l'autre.

La quantité de calorique passée du corps A au corps B est évidemment celle qui est absorbée par le gaz dans son extension de volume, ou celle que ce gaz abandonne ensuite par la compression. Nous sommes donc conduits à établir la proposition suivante :

Lorsqu'un gaz passe, sans changer de température, d'un volume et d'une pression déterminés à un autre volume et à une autre pression[b]

a.][mais * — b. et à une autre pression *rayé dans le manuscrit.*

également déterminés, la quantité de calorique absorbée ou abandonnée est toujours la même, quelle que[a] *soit la nature du*[b] *gaz choisi comme sujet d'expérience*[37].

Soit, par exemple[c], un litre d'air à la température 100°[d] et sous la pression une atmosphère : si l'on double le volume de cet air et qu'on veuille le maintenir à la[e] température 100°[f], il faut lui fournir une certaine quantité de chaleur[g]. Or cette quantité sera précisément la même si, au lieu d'opérer sur l'air, on opère sur le gaz acide carbonique, sur l'azote, sur l'hydrogène, sur la vapeur d'eau, d'alcool[h], c'est-à-dire si l'on double le volume d'un litre de ces[i] gaz pris à la température 100°[j] et sous la pression atmosphérique.

Il en serait de même, dans un sens inverse, si, au lieu de doubler le volume des gaz, on le réduisait à moitié par la compression.

La quantité de chaleur que les fluides élastiques dégagent ou absorbent dans leurs changemens de volume n'a jamais été mesurée par aucune expérience directe, expérience qui offrirait sans doute de grandes difficultés ; mais il existe une donnée qui est à peu près l'équivalent pour nous : cette donnée a été fournie par la théorie du son ; elle mérite beaucoup de

a. quelle que] quelque — b. la nature du] le * — c. Soit, par exemple,] Ainsi, par ex., lorsqu'on prend * — d. température 100°] Temp. 10° — e.][même * — f. température 100°] Temp. 10° — g. chaleur] calorique — h. [] sur la vapeur d'eau, d'alcool — i. [] ces — j. température 100°] Temp. 10°.

confiance à cause de la rigueur des [a] considérations par lesquelles on est parvenu à l'établir. Voici en quoi elle consiste :

L'air atmosphérique doit s'élever de 1° centigrade, lorsqu'il éprouve par la compression subite une réduction de volume de $\frac{1}{116}$ [b] (1) [38].

Les expériences sur la vitesse du son ayant été faites dans l'air sous [c] la pression 760 millimètres de mercure et à la température 6°, c'est seulement à ces deux circonstances que doit se rapporter notre donnée. Nous la rapporterons cependant pour plus de facilité à la température 0°, qui en diffère peu.

L'air comprimé de $\frac{1}{116}$, et élevé par-là de 1°, ne diffère de l'air échauffé directement [d] de 1° que par sa densité. Le volume primitif étant supposé V. la compression de $\frac{1}{116}$ le réduit à $V - \frac{1}{116} V$ [e] [39].

(1) M. Poisson, à qui cette donnée est due, a fait voir [f] qu'elle s'accorde [g] assez bien avec le résultat d'une expérience de MM. Clément et Desormes sur la rentrée de l'air dans le vide, ou plutôt dans [h] l'air un peu raréfié. Elle s'accorde aussi [i] à quelque chose près avec [j] certain résultat trouvé par MM. Gay-Lussac et Welter. (Voyez la note pag. 59.)

a.][moyens qui * — b. *Le paragraphe* L'air atmosphérique... volume de $\frac{1}{116}$ *est souligné dans le manuscrit. Les mots* non souligné *sont en marge* — c. sous] à * — d.][par 1° * — e.][ou $\frac{115}{116}$ V * — f.][d'ailleurs * — g. d'ailleurs *inséré au-dessus de la ligne et rayé* — h.][de * — i.][d'une manière assez * — j.][le rapport entre la chaleur spé *.

L'échauffement direct sous pression constante [a] doit, d'après la règle de M. Gay-Lussac, augmenter le volume de l'air de $\frac{1}{267}$ de ce qu'il serait à 0° : ainsi l'air est d'une part réduit au volume $V - \frac{1}{116} V$; de l'autre il est porté à $V + \frac{1}{267} V$.

La différence entre les quantités de chaleur que possède l'air dans l'un et l'autre cas est évidemment la quantité employée à l'élever directement de 1° : ainsi donc la quantité de chaleur que l'air absorberait en passant du volume $V - \frac{1}{116} V$ au volume $V + \frac{1}{267} V$ est égale à celle qui est nécessaire pour l'élever de 1°.

Imaginons maintenant qu'au lieu d'échauffer de 1° l'air soumis à une pression constante et pouvant se dilater librement, on le renferme dans une capacité inextensible, et qu'en cet état, on lui fasse acquérir 1° de tempétature*(sic)*. L'air ainsi échauffé de 1° ne différera de l'air comprimé de $\frac{1}{116}$ que par son volume plus grand de $\frac{1}{116}$. Ainsi donc la quantité de chaleur que l'air abandonnerait par une réduction de volume de $\frac{1}{116}$ est égale à celle qu'il exigerait pour s'élever de 1° centigrade sous volume constant. [b] Comme les différences entre les vo-

a. [] sous pression constante — b. Comme *commence un nouveau paragraphe dans le manuscrit.*

lumes $V - \frac{1}{116} V$, V, et $V + \frac{1}{267} V$, sont petites relativement aux volumes eux-mêmes [a], on peut regarder les quantités de chaleur absorbées par l'air, en passant du premier de ces volumes au second, et du premier [b] au troisième, comme sensiblement proportionnelles aux changemens de volume [c] : l'on se trouve donc conduit à établir la relation [d] suivante [e] :

La quantité de chaleur nécessaire pour élever de 1° l'air sous pression constante est à la quantité de chaleur nécessaire pour élever de 1° le même air sous volume constant, dans le rapport des nombres

$$\frac{1}{116} + \frac{1}{267} \text{ à } \frac{1}{116}$$

ou bien en multipliant de part et d'autre par 116. 267, dans le rapport des nombres 267 + 116 à 267.

C'est donc là le rapport qui existe entre la capacité [f] de l'air pour la chaleur sous pression constante, et sa capacité sous volume constant. Si la première de ces deux capacités est exprimée par l'unité [g], l'autre sera exprimée par le chiffre $\frac{267}{267 + 116}$ [h] ou à peu près 0,700 ; leur différence 1 — 0,700 ou 0, 300 exprimera évidemment la quantité de chaleur destinée à produire l'aug-

a. eux-mêmes *rayé dans le manuscrit* — b. premier] 1er (*remplace* second *qui est rayé*) — c.][eux-mêmes *rayé puis rajouté* — d. relation] proposition * — e. *à cet endroit Carnot commence une ligne par le mot* l'air *qui a été ensuite rayé* — f. la capacité] le calorique la chaleur spécif * — g. l'unité] le * — h. *le signe = apparaît dans le manuscrit.*

mentation de volume de l'air lorsqu'il est échauffé de 1° sous pression constante [a].

D'après la loi de MM. Gay-Lussac et Dalton, cette augmentation de volume serait la même pour tous les autres gaz ; d'après le théorème démontré pag. 41, la chaleur absorbée par des augmentations égales de volume est la même pour tous les fluides [b] élastiques : nous sommes donc conduits à établir la proposition suivante :

La différence entre la chaleur spécifique sous pression constante et la chaleur spécifique sous volume constant est la même pour tous les gaz [40].

Il faut remarquer ici que tous les gaz sont supposés pris sous la même pression, la pression atmosphérique, par exemple, et qu'en outre les chaleurs spécifiques sont mesurées par rapport aux volumes.

Rien ne nous est plus aisé maintenant que de dresser une table des chaleurs spécifiques des gaz sous volume constant, d'après la connaissance de leurs chaleurs spécifiques sous pression constante. Nous présentons ici cette table, dont la première colonne est le résultat des expériences directes de MM. Delaroche et Bérard [41], sur la chaleur spécifique des gaz sou-

a.][, c'est à dire l'augmentation de $\frac{1}{267}$ du volume à 0° primitif * — b. fluides] gaz *.

mis à la pression atmosphérique, et dont la seconde colonne est composée des nombres de la première diminués de 0,300.

Table de la chaleur spécifique des gaz[a 42].

NOMS DES GAZ	Chal. spéc. sous pression constante	Chal. spéc. sous volume constant
Air atmosphérique	1,000	0,700
Gaz hydrogène	0,903	0,603
Acide carbonique	1,258	0,958
Oxigène	0,976	0,676
Azote	1,000	0,700
Protoxide d'azote	1,350	1,050
Gaz oléfiant	1,553	1,253
Oxide de carbone	1,034	0,734

Les nombres de la première colonne et ceux de la seconde sont ici rapportés[b] à la même unité, à la chaleur spécifique de l'air atmosphérique sous pression constante[c].

a. *la table n'a pas d'entête dans le manuscrit* — b. ici rapportés] rapportés ici — c. *Le paragraphe* Les nombres de la première colonne... pression constante *figure dans le manuscrit comme une colonne de la table sommairement ajoutée à droite.*

La différence entre chaque nombre de la première colonne et le nombre correspondant de la seconde étant constante, le rapport entre ces nombres doit être variable : ainsi, le rapport entre la chaleur spécifique des gaz[a] sous pression constante et la chaleur spécifique sous volume constant varie lorsqu'on passe[b] d'un gaz à un autre[c 43].

Nous avons vu que l'air, lorsqu'il éprouve une compression subite de $\frac{1}{116}$ de son volume, s'élève de 1°. Les autres gaz par une compression semblable doivent s'élever aussi de température : ils doivent s'élever, mais non pas également en raison inverse de leur chaleur spécifique sous volume constant. En effet, la réduction de volume étant par hypothèse toujours la même, la quantité de chaleur due à cette réduction doit être aussi toujours la même, et par conséquent doit produire une élévation de température dépendante seulement de la chaleur spécifique acquise par le gaz après sa compression et évidemment en raison inverse de cette chaleur spécifique. Il nous est donc facile[d] de[e] former la table des élévations de température des différens gaz, pour une compression de $\frac{1}{116}$.

La voici :

a. des gaz *rayé dans le manuscrit* — b. lorsqu'on passe] lorsqu'ils passent * — c. *les mots* le rapport entre la chaleur spécifique... à un autre *sont soulignés dans le manuscrit. Suit alors le paragraphe rayé :* Les capacités des (capacités *rayé*) différents gaz ne conservent pas entre elles les mêmes rapports lorsqu'elles sont prises sous pression constante ou sous volume constant — d. Il nous est donc facile] il nous sera donc bien facile * — e.][calculer au moyen des nombres de la colonne 2 de la table précédente l'élévation *.

Tableau de l'élévation de température des gaz par l'effet de la compression[a].

NOMS DES GAZ	Elévation de temp. pour une réduct. de volume de $\frac{1}{116}$
Air atmosphérique	1°,000
Gaz hydrogène	1,160
Acide carbonique	0,730
Oxigène	1,035
Azote	1,000
Protoxide d'azote	0,667
Gaz oléfiant	0,558
Oxide de carbone	0,955

Une nouvelle compression de $\frac{1}{116}$ (du volume varié[b]) élèverait encore, comme on le verra bientôt, la température de ces gaz d'une quantité à peu près égale à la première ; mais il n'en serait pas de même d'une troisième, d'une quatrième, d'une centième compression pareille. La capacité des gaz pour la chaleur change avec leur volume[c 44] ; il est très-possible qu'elle change aussi avec la température[d].

a. *La table n'a pas d'entête dans le manuscrit* — b. varié] nouveau * — c.][et ainsi qu'on le verra bientôt * — d. *une courte ligne est insérée au travers de la page après ce paragraphe.*

Nous allons maintenant déduire de la proposition générale énoncée pag. 38, un second théorème qui servira de complément à celui qui vient d'être démontré.

Imaginons que le gaz[a] renfermé dans la capacité cylindrique *abcd* (fig. 2) soit transporté dans la capacité *a'b'c'd'* (fig. 3), d'égale hauteur, mais de base différente et plus étendue : ce gaz augmentera de volume, diminuera de densité et de force élastique dans le rapport inverse[b] des deux volumes *abcd, a'b'c'd'*. Quant à la pression totale exercée sur chaque piston *cd, c'd'*[c], elle sera la même de part et d'autre, car la surface de ces pistons est en raison directe des volumes[d].

Supposons que l'on exécute sur le gaz renfermé en *a'b'c'd'* les opérations décrites pag. 39, et qui étaient censées faites sur le gaz renfermé en *abcd*, c'est-à-dire supposons[e] que l'on donne au piston *c'd'* des mouvemens égaux en amplitude à ceux du piston *cd*, qu'on lui fasse occuper successivement les positions *c'd'* correspondantes à *cd*, et *e'f'* correspondantes à *ef*, et qu'en même temps on fasse subir au gaz[f], par le moyen des deux corps A, B, les mêmes variations de températures que lorsqu'il était renfermé en *abcd* : l'effort total exercé[g] sur le piston se trouvera être, dans les deux cas, tou-

a. le gaz] l'air * — b. *le mot* inv. *figure en marge* — c. *Ici comme dans le paragraphe suivant Carnot a d'abord écrit* ab, a'b', *là où le texte imprimé comprend* cd, c'd' ; *le manuscrit est corrigé dans chaque cas* — d.][abcd, a'b'c'd' * — e.][que l'on fasse éprouver à ce gaz, les mêmes variations (au moyen des deux *est écrit au-dessus de la ligne*) Au moyen des deux corps A, B. Les mêmes variations (change *est écrit au-dessus de la ligne*) de volume (*remplace* temp) dans les mêmes occasions que l'on donne * — f. on fasse subir au gaz] l'on donne au gaz * ; en a'b'c'd' *est inséré après* gaz *dans la version corrigée, puis rayé* — g. l'effort total exercé] La pression force qui pressera *.

jours le même aux instans correspondans. Cela résulte uniquement[a] de la loi de Mariotte (1) : en effet les densités des deux gaz conservant toujours entre elles les mêmes rapports pour des positions semblables des[b] pistons, et les températures étant toujours égales de part et d'autre, les pressions totales exercées sur les pistons conserveront toujours le même rapport entre elles[c]. Si ce rapport est, à un instant quelconque, celui d'égalité, les pressions seront toujours égales.

Comme d'ailleurs les mouvemens des deux

(1) La loi de Mariotte, sur laquelle nous nous fondons ici pour établir notre démonstration, est une des lois physiques les mieux constatées. Elle a servi de base à plusieurs théories vérifiées par l'expérience, et qui vérifient à leur tour les lois sur lesquelles elles sont assises[d]. On peut citer encore comme vérification précieuse de la loi de Mariotte et aussi de celle de MM. Gay-Lussac et Dalton[e], pour[f] un grand intervalle de température, les expériences de MM. Dulong et Petit. (Voy. *Annales de physique et de chimie,* février 1818, tome 7, page 122.)[g] On peut citer encore des expériences plus récentes de MM. Davy et Faraday[h] [45].

[i] Les théorèmes que nous déduisons ici ne seraient peut-être pas exacts si on les appliquait hors de certaines limites, soit de densité, soit de température : ils ne doivent être regardés comme vrais que dans les limites où les lois de Mariotte et de MM. Gay-Lussac et Dalton sont elles-mêmes constatées.

a. uniquement *rayé puis réécrit* — b.][deux * — c.][et * — d. assises] fondées * — e.][Les expériences de MM. Pet * — f.][comme embrassant * — g. (Voy. *Annales...* page 122)] voyez annales de physique et de chimie... — h. *La phrase* On peut citer... et Faraday *semble avoir été ajoutée après coup ; elle est serrée à la fin de la ligne* — i.][Du reste.

pistons ont des amplitudes égales, la puissance motrice produite de part et d'autre sera évidemment la même : d'où l'on doit conclure, d'après la proposition de la pag. 38, que les quantités de chaleur employées de part et d'autre sont les mêmes, c'est-à-dire qu'il passe du corps A au corps B la même quantité de chaleur dans les deux cas.

La chaleur empruntée au corps A et rendue au corps B n'est autre chose que la chaleur absorbée par la raréfaction [a] du gaz et dégagée ensuite par sa compression. Nous sommes donc conduits à établir le théorème suivant :

Lorsqu'un fluide élastique passe sans changer de température du volume U au volume V, et qu'une pareille quantité pondérable du même gaz passe sous la même température du volume U' au volume V', si le rapport de U' à V' se trouve le même que le rapport de U à V, les quantités de chaleur absorbées ou dégagées dans l'un et l'autre cas seront égales entre elles [b] [46].

Ce théorème peut être énoncé d'une autre manière que voici :

Lorsqu'un gaz varie de volume sans changer de température, les quantités de chaleur absorbées ou dégagées par ce gaz sont en progression arithmétique, si les accroisse-

a. raréfaction] dilat * — b. *dans tout ce paragraphe Carnot utilise les symboles* A, B, A', B', *puis il les change en* U, V, U' V'.

mens ou les réductions de volume se trouvent être en progression géométrique [a].

Lorsque l'on comprime un litre d'air maintenu à la température 10°, et qu'on le réduit à 1/2 litre, il se dégage une certaine quantité de chaleur. Cette quantité se trouvera toujours la même si l'on réduit de nouveau le volume de 1/2 litre à 1/4 de litre, de 1/4 de litre à 1/8, ainsi de suite.

Si au lieu de comprimer l'air on le porte successivement à 2 litres, 4 litres, 8 litr., etc., il faudra lui fournir des quantités de chaleur toujours égales pour maintenir la température au même degré.

Ceci rend facilement raison de la température élevée à laquelle parvient l'air par une compression rapide. On sait que cette température suffit pour enflammer l'amadou, et même pour que l'air devienne lumineux [47]. Si l'on suppose pour un instant la chaleur spécifique de l'air constante, malgré les changemens de volume et de température, la température croîtra en progression [b] arithmétique, pour des réductions de volume en progression géométrique [c]. En partant de cette donnée, et admettant qu'un degré d'élévation dans la température correspond à une compression de $\frac{1}{116}$, on arrivera facilement à conclure que l'air réduit à

a. si les accroissemens... progression géométrique] si les changements de vol. se trouvent en progression géométrique * — b.][géomé * — c.][en parta il est facile d'arriver *.

1/14 de son volume primitif doit s'élever d'environ 300°, degré suffisant pour enflammer l'amadou (1) [48].

(1) [49] Lorsque le volume est réduit de $\frac{1}{116}$, c'est-à-dire lorsqu'il devient $\frac{115}{116}$ de ce qu'il était d'abord, la température s'élève de 1 degré.

Une nouvelle réduction de $\frac{1}{116}$ porte le volume à $\left(\frac{115}{116}\right)^2$ et la température doit s'élever d'un nouveau degré.

Après x réductions pareilles [a], le volume devient $\left(\frac{115}{116}\right)^x$, et la température doit s'être élevée de x degrés.

Si l'on pose [b] $\left(\frac{115}{116}\right)^x = \frac{1}{14}$, et que l'on prenne les logarithmes de part et d'autre, on trouve

$$x = 300^\circ \text{ environ } [c].$$

Si l'on pose [d] $\left(\frac{115}{116}\right)^x = \frac{1}{2}$, on trouve.

$$x = 80^\circ \; [e].$$

Ce qui montre que l'air comprimé de moitié s'élève de 80°.

Tout ceci est subordonné à l'hypothèse que la chaleur spécifique de l'air ne change pas quoique le volume diminue ; mais si, d'après les raisons exposées ci-après pages 58 et 61, on regarde la chaleur spécifique de l'air comprimé de moitié comme réduite dans le rapport de 700 à 616, il faut multiplier le nombre 80° par $\frac{700}{616}$, ce qui le porte à 90°.

a. pareilles] de 1/116 — b. pose] suppose — c. $x = 300^\circ$ environ] $x \log \frac{115}{116} = \log \frac{1}{14}$ d'où $x = 300^\circ$ à peu près — d. pose] suppose — e. 80°] 80 degrés à peu près.

L'élévation de température doit être [a] évidemment encore plus considérable si la capacité de l'air pour la chaleur devient [b] moindre à mesure que son volume diminue : or c'est ce qui est présumable, et c'est même ce qui semble résulter des expériences de MM. Delaroche et Bérard sur le calorique spécifique de l'air pris à diverses densités [50]. (Voyez le Mémoire imprimé dans les *Annales de chimie,* tom. 85, pag. 72, 224) [c].

Les deux théorèmes énoncés pag. 41 et pag. 52 suffisent pour comparer entre elles les quantités de chaleur absorbées ou dégagées dans [d] les changemens de volume des fluides élastiques, quelles que [e] soient d'ailleurs la densité et la nature chimique de ces fluides, pourvu toutefois qu'ils soient tous pris et maintenus à une certaine température invariable, mais ces théorèmes ne fournissent aucun moyen de comparer entre elles les quantités de chaleur dégagées ou absorbées par des fluides élastiques qui changent de volume à des températures différentes. Ainsi nous ignorons quel rapport existe entre la chaleur dégagée par un litre d'air réduit à moitié, la température étant maintenue à 0°, et la chaleur dégagée par le même litre d'air réduit à moitié, la température étant maintenue à 100° [51]. La connaissance de ce rapport [f] est liée à celle de la

a. doit être] serait * — b. devient] devenait * — c. (Voyez le Mémoire ...72, 224)] (Voyez annales de chimie T. ... — d. dans] par * — e. quelles que] quelque — f.][dépend *.

chaleur spécifique des gaz à divers degrés de température [a] [52], et à quelques autres données que la physique actuelle refuse de [b] nous fournir.

Le second de nos théorèmes nous offre un moyen de connaître suivant quelle loi varie la chaleur spécifique des gaz avec leur densité.

Admettons que les opérations décrites p. 39, au lieu de s'exécuter avec deux corps A, B, dont les températures diffèrent entre elles d'une quantité infiniment petite, s'exécutent avec deux corps dont les températures diffèrent entre elles d'une quantité finie, de 1° par exemple [53]. Dans un cercle complet d'opérations le corps A fournit au fluide élastique une certaine quantité de chaleur, qui peut être divisée en deux portions : 1° celle qui est nécessaire pour maintenir la température du fluide à un degré constant pendant la dilatation ; 2° celle qui est nécessaire pour faire revenir le [c] fluide de la température du corps B à la température du corps A, lorsque après avoir ramené ce fluide à son volume primitif, on le remet en contact avec le corps A [d]. Nommons a la première de ces quantités, et b la seconde : le calorique total fourni par le corps A sera exprimé par $a + b$ [e].

Le calorique transmis par le fluide au corps B [f] peut aussi se diviser en deux parties [g] : l'une, b', due au refroidissement du gaz par le corps B, l'autre, a', que le gaz abandonne par l'effet de

a. divers degrés de température] diverses densités * — b. refuse de] ne peut pas * — c. faire revenir le] ramener le (*la première version en était :* ramener la température du) — d. [] lorsqu'après avoir ...corps A — e. *Les mots* le calorique total ... par $a + b$ *semblent avoir été ajoutés après coup ; ils sont serrés à la fin de la ligne* — f. dans ce cercle complet d'opérations *inséré entre les lignes puis rayé* — g. parties] portions *.

sa réduction de volume. La somme de ces deux quantités est $a' + b'$; elle doit être égale à $a + b$, car après un cercle complet d'opérations, le gaz est ramené identiquement à son état primitif. Il a dû céder tout le calorique qui lui avait d'abord été fourni. Nous avons donc

$$a + b = a' + b',$$

ou bien

$$a - a' = b' - b.$$

Or, d'après le théorème énoncé pag. 52, les quantités a et a' sont indépendantes de la densité du gaz [a], pourvu toutefois que la quantité pondérable reste la même, et que les variations de volume soient proportionnelles au volume primitif. La différence $a - a'$ doit remplir les mêmes conditions [b], et par conséquent aussi la différence $b' - b$, qui lui est égale. Mais b' est le calorique nécessaire pour élever d'un degré le gaz renfermé en *abcd* (fig. 2) ; b' est le calorique abandonné par le gaz, lorsque, renfermé en *abef*, il se refroidit de 1 degré ; ces quantités peuvent servir de mesure aux chaleurs spécifiques. Nous sommes donc conduits à établir la proposition suivante :

Le changement opéré dans la chaleur spécifique d'un gaz par suite d'un changement de volume dépend uniquement du rapport entre le volume primitif et le volume varié [54]. C'est-à-dire que la différence des chaleurs spé-

a.][elles doivent rester les mêmes si l'on opère successivement sur deux quantités pondérables égales du même gaz pourvu cependant que les dilatations soient proportionnelles aux volumes primitifs * (*la version imprimée de la fin de la phrase :* pourvu toutefois... au volume primitif * *est inscrite en marge*) — b.][que a et a' *.

cifiques ne dépend pas de la grandeur absolue des volumes, mais seulement de leur rapport [a].

Cette proposition peut être énoncée d'une autre manière que voici :

Lorsqu'un gaz augmente de volume en progression géométrique, sa chaleur spécifique s'accroît en progression arithmétique.

[b] Ainsi a étant la chaleur spécifique de l'air pris à une densité donnée, et $a + h$ la chaleur spécifique pour une densité moitié moindre, elle sera, pour une densité égale au quart, $a + 2h$; pour une densité égale au huitième $a + 3h$; ainsi de suite.

Les chaleurs spécifiques sont ici rapportées aux poids. Elles sont supposées prises sous volume invariable, mais, ainsi qu'on va le voir, elles suivraient la même loi si elles étaient prises sous pression constante.

A quelle cause est due en effet la différence entre les chaleurs spécifiques prises sous volume constant et sous pression constante [c] ? Au calorique nécessaire pour produire dans le second cas [d] l'augmentation de volume. Or, d'après la loi de Mariotte [e] [58], l'augmentation de volume d'un gaz doit être [f], pour un changement donné de température, une fraction indépendante de la pression. D'après le théorème énoncé pag. 52, si le rapport entre le volume pri-

a. [] C'est-à-dire que... de leur rapport — b. *Les deux paragraphes suivants figurent dans le manuscrit exactement comme ils sont imprimés. Cependant ils sont à la suite de cette version, rayée après avoir été écrite comme suit :* Ainsi a étant la chaleur spécifique de l'air pris sous la pression atmosphérique, et $a + h$ sa chaleur spécifique sous la pression 1/2 atmosphère, elle sera sous la pression 1/4 d'atmosphère $a + 2\ h$, *sous* la pression 1/8 d'atmosphère $a + 3\ h$ ainsi de suite. Les chaleurs spécifiques sont supposées ici rapportées au poids, elles sont supposées prises sous volume inv — c. chaleurs spécifiques prises sous volume constant et sous pression constante] deux chaleurs spécifiques — d. [] dans le second cas — e. Mariotte] MM. Gay Lussac (*suivent les mots* et dalton *rayés*) — *f*. doit être] est.

mitif et le volume varié est donné, la chaleur nécessaire pour produire l'augmentation de volume est par-là [a] déterminée. Elle dépend uniquement de ce rapport et de la quantité pondérable du gaz. Il faut donc conclure que :

La différence entre la chaleur spécifique sous pression constante et la chaleur spécifique sous volume constant est toujours la même, quelle que soit la densité du gaz, pourvu que la quantité pondérable reste la même [56].

Ces chaleurs spécifiques augmentent toutes deux à mesure que la densité du gaz diminue [b], mais leur différence ne varie pas (1) [57].

(1) MM. Gay-Lussac et Welter ont trouvé, par des expériences directes citées dans la *Mécanique céleste* et dans les *Annales de physique et de chimie*, juillet 1822, p. 267 [c], que le rapport entre la [d] chaleur spécifique sous pression constante et la chaleur spécifique sous volume constant varie très-peu avec la densité du gaz. D'après ce que l'on vient de voir, c'est la différence qui doit rester constante, et non le rapport. Comme d'ailleurs la chaleur spécifique des gaz, pour un poids donné, varie très peu avec la densité, il est tout simple que le rapport n'éprouve lui-même que de petits changemens.

Le rapport entre la chaleur spécifique de l'air atmosphérique sous pression constante et sous volume constant est, d'après MM. Gay-Lussac et Welter, 1,3748, nombre à peu près constant pour toutes les pressions

a. par-là] aussi * — b. à mesure que la densité du gaz diminue] avec le volume * — c. citées dans... p. 267] dont quelques résultats sont annoncés (se trouvent rapportés *rayé*) dans une note de M. De laplace (annales de Phisique et de chimie 1823) — d. la] les *.

Puisque la différence entre les deux capacités pour la chaleur est constante, si l'une s'accroît en progression arithmétique, l'autre doit suivre une progression semblable : ainsi notre loi est applicable aux chaleurs spécifiques prises sous pression constante.

Nous avons supposé tacitement l'augmentation de la chaleur spécifique avec celle du volume. Cette augmentation résulte [a] des expériences de MM. Delaroche et Bérard [58] : en effet ces physiciens ont trouvé 0,967 pour la chaleur spécifique de l'air sous la pression 1 mètre de mercure (voyez le Mémoire déjà cité) [b], en prenant pour unité la chaleur spécifique du même poids d'air sous la pression 0,760 mètres.

D'après la loi que suivent les chaleurs spécifiques par rapport aux pressions, il suffit de

et même pour toutes les températures. Nous sommes parvenus, par d'autres considérations, au nombre $\frac{267 + 116}{267} = 1{,}44$ [c], qui en diffère de $\frac{1}{20}$ [d], et nous nous sommes servis de ce nombre pour dresser une table des chaleurs spécifiques des gaz sous volume constant : ainsi il ne faut pas considérer cette table comme bien exacte, non plus [e] que la table [f] donnée pag. 61. Ces tables [g] sont destinées principalement à mettre en évidence les lois que suivent [h] les chaleurs spécifiques des fluides aériformes [i].

a. résulte] semble résulter — b. [] (voyez le Mémoire déjà cité) — c. = 1,44] ou 1,43 — d. en diffère de $\frac{1}{20}$] diffère de $\frac{1}{20}$ du 1er * — e. [] plus — f.][que * — g. *Carnot a d'abord écrit* elles, *puis l'a changé pour* les tables, *puis a changé encore pour* Ces tables — h. que suivent] d'accroissement ou de décroissement (*cette phrase dans le manuscrit est écrite au-dessus de* que suivent, *puis rayée*) — i. [] des fluides aériformes.

les avoir observées dans deux cas particuliers, pour les conclure dans tous les cas possibles : c'est ainsi qu'en faisant usage du résultat d'expérience de MM. Delaroche et Bérard, qui vient d'être rapporté, nous avons dressé la table suivante des chaleurs spécifiques de l'air sous diverses pressions [59].

PRESSION en atmosphères	Chal. spéc. celle de l'air sous pression atmos. étant 1	PRESSION en atmosphères [a]	Chal. spéc. celle de l'air sous pression atmos. étant 1 [b]
$\frac{1}{1024}$	1,840	1	1,000
$\frac{1}{512}$	1,756	2	0,916
$\frac{1}{256}$	1,672	4	0,832
$\frac{1}{128}$	1,588	8	0,748
$\frac{1}{64}$	1,504	16	0,664
$\frac{1}{32}$ [c]	1,420	32	0,580
$\frac{1}{16}$ [d]	1,336	64	0,496
$\frac{1}{8}$ [e]	1,252	128	0,412
$\frac{1}{4}$	1,165	256	0,328
$\frac{1}{2}$	1,084	512	0,244
1	1,000	1024	0,160

a. PRESSION en atmosphères] Pression — b. Chal. spéc. celle de l'air sous pression atmos. étant 1] ch. spécif. — c. $\frac{1}{32}$] $\frac{1}{48}$* — d. $\frac{1}{16}$] $\frac{1}{24}$* — e. $\frac{1}{8}$] $\frac{1}{12}$*.

La première colonne est, comme on voit, une progression géométrique, et la seconde une progression arithmétique.

Nous avons étendu la table jusqu'à des compressions et des raréfactions extrêmes. Il est à croire que l'air, avant d'acquérir une densité 1024 fois sa densité ordinaire, c'est-à-dire avant de devenir plus dense que l'eau, se serait liquéfié. Les chaleurs spécifiques s'annulleraient et même deviendraient négatives en prolongeant la table au delà du dernier[a] terme. Nous pensons au reste que les chiffres de la seconde colonne décroissent ici en progression trop rapide. Les expériences qui servent de base à notre calcul ont été faites dans des limites trop resserrées pour que l'on puisse s'attendre à une grande justesse dans les nombres que nous avons obtenus, surtout dans les nombres extrêmes[b].

Puisque nous connaissons d'une part la loi suivant laquelle la chaleur se dégage par la compression des gaz, et de l'autre la loi suivant laquelle varie la chaleur spécifique avec le volume, il nous sera facile de calculer les accroissemens de température d'un gaz que l'on comprime sans lui laisser perdre de calorique[60]. En effet la compression peut[c] être censée décomposée en deux opérations successives :

a. du dernier] de ce — b. *sur le manuscrit, un paragraphe figure à la suite, rayé :* Une pareille table (semblable *est écrit au-dessus de la ligne*) serait bien facile à dresser pour tous les gaz dont la chaleur spécifique a été observée, on possède pour cela tous les éléments nécessaires — c.][se dire *.

1° compression à température constante, 2° restitution du calorique émis. La température s'élèvera par cette seconde opération en raison inverse de la chaleur spécifique [a] acquise par le gaz [b], après sa réduction de volume, chaleur spécifique que nous savons calculer au moyen de la loi démontrée ci-dessus. La chaleur dégagée par la compression doit, d'après le théorème de la pag. 52, être représentée par une expression de la forme $s = \mathrm{A} + \mathrm{B}\ log\ v$, s étant cette chaleur, v le volume du gaz après la compression, A et B des constantes arbitraires dépendantes du volume primitif du gaz, de sa pression et des unités dont on fait choix.

La chaleur spécifique, variant avec le volume suivant la loi démontrée tout à l'heure [c], doit être représentée par une expression de la forme $z = \mathrm{A}' + \mathrm{B}'\ log\ v$, A' et B' étant des [d] constantes arbitraires diffé-rentes de A et B.

L'accroissement de température acquis [e] par le gaz par l'effet de la compression [f] est proportionnel [g] au rapport $\frac{s}{z}$ ou au rapport $\frac{\mathrm{A} + \mathrm{B}\ log\ v}{\mathrm{A}' + \mathrm{B}'\ log\ v'}$ Il [h] peut être représenté par ce rapport lui-même : ainsi, en le nommant t, nous aurons $t = \frac{\mathrm{A} + \mathrm{B}\ log\ v}{\mathrm{A}' + \mathrm{B}'\ log\ v}$. Si le volume primitif du gaz

a.][du gaz * — b. par le gaz] par le gaz après * — c. tout à l'heure] (pag) — d. des *à la place d'un mot illisible* — e. L'accroissement de température acquis] La température pour un acquise * — f.][peut être exprimée par * — g. proportionnel] proportionnelle * — h. Il] elle *.

est 1 et la température primitive 0° l'on aura à la fois $t = 0$, *log* $v = 0$, d'où $A = 0$ [a]. t exprimera alors non seulement l'accroissement de température, mais la température elle-même au-dessus du zéro thermométrique.

Il ne faudrait pas considérer la formule que nous venons de donner comme applicable à de très-grands changemens de volume des gaz. Nous avons regardé l'élévation de température comme étant en raison inverse de la chaleur spécifique; ce qui suppose [b] implicitement la chaleur spécifique constante à toutes les températures. De grands changemens de volume entraînent dans le gaz de grands changemens de température, et rien ne [c] nous prouve la constance de la chaleur spécifique à divers degrés, surtout à des degrés fort éloignés les uns des autres [d]. Cette constance n'est qu'une hypothèse, admise pour les gaz par analogie, vérifiée passablement pour les corps solides et liquides dans une certaine étendue de l'échelle thermométrique, mais dont les expériences de MM. Dulong et Petit ont fait voir l'inexactitude lorsqu'on veut l'étendre à des températures fort au-dessus de 100° [e] (1) [61].

(1) L'on ne voit pas de raison [f] pour admettre *a priori* la constance de la chaleur spécifique des corps à diverses

a.][et $t = \dfrac{B \text{ Log } v}{A' + B' \text{ Log } v}$ * — b. suppose] est supposer * — c. ne] de * — d. à divers degrés... des autres] à tous les degrés (même *rayé*) lorsque même le volume ne varie pas — e. ann de P et C *(dans la marge)* — f.][plausible.

D'après une loi due à MM. Clément et Dé-

températures, c'est-à-dire pour admettre que des quantités égales [a] de chaleur produiront [b] des accroissemens égaux dans le degré thermométrique d'un corps, quand même ce corps ne changerait ni d'état ni de densité ; quand ce serait, par exemple, un fluide élastique renfermé dans une capacité inextensible. Des expériences directes sur des corps solides et liquides avaient prouvé qu'entre 0° et 100°, des accroissemens égaux dans les quantités de chaleur produisaient des accroissemens à peu près égaux dans les degrés de température ; mais les expériences plus récentes de MM. Dulong et Petit (Voy. *Annales de chimie et de physique*, février, mars et avril 1818) [c] ont fait voir que cette correspondance ne se soutenait plus à des températures fort au-dessus de 100°, soit que ces températures fussent [d] mesurées sur le thermomètre à mercure, soit qu'elles fussent mesurées sur le thermomètre à air.

Non seulement les chaleurs spécifiques ne restent pas les mêmes aux diverses températures, mais en outre elles ne conservent pas entre elles les mêmes rapports ; de sorte qu'aucune échelle thermométrique ne pourrait établir la constance de toutes les chaleurs spécifiques à la fois. Il eût été intéressant de vérifier si les mêmes irrégularités subsistent pour les substances gazeuses ; mais les expériences présentaient ici des difficultés presque insurmontables [e].

Les irrégularités des [f] chaleurs spécifiques des corps solides pourraient être attribuées, ce nous semble [g], à de la chaleur latente employée à produire un commencement de fusion, un ramollissement qui se fait sentir dans la

a.][produiront * — b.][dans le degré thermométrique d'un corps * — c. [] (Voy. *Annales*... avril 1818) — d.][d'ailleurs * — e.][(voyez annales de ch. et Ph. fevrier 1818) — f. des] que présentent les — g. , ce nous semble,] en grande partie.

sormes, loi établie par la voie de l'expérience directe [a], la vapeur d'eau, sous quelque pression qu'elle soit formée, contient toujours, à poids égaux, la même quantité de chaleur, ce qui revient à dire que la vapeur comprimée ou dilatée mécaniquement sans perte de chaleur sera toujours constituée à saturation de l'espace, si elle est primitivement ainsi constituée [62]. La vapeur d'eau ainsi constituée peut donc être regardée comme un gaz permanent ; elle doit en observer toutes les lois. Par conséquent la formule

$$t = \frac{A + B \; log \; v}{A' + B' \; log \; v}$$

doit lui être [b] applicable, et se trouver en concordance avec la table des tensions résultante des expériences directes de M. Dalton.

On peut s'assurer en effet que notre formule, par une détermination convenable des constantes arbitraires, représente d'une manière fort approchée les résultats de l'expérience. Les

plupart de ces corps, long-temps avant la fusion complète. On peut appuyer cette opinion de la remarque suivante : d'après les expériences mêmes de MM. Dulong et Petit, l'accroissement de chaleur spécifique [c] avec la température est plus rapide dans les solides que dans les liquides, quoique ceux-ci jouissent d'une dilatabilité plus considérable. La [d] cause d'irrégularité que nous venons de signaler, si elle est réelle, disparaîtrait entièrement dans les gaz.

a. loi établie par la voie de l'expérience directe] loi mise hors de doute par des expériences nombreuses et précises — b. doit lui être] lui est * — c.][est plus rapide * — d. La] Cette *.

petites anomalies que l'on peut y rencontrer n'excèdent pas celles qui doivent être attribuées raisonnablement aux erreurs d'observation (1).

[a] (1) Pour déterminer les constantes arbitraires A, B, A′, B′, d'après des résultats choisis dans la table de M. Dalton, il faut commencer par calculer le volume de la vapeur d'après sa pression et sa température, ce qui est chose facile au moyen des lois de Mariotte et de M. Gay-Lussac, la quantité pondérable de la vapeur étant d'ailleurs fixée.

Le volume sera donné par l'équation

$$v = c\,\frac{267 + t}{p},$$

dans laquelle v est ce volume, t la température, p la pression, et c une quantité constante dépendante du poids de la vapeur et des unités dont on a fait choix.

Voici la table des volumes occupés par un gramme de vapeur formée à diverses températures, et par conséquent sous diverses pressions :

t ou degrés centigrades	p ou tension de la vapeur exprimée en millimètres de mercure	v ou volume d'un gramme de vapeur exprimé en litres
0°	5,060	185,
20	17,32	58,2
40	53,00	20,4
60	144,6	7,96
80	352,1	3,47
100	760,0	1,70

Les deux premières colonnes de cette table sont tirées

a. [] *note ajoutée - ne se trouve pas sur le manuscrit.*

Nous reviendrons ici à notre sujet principal, dont nous nous sommes déjà trop écartés, à la puissance motrice de la chaleur.

Nous avons fait voir que la[a] quantité de puis-

du *Traité de Physique* de M. Biot (1er vol. pag. 272 et 531)[63]. La troisième est calculée au moyen de la formule ci-dessus et d'après ce résultat d'expérience que l'eau vaporisée sous la pression atmosphérique occupe un espace 1700 fois aussi grand qu'à l'état liquide.

En faisant usage de trois nombres de la première colonne et des trois nombres correspondants de la troisième colonne, on déterminera facilement les constantes de notre équation

$$t = \frac{A + B \log v}{A' + B' \log v}.$$

Nous n'entrerons pas dans les détails du calcul nécessaire pour déterminer ces quantités : il nous suffira de dire que les valeurs suivantes :

$$A = 2268, \quad A' = 19{,}64,$$
$$B = -1000, \quad B' = 3{,}30,$$

satisfont passablement bien aux conditions prescrites, de sorte que l'équation

$$t = \frac{2268 - 1000 \log v}{19{,}64 + 3{,}30 \log v}$$

exprime d'une manière très-approchée la relation qui existe entre le volume de la vapeur et sa température.

On remarquera ici que la quantité B' est positive et fort petite, ce qui tend à confirmer cette proposition, que la chaleur spécifique d'un fluide élastique croît avec le volume, mais suivant une progression peu rapide[64].

a.][puissance *.

sance motrice développée par le transport du calorique d'un corps à un autre dépendait essentiellement des températures des deux corps, mais nous n'avons pas fait connaître de relation entre ces températures et les quantités de puissance motrice produites. Il semblerait d'abord assez naturel de supposer que pour des différences égales de température les quantités de puissance motrice produites sont égales entre elles, c'est-à-dire que, par exemple, le passage d'une quantité donnée de calorique [a] d'un corps A maintenu à 100° à un corps B maintenu à 50° doit donner naissance à une quantité de puissance motrice égale à celle qui [b] serait développée par le transport du même calorique, d'un corps B maintenu à 50° à un corps C maintenu à 0°. Une pareille loi serait sans doute fort remarquable, mais [c] l'on ne voit pas de motifs suffisans pour l'admettre *à priori*. Nous allons discuter sa réalité [d] par des raisonnemens rigoureux. Imaginons que les opérations décrites pag. 40 soient exécutées successivement sur deux quantités d'air atmosphérique égales [e] en poids et en volume, mais prises à des températures différentes ; supposons en outre les différences de degré entre ces corps A et B égales de part et d'autre : ainsi ces corps auront, par exemple,

a. calorique] chaleur * — b.][résulterait du * — c.][en y réfléchissant avec attention * — d. discuter sa réalité] chercher à nous éclaircir sa réalité *originellement* chercher à établir cette question — e.][entre entre *.

dans l'un des cas, les températures 100° et 100° — h° [a] (h étant infiniment petit), et dans l'autre, 1° et 1° — h. La quantité de puissance motrice produite est dans chaque cas [b] la différence entre [c] celle que fournit le gaz par [d] sa dilation et celle dont il nécessite l'emploi pour revenir à son volume primitif. Or cette différence est ici [e], comme on peut [f] s'en assurer par un raisonnement simple que nous ne croyons pas nécessaire de détailler, la même dans l'un et l'autre cas : ainsi la puissance motrice produite est la même.

Comparons maintenant entre elles les quantités de chaleur employées dans les deux cas. Dans le premier, la quantité de chaleur employée est celle que le corps A fournit à l'air pour le maintenir à la température 100° pendant son expansion ; dans le second, c'est la quantité de chaleur que ce même corps doit lui fournir pour maintenir sa température à 1° pendant un changement de volume absolument semblable. Si ces deux quantités de chaleur étaient égales entre elles, il en résulterait évidemment la loi que nous avons d'abord supposée. Mais rien ne prouve qu'il en soit ainsi ; on va même voir que ces quantités de chaleur sont inégales.

L'air, que nous supposerons d'abord occuper [g]

a. *ici comme dans tout le paragraphe le manuscrit comporte* α *pour* h — b.][proportionnelle à * — c.][les forces et * — d.][son expansion et sa raréfa * — e. en vertu de la règle de M. Gay Lussac *inséré au-dessus de la ligne et rayé* — f.][aisément * — g. d'abord occuper] occuper d'abord.

l'espace *abcd* (fig. 2) et se trouver à la température 1°, peut être amené à occuper l'espace *abef* et à acquérir la température 100° [a] par deux moyens différens :

1° On peut l'échauffer d'abord sans faire varier son volume, puis le dilater en maintenant sa température à un degré constant ;

2° On peut commencer par le dilater, en maintenant la constance de la température, puis l'échauffer lorsqu'il a acquis son nouveau volume.

Soient *a* et *b* les quantités de chaleur employées successivement dans la première des deux opérations, et soient *b'* et *a'* les quantités de chaleur employées successivement dans la seconde ; comme le résultat final de ces deux opérations est le même, les quantités de chaleur employées de part et d'autre doivent être égales, l'on a donc

$$a + b = a' + b',$$

d'où

$$a' - a = b - b'.$$

a' est la quantité de chaleur nécessaire pour faire passer le gaz de 1° à 100°, lorsqu'il occupe l'espace *abef*.

a est la quantité de chaleur nécessaire pour faire passer le gaz de 1° à 100°, lorsqu'il occupe l'espace *abcd*.

La densité de l'air est moindre dans le premier

a. [] et à acquérir la température 100°.

cas que dans le second, et d'après les expériences de MM. Delaroche et Bérard déjà citées [a] page 60, sa capacité pour la chaleur doit être un peu plus grande.

La quantité *a'* se trouvant être plus grande que la quantité *a*, *b* doit [b] être plus grand que *b'* [c]. Par conséquent, en généralisant la proposition, nous dirons :

La quantité de chaleur due [d] *au changement de volume d'un gaz est d'autant plus considérable que la température est plus élevée.*

Ainsi, par exemple, il faut [e] plus de [f] calorique pour maintenir à 100° la température d'un certaine quantité [g] d'air dont on double le [h] volume, que pour maintenir à 1° la température de ce même [i] air pendant une dilatation absolument pareille. Ces quantités inégales de chaleur produiraient cependant, comme nous l'avons vu, des quantités égales de puissance motrice pour des chutes égales du calorique, prises à différentes hauteurs sur l'échelle thermométrique ; d'où l'on peut tirer la conclusion suivante :

La chute du calorique produit plus de puissance motrice dans les degrés inférieurs que dans les degrés supérieurs [j] [65].

Ainsi, une quantité donnée de chaleur dé-

a. déjà citées] citées déjà — b.][aussi — c.][ainsi * — d. *La quantité de chaleur due*] *le calorique* (dégagé *rayé*) *dû* — e. faut] faudrait * — f. [] de — g. un certaine quantité] un litre * — h. dont on double le] qui double de — i.][litre d' * — j. *à cet endroit il y a un renvoi à la note de bas de page suivante :* on trouvera une confirmation de ce fait (pag.).

veloppera plus de puissance motrice en passant d'un corps maintenu à 1°, à un autre maintenu à 0°, que si ces deux corps eussent possédé les degrés 101° et 100°.

Du reste, la différence doit être fort petite ; elle serait nulle si la capacité de l'air pour la chaleur demeurait constante, malgré les changemens de densité. D'après les expériences de MM. Delaroche et Bérard, cette capacité varie peu, si peu même, que les différences remarquées pourraient à la rigueur être attribuées à des erreurs d'observation, ou à quelques circonstances dont on aurait négligé de tenir compte [a].

Nous sommes hors d'état de déterminer rigoureusement, avec les seules données expérimentales que nous possédons [b], la loi suivant laquelle varie la puissance motrice de la chaleur dans les différens degrés de l'échelle thermométrique. Cette loi est liée à celle des variations de la chaleur spécifique des gaz à diverses températures, loi que l'expérience n'a pas encore fait connaître avec une suffisante exactitude [c] (1) [66].

(1) Si l'on admettait la constance de la chaleur spécifique d'un gaz lorsque son volume ne change pas, mais que sa température varie [d], l'analyse pourrait conduire à une relation entre la puissance motrice et le degré ther-

a.][Les expériences sur les chaleurs spécifiques de l'air à diverses densités réclameraient un nouvel examen fait avec la plus scrupuleuse exactitude, à cause des conséquences qu'elles entraînent * — b. que nous possédons] qui sont en notre pouvoir * — c.][avec exactitude * — d. la constance de la chaleur spécifique... température varie] la constance des (*originellement* l'hypothèse de la) chaleurs spécifiques (pag sur les *rayé*) des gaz qui ne changent pas de volume.

Nous chercherons ici à évaluer d'une manière absolue la puissance motrice de la chaleur ; et afin de vérifier notre proposition fondamen-

mométrique. Nous allons faire voir de quelle manière ; cela nous donnera d'ailleurs occasion de [a] montrer comment quelques unes [b] des propositions établies ci-dessus doivent être énoncés en langage algébrique [67].

Soit r [c] la quantité de puissance motrice produite par l'expansion d'une quantité [d] donnée d'air passant du volume un litre au volume v litres, sous température constante ; si v augmente de la quantité infiniment petite dv, r augmentera de la quantité dr, qui, d'après la nature de la puissance motrice, sera égale à l'accroissement dv de volume multiplié par la [e] force expansive que possède alors le fluide élastique : soit p cette force expansive, on aura l'équation :

$$dr = pdv \ . \ . \ . \ (1).$$

Supposons la température constante sous laquelle la dilatation a lieu égale [f] à t degrés centigrades : si l'on nomme q [g] la force élastique de l'air occupant le volume un litre à la même température t, on aura, d'après la loi de Mariotte,

$$v : 1 :: q : p, \text{ d'où } p = \frac{q}{v}.$$

Si maintenant P est la force élastique de ce même air occupant toujours le volume 1, mais à la température 0°, on aura, d'après la règle de M. Gay-Lussac,

$$q = \text{P} + \text{P}\,\frac{^{\text{h}}}{267} = \frac{\text{P}}{267}\,(267 + t),$$

$$\text{d'où } \frac{q}{v} = p = \frac{\text{P}}{267}\,\frac{267 + t}{v}{}^{\text{i}}.$$

a.][faire * — b. quelques unes] la plupart * — c. *ici comme dans toute la note, le manuscrit comporte* ω *pour* r — d. *Carnot a écrit d'abord* de l'air *qu'il a remplacé par* d'une portion *auquel il substitua* d'une qualité — e.][pression * — f.][p — g. *ici et dans toute la note le manuscrit comporte* p *pour* q — h. *le manuscrit comporte* $\frac{t}{267}$; *le* t *est omis du texte imprimé de l'édition de 1824* — i.][... (1) *.

tale, afin de vérifer si l'agent mis en œuvre pour réaliser la puissance motrice est réelle-

Si, pour abréger, l'on nomme N la quantité $\frac{P}{267}$, l'équation deviendra :

$$p = N \frac{t + 267}{v},$$

d'où l'on tire, d'après l'équation (1),

$$dr = N \frac{t + 267}{v} dv.$$

Regardons t comme constant, et prenons l'intégrale des deux membres, nous aurons

$$r = N\ (t + 267)\ log\ v + C.$$

Si l'on suppose $r = o$ lorsque $v = 1$, on aura $C = o$;

d'où $r = N\ (t + 267)\ log\ v \ldots (2)$.

C'est là la puissance motrice produite par l'expansion de l'air, qui, sous la température t, a passé du volume 1 au volume v.

Si, au lieu d'opérer à la température t, on opère d'une manière absolument semblable à la température $t + dt$, la puissance développée sera

$$r + \delta r = N\ (t + dt + 267)\ log\ v$$ [a].

Retranchant l'équation (2), il vient

$$\delta r = N\ log\ v.\ dt \ldots (3).$$

Soit e la quantité de chaleur employée à maintenir la température du gaz à un degré constant pendant sa dilatation [b] : d'après le raisonnement de la page 40, δr sera la puissance développée par la chute de la quantité e de chaleur du degré $t + dt$ au degré t. Si nous nommons u [c] la puissance motrice développée par la chute d'une unité de chaleur du degré t au degré 0°, comme, d'après le principe général établi pag. 38, cette quantité u doit dépendre uni-

a.][... (2) * — b.][Du volume 1 au v * — c. *ici et dans toute la note, le manuscrit comporte* σ *à la place de* u.

ment indifférent, relativement à la quantité de cette puissance [a], nous en choisirons successive-

quement de t, elle pourra être représentée par la fonction Ft [b], d'où $u = Ft$.

Lorsque t s'accroît et devient $t + dt$, u devient $u + du$; d'où :

$$u + du = F\,(t + dt).$$

Retranchant l'équation précédente, il vient

$$du = F\,(t + dt) - Ft = F't.dt.$$ [c].

C'est évidemment là [d] la quantité de puissance motrice produite par la chute d'une unité de chaleur du degré $t + dt$ au degré t.

Si la quantité de chaleur, au lieu d'être une unité, eût été e, sa puissance motrice produite aurait eu pour valeur :

$$edu = eF't.dt \;.\;.\;.\; (4).$$

Mais edu est la même chose que δr ; toutes deux sont la puissance développée par la chute de la quantité e de chaleur [e] du degré $t + dt$ au degré t : par conséquent :

$$edu = \delta r\,;$$

et, à cause des équations 3, 4,

$$eF't.dt = N\,log\,v.dt\,;$$

ou, divisant par $F't.dt$,

$$e = \frac{N}{F't}\,log\,v = T log\,v,$$

en nommant T la fraction $\frac{N}{F't}$, qui est une fonction de t seul.

L'équation :

$$e = T\,log\,v$$

est l'expression analytique de la loi énoncée pag. 52 ; elle est commune à tous les gaz, puisque les lois dont nous avons fait usage sont communes [f] à tous.

a. *les mots* relativem^t à la quantité de cette puissance *sont insérés au-dessus de* pour *(rayé)* — b. *ici et dans toute la note le manuscrit comporte* ft *au lieu de* Ft (*et également* f(t + dt) *et* f't *au lieu de* F (*t* + *dt*) *et* F'*t*) — c.][en nommant f't la coë diff de ft — d. C'est évidemment là] Voilà * — e. la quantité *e* de chaleur] la chaleur e * — f. communes] générales *.

ment plusieurs, l'air atmosphérique, la vapeur d'eau, la vapeur d'alcool.

Si l'on nomme s [a] la quantité de chaleur nécessaire pour amener l'air sur lequel nous avons opéré, du volume 1 et de la température 0° au volume v et à la température t, la différence entre s et e sera la quantité de chaleur nécessaire [b] pour amener [c] l'air sous le volume 1 du [d] degré 0 au degré t. Cette quantité dépend de t seul ; nommons-la U ; elle sera une fonction quelconque de t : on aura

$$s = e + \mathrm{U} = \mathrm{T} \log v + \mathrm{U}$$

Si l'on différencie cette équation par rapport à t seul, et que l'on représente par T′ et U′ les coefficiens différentiels de T et U, il viendra

$$\frac{ds}{dt} = \mathrm{T}' \log v + \mathrm{U}' \ldots (5).$$

$\frac{ds}{dt}$ n'est autre chose que la chaleur spécifique du gaz sous volume constant, et notre équation (1) est l'expression analytique de la loi énoncée pag. 58.

Si l'on suppose la chaleur spécifique constante à toutes les températures (hypothèse discutée ci-dessus pag. 64), la quantité $\frac{ds}{dt}$ sera indépendante de t ; et, afin de satisfaire à l'équation (5) pour deux valeurs particulières de v, il sera nécessaire que T′ et U′ soient indépendans de t, nous aurons donc $\mathrm{T}' = \mathrm{C}$, quantité constante. Multipliant T′ et C par dt, et prenant l'intégrale de part et d'autre, on trouve [e] :

$$\mathrm{T} = \mathrm{C}t + \mathrm{C}_1 ;$$

mais [f] comme $\mathrm{T} = \frac{\mathrm{N}}{\mathrm{F}'t}$ on a

$$\mathrm{F}'t = \frac{\mathrm{N}}{\mathrm{T}} = \frac{\mathrm{N}}{\mathrm{C}t + \mathrm{C}_1}$$

a. *ici et dans toute la note le manuscrit comporte* ε *au lieu de* s — b.][d'amener * — c.][sous le volume 1 * — d. du] de la températ * — e. on trouve] il vient * — f.][B *.

Supposons que l'on emploie d'abord l'air

Multipliant de part et d'autre par *dt*, et intégrant, il vient

$$Ft = \frac{N}{C} \, log\,(Ct + C_1) + C_2 \,;$$

ou, en changeant de constantes arbitraires, et remarquant d'ailleurs que F*t* est nul lorsque $t = 0°$,

$$Ft = A \, log \left(1 + \frac{t}{B}\right) \ldots (6)$$ [a]

La nature de la fonction F*t* se trouverait ainsi déterminée, et l'on se verrait par-là en état d'évaluer la puissance motrice développée par une chute quelconque de la chaleur. Mais cette dernière conclusion est fondée [b] sur l'hypothèse de la constance de la chaleur spécifique d'un gaz qui ne change pas de volume, hypothèse dont l'expérience n'a pas encore assez bien vérifié [c] l'exactitude [d]. Jusqu'à nouvelle preuve, notre équation (6) [e] ne peut être admise que dans une étendue médiocre de l'échelle thermométrique [f].

[g] Dans l'équation (5), le premier membre représente, comme nous l'avons remarqué, la chaleur spécifique de l'air occupant le volume *v*. L'expérience ayant appris que cette chaleur varie peu malgré des changemens assez considérables de volume, il faut que le coefficient T′ de *log v* soit une quantité fort petite. Si on la suppose nulle, et qu'après avoir multiplié par *dt* l'équation

$$T' = 0,$$

on en prenne l'intégrale, on trouve

$$T = C \text{ quantité constante} \,;$$

$$\text{mais } T = \frac{N}{F't} \,;$$

$$\text{d'où } F't = \frac{N}{T} = \frac{N}{C} = A \,;$$

a. (6)] (5) — b. cette dernière conclusion est fondée] tout ceci est fondé — c.][la réalité * — d. *à cet endroit les mots* surtout pour les températures élevées *sont insérés au-dessus de la ligne et rayés* — e. (6)] (5) — f.][de 0° à 160° ou 200° par exemple, ce qui au reste comprend à peu près toute l'étendue que peuvent embrasser les machines à vapeur * — g. [] *la fin de la note de bas de page ne figure pas dans le manuscrit.*

atmosphérique, l'opération se conduira d'après [a] la méthode indiquée pag. 39. Nous ferons les hypothèses suivantes :

L'air est [b] pris sous la pression atmosphérique ; la température du corps A [c] est [d] un millième de degré au-dessus de 0°, celle du corps B est 0°. La différence est comme on voit fort petite, circonstance nécessaire ici.

L'accroissement de volume donné à l'air dans notre opération sera $\frac{1}{116} + \frac{1}{267}$ du volume primitif : c'est un accroissement fort petit, absolument parlant, mais [e] grand relativement à la différence des températures entre les corps A et B [68].

La puissance motrice développée par l'ensemble des deux opérations décrites pag. 39, sera, à très-peu près, proportionnelle à l'accroissement de volume et à la différence entre les deux pressions exercées par l'air, lorsqu'il se trouve aux températures 0°,001 et 0°.

d'où l'on tire enfin, par une seconde intégration,

$$Ft = At + B.$$

Comme $Ft = 0$, lorsque $t = 0$, B est nul : ainsi

$$Ft = At,$$

c'est-à-dire que la puissance motrice produite se trouverait être exactement proportionnelle à la chute du calorique. Ceci est la traduction analytique de ce que nous avons dit page 70.

a. d'après] suivant — b. est] sera * — c. A] a — d. est] sera * — e.][fort *.

Cette différence est, d'après la règle de M. Gay-Lussac, $\frac{1}{267}$ millième de la force élastique du gaz, ou à très-peu près $\frac{1}{267}$ millième de la pression atmosphérique.

La pression atmosphérique fait équilibre à 10 mètres $\frac{40}{100}$[a] de hauteur d'eau ; $\frac{1}{267}$ millième[b] de cette pression équivaut à $\frac{1}{267000}$.10,40 mètres de hauteur d'eau.

Quant à l'accroissement de volume, il est, par supposition, $\frac{1}{116}+\frac{1}{267}$ du volume primitif, c'est-à-dire du volume occupé par un kilogramme d'air à 0°, volume égal à 0,77 mètres cubes, eu égard à la pesanteur spécifique de l'air[c] : ainsi donc le produit

$$\left(\frac{1}{116}+\frac{1}{267}\right) 0{,}77 \; \frac{1}{267000} \; 10{,}40$$

exprimera la puissance motrice développée. Cette puissance est estimée ici en mètres cubes d'eau élevés de 1 mètre de hauteur[69].

Si l'on exécute les multiplications indiquées, on trouve pour valeur du produit 0,000000372.

Cherchons maintenant à évaluer la quantité de chaleur employée à donner ce résultat, c'est-à-dire[d] la quantité de chaleur passée du corps A au corps B.

Le corps A fournit 1° la chaleur nécessaire

a. 10 mètres $\frac{40}{100}$] 10 m 40 mètres de hauteur * *et dans la marge :* à dix mètres quarante centièmes — b. $\frac{1}{267}$ millième] $\frac{1}{267000}$ * — c. [] eu égard à la pesanteur spécifique de l'air — d.][cherchons *.

pour porter la température de 1 kilogramme d'air de 0° à 0°,001 [a];

2° La quantité nécessaire pour maintenir à ce degré 0°,001 la température de l'air lorsqu'il éprouve une dilatation de

$$\frac{1}{116} + \frac{1}{267}\ ^{b}$$

La première de ces quantités de chaleur étant fort petite par rapport à la seconde, nous la négligerons. La seconde est, d'après le raisonnement de la pag. 44, égale à celle qui serait nécessaire pour accroître de 1° la température de 1 kilog. d'air soumis à la pression atmosphérique.

D'après les expériences de MM. Delaroche et Bérard sur la chaleur spécifique des gaz, celle de l'air est, à poids égaux [c], 0,267 de celle de l'eau. Si donc nous prenons pour unité de chaleur la quantité nécessaire pour élever de 1° un kilogramme d'eau [70], celle qui sera nécessaire pour élever de 1° un kilogramme d'air aura pour valeur [d] 0,267. Ainsi la quantité de chaleur fournie par le corps A est

0,267 unités.

C'est là la chaleur capable de produire 0,000000372 unités de puissance motrice par sa chute de 0°,001 à 0°.

Pour une chute mille fois aussi grande, pour une chute de 1°, la puissance motrice

a.][et 2° * — b.][de son volume — c. égaux] égal * — d. aura pour valeur] sera *.

produite sera à très-peu près 1000 fois la première ou

0,000372.

Si maintenant, au lieu de 0,267 unités de chaleur, nous [a] employons 1000 unités, la puissance motrice produite sera donnée par la proportion

$$0{,}267 : 0{,}000372^{\text{b}} :: 1000 : x,$$

$$\text{d'où } x = \frac{372}{267} = 1{,}395 \text{ unités}$$

Ainsi 1000 unités de chaleur, passant d'un corps maintenu à la température 1° à un autre corps maintenu à la température 0°, produiront, en agissant sur l'air,

1,395 unités de puissance motrice.

Nous allons comparer ce résultat à celui que fournit l'action de la chaleur sur la vapeur d'eau.

Supposons 1 kilogramme d'eau liquide renfermée dans [c] la capacité cylindrique *abcd*, fig. 4, entre le fond *ab* et le piston *cd* ; supposons aussi l'existence des deux corps A, B, maintenus chacun à une température constante, celle de A étant élevée au-dessus de celle de B d'une quantité fort petite. Figurons-nous maintenant les opérations suivantes :

1° Contact de l'eau avec le corps A, passage du piston de la position *cd* à la position *ef*,

a.][en — b. 0,000372] 1000 * — c.][abcd entre le fond ab et le p *.

formation de la vapeur à la température du corps A pour remplir le vide auquel donne lieu l'extension de la capacité[a] : nous supposerons la capacité *abef* assez grande pour que toute l'eau y soit contenue à l'état de vapeur ;

2° Eloignement du corps A, contact de la vapeur avec le corps B, précipitation d'une partie de cette vapeur, décroissement de sa force élastique[b], retour du piston de *ef* en *ab*, liquéfaction du reste de la vapeur par l'effet de la pression combinée avec le contact du corps B ;

3° Eloignement du corps B, nouveau contact de l'eau avec le corps A, retour de l'eau à la température de ce corps, renouvellement de la première période, ainsi de suite.

La quantité de puissance motrice développée[c] dans un cercle complet d'opérations est mesurée par le produit du volume de la vapeur multiplié par la différence entre[d] les tensions qu'elle possède à la température du corps A et à celle du corps B.

Quand à la chaleur employée, c'est-à-dire transportée du corps A au corps B, c'est évidemment celle qui a été nécessaire pour transformer l'eau en vapeur, en négligeant toutefois la petite[e] quantité nécessaire pour reporter l'eau liquide de la température du corps B à celle du corps A.

a.][abcd * — b. force élastique] tension * — c.][par l'ensemble des — d. entre] des * — e.][portion nécé *.

Supposons la température du corps A 100°, et celle du corps B 99° : la différence des tensions sera, d'après la table de M. Dalton, 26 [a] millimètres de mercure ou 0,36 mètres de hauteur d'eau.

Le volume occupé par la vapeur est 1700 fois celui de l'eau. Si nous opérons sur un kilogramme, ce sera 1700 litres ou 1,700 mètres cubes.

Ainsi la puissance motrice développée [b] a pour valeur le produit

$$1{,}700.0{,}36 = 0{,}611 \text{ unités}$$

de l'espèce dont nous avons fait usage précédemment.

La quantité de chaleur employée est [c] la quantité nécessaire pour transformer en vapeur l'eau [d] amenée déjà à 100°. Cette quantité est [e] donnée par l'expérience : on l'a trouvée égale à 550° [f], ou, pour parler plus exactement, à 550 de nos unités de chaleur.

Ainsi 0,611 unités de puissance motrice résultent de l'emploi de 550 unités de chaleur.

La quantité de puissance motrice résultante de 1000 unités de chaleur sera donnée par la proportion

$$550 : 0{,}611 :: 100^{71} : x, \text{ d'où } x = \frac{611}{550} = 1{,}112^{72}.$$

Ainsi 1000 unités de chaleur transportées [g]

a. *Le nombre 26 manque dans le manuscrit* — b. développée] prod * — c.][celle qui est * — d. l'eau] un kilog d'eau * — e. est] a été * — f.][ou plutôt à 550 unités de chaleur * — g. transportée] passant *.

d'un corps maintenu [a] à 100° à un autre corps maintenu [b] à 99° produiront, en agissant sur la vapeur d'eau, 1,112 unités de puissance motrice.

Le nombre 1,112 diffère [c] de 1/4 environ du nombre 1,395, trouvé précédemment pour la valeur de la puissance motrice développée par 1000 unités de chaleur agissant sur l'air, mais il faut observer que dans ce cas les températures [d] des corps A et B étaient 1° et 0°, tandis qu'ici elles sont 100° et 99°. La différence est bien la même ; mais elle ne se trouve pas à la même hauteur dans [e] l'échelle thermométrique. Il aurait fallu [f], pour faire une comparaison exacte, évaluer la puissance motrice développée par la vapeur formée à 1° et condensée à 0° ; il aurait fallu [g] en outre pouvoir connoître la quantité de chaleur contenue dans la vapeur formée à 1°.

La loi due à MM. Clément et Désormes, et rapportée ci-dessus, pag. 66, nous [h] fournit [i] cette donnée. La chaleur constituante de la vapeur d'eau étant toujours la même, à quelque température que la vaporisation ait [j] lieu, s'il faut 550 degrés de chaleur pour vaporiser l'eau [k] déjà amenée à 100°, il en faudra 550 + 100 où 650 pour vaporiser le même poids d'eau prise à 0°.

a. maintenu *rayé dans le manuscrit* — b. maintenu *rayé dans le manuscrit* — c. diffère] ne diffère que * — d.][étaient * — e. dans] sur (*au lieu de* dans) — f. aurait fallu] faudrait * — g. aurait fallu] faudrait * — h.][en * — i.][les moyens * — j.][eu * — k. l'eau] un kilogramme d'eau *

En faisant usage de cette donnée et raisonnant d'ailleurs absolument comme nous l'avons fait pour l'eau à 100°, l'on trouve, ainsi qu'il est facile de s'en assurer,

1,290

pour la puissance motrice développée par 1000 unités de chaleur agissant sur la vapeur d'eau entre 1° et 0°.

Ce nombre se rapproche plus [a] que le premier de

1,395 [73].

Il n'en diffère plus que de $\frac{1}{13}$, erreur qui n'est pas hors des limites présumables, eu égard au grand nombre de données [b] de diverses espèces dont nous avons été forcés de faire usage pour arriver à ce [c] rapprochement. Ainsi se trouve vérifiée, dans un cas particulier, notre loi fondamentale (1).

Nous examinerons un autre cas, celui où l'on fait agir la chaleur sur la vapeur d'alcool [d] [74].

Les raisonnemens sont ici absolument les

(1) On trouve (*Annales de chimie et de physique*, juillet 1818, pag. 294 [e]) dans un Mémoire de M. Petit une évaluation de la puissance motrice de la chaleur appliquée à l'air et à la vapeur d'eau [75]. Cette évaluation conduit à attribuer à l'air atmosphérique un grand avantage ; mais elle est due à une méthode tout-à-fait incomplète de considérer l'action de la chaleur.

a. plus] davantage — b. de] dont nous avons été * — c. à ce] au *. *Les mots* qui vient d'être fait *sont inscrits sous la ligne ; originellement ils devaient figurer pour être lus après* au rapprochement — d. *ici suit le passage qui a été rayé :* l'alcool pur bout à $78^\circ,7$ centigrades sous la pression ordinaire, un kilogramme de vapeur absorbe d'après MM. Delaroche et Bérard 207 unités de chaleur, (pour prendre naissance *rayé*) en prenant naissance à cette température $78,^\circ 7$. La tension de la vapeur d'alcool est à un degré centigrade au dessous du point d'ebullition moindre de 1/25 (qu'à ce *rayé*) de ce qu'elle est à ce point même (c'est du moins ce qui résulte des expériences de Mr bétancour rapportées dans la seconde partie de l'architecture hydraulique de Mr Prony). Si l'on fait usage de — e. *Annales de chimie...* pag. 294] annales de Physique et de chimie Juillet 1818.

mêmes que pour la vapeur d'eau ; les données seules changent.

L'alcool pur bout sous la pression ordinaire à 78°,7 centigrades [a]. Un kilogramme absorbe, d'après MM. Delaroche et Bérard, 207 unités de chaleur pour se transformer en vapeur à cette même température 78°,7.

La tension de la vapeur d'alcool à 1° au-dessous du point d'ébullition se trouve diminuée de 1/25 ; elle est de 1/25 moindre que la pression atmosphérique (c'est du moins ce qui résulte des expériences de M. Bétancour, rapportées dans la seconde partie de l'*Architecture hydraulique* de M. Prony, pag. 180, 195 [b] [76]) (1).

(1) M. Dalton avait cru apercevoir que les vapeurs de divers liquides, à des distances thermométriques égales du point d'ébullition, jouissaient de tensions égales ; mais cette loi n'est pas rigoureusement exacte, elle n'est qu'approximative. Il en est de même de la loi de proportionnalité de la chaleur latente des vapeurs avec leurs densités (V. Extraits d'un Mémoire de M. C. Desprets, *Annales de physique et de chimie,* tome 16, p. 105, et tome 24, p. 323.) [c] Les questions de ce genre se lient de près avec celles de la puissance motrice du feu. Tout récemment MM. H. [d] Davy et Faraday, après avoir fait de belles expériences sur la liquéfaction des gaz, par l'effet d'une pression considérable [e], ont cherché à reconnaître les changemens de tension de ces [f] gaz liquéfiés pour de lé-

a.][sous 1* — b. *les références de pages manquent dans le manuscrit* — c. [] (v. Extraits d'un Mémoire... tome 24 ; p. 323) — d. H.] Humphry * — e. par l'effet d'une pression considérable] par l'action combinée de la pression et du froid — f. de ces] des.

Si l'on fait usage de ces données, l'on trouve qu'en agissant sur un kilogramme d'alcool aux températures 78°,7 et 77°,7, la puissance motrice développée [a] serait 0,251 unités.

Elle résulte de l'emploi de 207 unités de chaleur. Pour 1000 unités il faut poser la proportion

$$207 : 0{,}254 :: 1000 : x, \text{ d'où } x = 1{,}230.$$

Ce nombre est [b] un peu plus fort que 1,112 résultant de l'emploi de la vapeur d'eau aux températures 100° et 99°. Mais si l'on suppose la vapeur d'eau employée aux températures 78° et 77°, on trouve, en faisant usage de la loi de MM. Clément et Désormes, 1,212 pour la puissance motrice due à 1000 unités de chaleur. Ce dernier nombre se rapproche, comme on voit, beaucoup de 1,230 ; il n'en diffère que de 1/50.

gers changemens de température. Ils avaient en vue l'application des nouveaux liquides à la production de la puissance motrice. (V. *Annales de chimie et de physique,* janvier 1824, p. 80.) [c] D'après la théorie ci-dessus exposée, l'on peut prévoir que l'emploi de ces liquides ne présenterait pas d'avantages relativement [d] à l'économie de la chaleur. Les avantages ne pourraient se rencontrer que dans la basse température, à laquelle il serait possible d'agir, et dans les sources où, par cette raison, il deviendrait [e] possible d puiser le calorique [77].

a.][pour 1000 unités de chaleur * — b.][encore * — c. [] (v. *Annales...* 1824, p. 80) — d. relativement] quant — e. peut-être *inséré au-dessus de la ligne et rayé.*

Nous aurions désiré pouvoir faire d'autres rapprochemens de ce genre, pouvoir calculer, par exemple, la puissance motrice développée par [a] l'action de la chaleur [b] sur des solides et des liquides, par la congélation de l'eau, etc. [c] ; mais la physique actuelle nous refuse les données nécessaires (1) [d]. La loi fondamentale que nous avions en vue de confirmer nous semblerait exiger cependant, pour être mise hors de doute, des vérifications nouvelles ; elle est assise sur la théorie de la chaleur telle qu'on la conçoit aujourd'hui, et, il faut l'avouer, cette base ne nous paraît pas d'une solidité inébranlable [78]. Des expériences nouvelles pourraient seules décider la question ; en attendant, nous nous occuperons d'appliquer les idées théoriques ci-dessus exposées, en les regardant comme exactes, à l'examen des divers moyens proposés jusqu'à présent pour réaliser la puissance motrice de la chaleur.

L'on a quelquefois proposé de développer de la puissance motrice par l'action de la cha-

(1) Celles qui nous manquent sont la force expansive qu'acquièrent les solides et les liquides par un accroissement donné de température, et la quantité de chaleur absorbée ou abandonnée [e] dans les changemens de volume de ces corps.

a. pouvoir calculer ... par] en calculant * — b. de la chaleur] du calorique. — c. [] par la congélation de l'eau, etc. — d. *Le passage du manuscrit correspondant aux derniers deux tiers de ce paragraphe est très différent. Il commence avec ces mots :* la loi fondamentale que nous avions en vue de vérifier nous semble d'ailleurs mise hors de doute tant par les raisonnements qui ont servi à l'établir que par les rapprochements qui *A cet endroit Carnot commence une nouvelle page dans le manuscrit ; les lignes suivantes sont légèrement rayées :* viennent d'être faits. Nous nous occuperons maintenant d'appliquer les idées théoriques (exposées *est inséré puis rayé*) ci-dessus exposées (exposées *remplace* exposées *et* développées *qui sont tous deux rayés*) aux divers moyens proposés essayés ou mis en pratique (pratique *remplace* usage *qui est rayé, et le mot* adoptés *figure dans la marge*) pour développer la puissance motrice de la chaleur. *Le manuscrit continue avec le passage suivant qui n'est pas rayé :* viennent d'être faits. Nous nous occuperons maintenant d'appliquer les idées théoriques ci dessus exposées à l'examen des diverses moyens (*ce mot remplace* méthodes *qui est rayé*) proposés (*au lieu de* proposées) jusqu'à présent (*inséré au-dessus de* essayées ou adoptées *qui sont rayés*) pour réaliser (*au lieu de* développer *qui est rayé*) la puissance motrice de la chaleur. *A cet endroit le manuscrit comporte une ligne écrite en travers de la page. Elle est suivie par ces mots légèrement rayés :* Du développement de la Puissance motrice par l'action de la chaleur sur les corps solides et liquides — e. abandonnée] dégagée.

leur sur les corps solides [79]. La manière de procéder qui se présente le plus naturellement à l'esprit est [a] de fixer invariablement un corps solide, une barre métallique, par exemple, par l'une de ses extrémités ; d'attacher l'autre extrémité à une partie mobile [b] de machine ; puis, par des réchauffemens et des refroidissemens successifs, de faire varier la longueur de la barre et de produire ainsi des mouvemens quelconques [c]. Essayons de juger si cette manière de développer la puissance motrice peut être avantageuse. Nous avons fait voir que le caractère du meilleur emploi de la chaleur à la production du mouvement était que tous les changemens de température survenus dans les corps fussent dus à des changemens de volume. Plus on approchera de remplir cette condition, et mieux la chaleur sera utilisée. Or, en opérant de la manière qui vient d'être décrite, on est bien loin de remplir la condition dont il s'agit ; aucun changement de [d] température n'est dû ici à un changement de volume : tous sont dus aux contacts de corps diversement échauffés, au contact de la barre métallique, soit avec le corps chargé de lui fournir la chaleur, soit avec le corps chargé de la lui enlever [e].

Le seul moyen de remplir la condition prescrite [f] serait d'agir sur le corps solide absolu-

a. est] serait * — b.][quelconque — c. quelconques] de va et vient qui seraient ensuite transformés par un mécanisme quelconque pour devenir applicables à l'objet que l'on aurait (*remplace* a *qui est rayé*) en vue — d. aucun changement de] presqu'aucun changement ne serait dû à un changement de * — e.][Il se fait dans chacun * — f. prescrite] du maximum de production de la puissance motrice.

ment, comme nous l'avons fait sur l'air dans les opérations décrites pag. 33. Mais il faudrait pour cela pouvoir produire par le seul changement de volume du corps solide des changemens considérables de température [a], si du moins l'on voulait utiliser des chutes considérables du calorique : or c'est ce qui paraît [b] impraticable [80]. Plusieurs considérations conduisent en effet à penser que les changemens opérés dans la température des corps solides ou [c] liquides par l'effet de la compression et de la raréfaction seraient assez faibles [d].

1° L'on observe souvent dans les machines (dans les machines à feu [e] particulièrement) des pièces solides qui supportent des efforts très-considérables, tantôt dans un sens, tantôt dans l'autre, et quoique ces efforts soient quelquefois aussi grands que le permette la nature des substances mises en œuvre, les variations de température sont peu sensibles.

2° Dans l'action de frapper les médailles, dans celle [f] du laminoir, de la filière, les métaux subissent la plus grande compression que nos moyens nous permettent de leur faire éprouver en employant [g] les outils les plus durs et les plus résistans. Cependant l'élévation de température n'est pas considérable : si elle l'était, les pièces

a.][or c'est ce * — b.][impossible * — c. ou] et — d. assez faibles] peu considérables * — e. feu] vapeur * — f. celle] l'action * — g. employant] y employant (*au lieu de* employant à cet effet).

d'acier [a] dont on fait usage dans ces opérations seraient bientôt détrempées.

3° On sait qu'il faudrait exercer sur les solides et les liquides un très-grand effort [b] pour produire en eux une réduction de volume comparable à celle que leur fait éprouver le refroidissement (un refroidissement de 100° à 0°, par exemple). Or le refroidissement exige une suppression de calorique plus grande que ne l'exigerait la simple [c] réduction de volume. Si cette réduction était produite par un moyen mécanique, la chaleur dégagée ne pourrait donc [d] pas faire varier la température du corps d'autant de degrés que le fait le refroidissement. Elle nécessiterait cependant l'emploi d'une force à coup sûr [e] très-considérable.

Puisque les corps solides sont susceptibles de peu de changement de température par les changemens de volume, puisque d'ailleurs la condition du meilleur emploi de la chaleur au développement de la puissance motrice est précisément que tout changement de température soit dû à un changement de volume, les corps solides paraissent peu propres à réaliser cette puissance.

Les corps liquides sont absolument dans le

a.][emp * — b. un très-grand effort] des efforts très considérables * — c. simple] seule — d. donc] évidemment * — e. à coup sûr] certainement *.

même cas ; les mêmes raisons peuvent être données pour rejeter leur emploi (1) [81].

Nous ne parlons pas ici des difficultés pratiques : elles seraient sans nombre. Les mouvemens produits par la dilatation et la compression des corps solides ou liquides ne pourraient être que fort petits ; on se verrait forcé, pour leur donner de l'extension, de faire usage de mécanismes compliqués ; il faudrait employer des matériaux de la plus grande force pour transmettre des pressions énormes ; enfin les opérations successives s'exécuteraient [a] avec beaucoup de lenteur, comparées à celles de la machine à feu ordinaire, de sorte que [b] des appareils de grandes dimensions et d'un prix considérable ne produiraient en somme [c] que de médiocres effets.

Les fluides élastiques, gaz ou vapeurs, sont les véritables instrumens appropriés au développement de la puissance motrice de chaleur [d]. Ils réunissent toutes les conditions nécessaires pour bien remplir cet emploi. Ils sont faciles à comprimer ; ils jouissent de la faculté

[e] (1) Des expériences récentes [f] de M. Oersted sur la compressibilité de l'eau ont [g] fait voir que, pour une pression de 5 [h] atmosphères, la température de ce liquide n'éprouvait pas de changement appréciable. (Voy. *Annales de physique et de chimie*, février 1823, p. 192.) [82]

a. s'exécuteraient] s'exécuterait * — b. sorte que] sorte qu'avec * — c. ne produiraient en somme. *La version originale, qui a été rayée, semble être :* on ne produirait (pourrait *est écrit entre les lignes et rayé*) que de médiocres effets, cependant que — d. de chaleur] du calorique — e. *Même si le contenu de cette note de bas de page est écrit sur une page séparée (comme toutes les autres notes de bas de page) elle est précédée par ces mots :* dans le texte *et par ce signe* 4°. *Il est clair que la note devait figurer originellement comme la quatrième objection à l'usage des solides et des liquides comme agents moteurs* — f. [] récentes — g. ont] on — h. 5] 6.

de se distendre presque infiniment [a]; les variations de volume occasionent chez eux de grands changemens de température [b]; enfin ils sont très-mobiles, faciles à échauffer et à refroidir promptement [c], faciles à transporter d'un lieu à un autre [d], ce qui donne la faculté de leur faire produire rapidement [e] les effets que l'on attend d'eux.

On peut aisément concevoir une foule de machines propres à développer la puissance motrice de la chaleur par l'emploi des [f] fluides élastiques ; mais de quelque manière que l'on s'y prenne, il ne faut pas perdre de vue les principes suivans [83] :

1° La température du fluide doit être portée d'abord au degré le plus élevé possible, afin d'obtenir une grande chute de calorique, et par suite une grande production de puissance motrice.

2° Par la même raison le refroidissement doit être porté aussi loin que possible.

3° Il faut faire en sorte que le passage du fluide élastique de la température la plus élevée à la température la plus basse soit dû à l'extension de [g] volume, c'est-à-dire il faut faire en sorte que le refroidissement du gaz arrive spontanément par l'effet de la raréfaction.

Les bornes de la température à laquelle il

a. infiniment] indéfiniment — b. température] volume * — c.][à cause de leur fluidité * — d. de celui où on les échauffe à celui où on les refroidit ce *inséré entre les lignes et rayé* — e. rapidement] promptement * — f. l'emploi des] les — g. de] du.

est possible de faire arriver d'abord le fluide ne sont que les bornes de la température produite par la combustion ; elles sont très-éloignées.

Les bornes du refroidissement se rencontrent dans la température des corps les plus froids dont on puisse disposer facilement et en grande abondance : ces corps [a] sont ordinairement les eaux du lieu où l'on se trouve.

Quant à la troisième condition, elle apporte des difficultés à la réalisation de la puissance motrice de la chaleur lorsqu'il s'agit de mettre à profit de grandes différences de température, d'utiliser de grandes chutes du calorique. En effet, il faut alors que le gaz, par l'effet de sa raréfaction, passe d'une température très-élevée à une température très-basse, ce qui exige un grand changement de volume et de densité, ce qui exige que le gaz soit pris d'abord sous une pression très-forte, ou qu'il acquière, par l'effet de sa dilation, un volume énorme, conditions l'une et l'autre difficiles à remplir. La première nécessite l'emploi de vaisseaux très-solides pour contenir le gaz à la fois sous une forte [b] pression et à une haute température ; la seconde nécessite l'emploi de [c] vaisseaux d'une dimension très-considérable.

Ce sont là en effet les principaux obstacles

a. ces corps] ce * — b. forte] haute * — c.][vases d'u *.

qui s'opposent à ce que l'on mette à profit, dans les machines à vapeur, une grande portion de la puissance motrice de la chaleur. On est forcé de se borner à utiliser une faible chute du calorique, tandis que la combustion du charbon fournit les moyens de s'en procurer une très-grande.

[a] Il est rare que dans les machines à vapeur on donne naissance au fluide élastique sous une pression supérieure à 6 atmosphères, pression correspondante [b] à environ 160 degrés centigrades, et il est rare que la condensation s'opère à une température fort au-dessous de 40° [c]; la chute de calorique de 160° à 40° est 120°, tandis qu'on peut se procurer, par la combustion, une chute de 1000 à 2000 degrés.

Pour mieux faire concevoir ceci, nous rappellerons ce que nous avons désigné par chute de calorique : c'est le passage de la chaleur d'un corps A, où la température est élevée, à un autre B, où elle est plus basse. Nous disons que la chute du calorique est de 100 degrés ou de 1000 degrés lorsque la différence de température entre les corps A et B est 100° ou 1000°.

Dans une machine à vapeur qui travaille sous la pression 6 atmosphères, la température de la chaudière est 160 degrés : c'est là le corps A ; il est entretenu, par le contact du foyer [d], à

a.][Ainsi — b.][d'après * — c.][ainsi * — d. [], par le contact du foyer, la température constante 160° et fournit continuellement la chaleur nécessaire à la formation de la vapeur.

Le condenseur est le corps B ; il est entretenu, au moyen d'un courant d'eau froide, à la température à peu près constante de 40 degrés ; il absorbe continuellement le calorique [a] qui lui est apporté du corps A par la vapeur.

La différence de température entre ces [b] deux corps est 160°-40° ou 120° : c'est pourquoi nous disons que la chute du calorique est ici 120°.

Le charbon étant capable de produire par sa combustion une température supérieure à 1000°, et l'eau froide dont on dispose le plus ordinairement dans nos climats étant à 10° environ, l'on peut se procurer facilement une chute de calorique de 1000°, chute dont 120° seulement sont utilisés par les machines à vapeur. Encore ces 120° ne sont-ils pas mis entièrement à profit. Il se fait toujours des pertes considérables dues à des rétablissemens inutiles d'équilibre dans le calorique.

Il est aisé d'apercevoir maintenant quelles sont les causes de l'avantage des machines dites à haute pression sur les machines à pression plus basse : *cet avantage réside essentiellement dans la faculté de rendre utile* [c] *une plus*

a. le calorique] la chaleur * — b. ces] les * — c. de rendre utile] d'utiliser *.

grande chute du calorique. La vapeur prenant naissance sous une pression plus forte se trouve aussi à une température plus élevée, et comme d'ailleurs la température de la condensation reste toujours à peu près la même, la chute du calorique est évidemment plus considérable.

Mais pour tirer des machines à haute pression des résultats vraiment avantageux, il faut que la chute du calorique y soit mise à profit le mieux possible. Il ne suffit pas que la vapeur prenne naissance à une température élevée : il faut encore que par l'extension de son volume elle arrive à une température assez basse. Le caractère d'une bonne machine à vapeur doit donc être non seulement d'employer la vapeur sous une forte pression, mais *de l'employer sous des pressions successives très-variables, très-différentes les unes des autres, et progressivement décroissantes* (1).

(1) Ce principe, véritable fondement de la théorie des machines à [a] vapeur, a été développé avec beaucoup de clarté, par M. Clément [b], dans un mémoire présenté à l'Académie des sciences, il y a quelques années [c] [84]. Ce mémoire n'a jamais été imprimé, mais j'en ai dû la connaissance à la complaisance de l'auteur [d]. Non seulement le principe y est établi, mais il y est appliqué aux divers systèmes de machines à vapeur actuellement en usage ; la puissance

a.][feu * — b. M. Clément] MM. Clément et Désormes * — c.][Il est tellement peu connu, même en Angleterre que tout récemment Mr Parkins célèbre mécanicien de Londres, * — d. de l'auteur] de ses auteurs *.

Pour faire sentir, en quelque sorte, *à pos-*

motrice de chacune y est évaluée par le secours de la loi citée (pag. 66), et comparée aux résultats de l'expérience.

Le principe dont il est ici question est tellement mal connu ou mal apprécié [a], que récemment M. Perkins, célèbre mécanicien de Londres, a construit une machine où la vapeur formée [b] sous la pression 35 atmosphères, pression jusque alors inusitée, ne reçoit presque aucune extension de volume, comme on peut s'en convaincre par la plus légère connaissance de cette machine [85]. Elle est composée d'un seul cylindre, de dimensions fort petites [c], qui, à chaque pulsation, se remplit entièrement de vapeur formée sous la pression de [d] 35 atmosphères. La vapeur ne produit aucun effet par l'extension de son volume, car on ne lui présente aucune capacité où cette extension puisse avoir lieu ; on la condense aussitôt après sa sortie du petit cylindre. Elle travaille donc seulement [e] sous une pression de 35 atmosphères [f], et non, comme l'exigerait son bon emploi, sous des pressions progressivement décroissantes. Aussi la machine de M. Perkins [g] ne paraît-elle pas réaliser les espérances qu'elle avait d'abord fait concevoir [h]. On avait prétendu que l'économie de charbon produite par cette machine était des $\frac{9}{10}$ sur les bonnes machines de Watt, et que l'on y rencontrait encore d'autres avantages. (V. [i] *Ann. de physique et de chimie,* avril 1823, pag. 429.) Ces assertions ne se sont pas vérifiées [j]. La machine de M. Perkins n'en est pas moins une invention précieuse en ce qu'elle a montré la possibilité de faire usage de la vapeur sous des pressions beaucoup plus élevées qu'on ne l'avait fait.

a. mal connu ou mal apprécié] peu reconnu, même en Angleterre où cependant il avait été mis en pratique par Mr Watt dès 1778 (*au lieu de* 1780), et où les meilleures machines actuellement existantes lui doivent leur supériorité, * — b. formée] employée — c.][et — d. [] de — e. [] seulement — f.][seulement g. Perkins] Parkins — h. *Le manuscrit continue ainsi, par ce passage légèrement rayé :* elle est néanmoins précieuse en ce qu'elle a montré la possibilité d'employer la vapeur sous des pressions (fort élevées, chose regardée *rayé*) beaucoup plus élevées qu'on ne l'avait fait jusqu'alors, chose regardée comme à peu près impraticable. M. Watt à qui l'on doit presque toutes les grandes améliorations des machines à vapeur, et qui a porté ces machines à un état de perfection aujourd'hui difficile à dépasser, Mr Watt est (*ce mot remplace* peut-être *qui est rayé*) aussi le premier qui ait employé la vapeur sous des pressions progressivem[t] décroissantes. Dans plusieurs de ses machines, au lieu de remplir entièrement de vapeur le cyclindre (de vapeur *rayé*), à chaque pulsation, il suspendait l'introduction de la vapeur à la moitié, au tiers, au quart de la course du piston et cette course s'achevait sous une pression qui s'affaiblissait de plus en plus (*au lieu de* progressivement décroissante *qui est rayé*). Mr Watt prit pour cette invention, une patente en 1780 et la mit en usage vers 1783 (mais il n'en tira pas tout *rayé*). Depuis cette époque l'invention de Mr Watt a été reproduite à diverses reprises par des personnes qui sans doute en avaient eu connaissance. voyez * *Carnot continue la note (non rayée et comme imprimée) sur une nouvelle page* — i. V.] voyez (une note insé *rayé*) — j.][et en effet elles étaient absurdes.

teriori [a], l'avantage des machines à haute pression [b], supposons de la vapeur formée sous la pression atmosphérique et introduite dans la capacité cylindrique *abcd* (fig. 5) sous le piston *cd* [c], qui joignait d'abord le fonds *ab* : la vapeur, après avoir fait mouvoir le piston de *ab* en *cd*, poursuivra ultérieurement ses effets d'une manière quelconque dont nous ne nous occupons pas [d].

Imaginons que l'on force le piston parvenu en *cd* à s'abaisser en *ef*, sans permettre à la vapeur de s'échapper, ni de perdre aucune por-

jusque alors, et parce qu'elle peut conduire, étant habilement modifiée, à des résultats vraiment utiles.

Watt [e], à qui l'on doit presque toutes les [f] grandes améliorations des machines à vapeur, et qui a porté ces machines à un état de perfection aujourd'hui difficile à dépasser [g], Watt est aussi le premier qui ait employé la vapeur sous des pressions progressivement décroissantes. Dans beaucoup de cas, il suspendait l'introduction de la vapeur dans le cylindre, à moitié, au tiers, au quart, de la course du piston, qui s'achevait ainsi sous une pression de plus en plus faible. Les [h] premières machines agissant sur ce principe datent de 1778 [i]. Watt en avait conçu l'idée dès 1769, et prit patente pour cet objet en 1782 [j].

Voici une table qui se trouvait annexée à la patente de [k] Watt. Il supposait la vapeur introduite dans le cylindre pendant le premier quart de la course du piston ; puis [l],

a.][que * — b.][est bien dû (*au lieu* de celui) à la cause que nous venons de signaler * — c. *cd*] ab * — d. [] dont nous ne nous occupons pas — e. Watt] Le célèbre Mr Watt — f. les] ces * — g.][Mr. * — h.][machines * — i.][Mr. * — j. et pris patente... en 1782] mais il ne prit patente pour cet objet qu'en 1782. *Puis suit ici le passage rayé :* Depuis cette époque l'invention de Mr Watt a été reproduite à diverses reprises tant en angleterre qu'en france par des personnes qui sans doute n'en avaient pas eu connaissance * — k.][Mr — l. puis] et.

tion de son calorique. Elle sera refoulée dans

divisant cette course en vingt parties, il calculait ainsi la pression moyenne[86] :

PORTIONS de la descente depuis le sommet du cylindre			PRESSION décroissante de la vapeur, la pression entière[a] étant 1	
	0,05	La vapeur arrivant librement de la chaudière.	1	Pression entière.
	0,10		1	
	0,15		1	
	0,20		1	
Quart	0,25		1	
	0,30	La vapeur étant interceptée, et la descente ne s'opérant que par la seule expansion.	0,830	
	0,35		0,714	
	0,40		0,625	
	0,45		0,655	
Moitié	0,50		0,500	Moitié de la press. primit.
	0,55		0,454	
	0,60		0,417	
	0,65		0,385	
	0,70		0,375	
	0,75		0,333	Tiers[b].
	0,80		0,312	
	0,85		0,294	
	0,90		0,277	
	0,95		0,262	
Fond du cyl.	1,00		0,025	Quart.[c]
		Somme	11,583	

Pression moyenne $\frac{11,583}{20} = 0,579$.

Sur quoi il remarquait que la pression moyenne est plus de moitié de la pression première[d] ; qu'ainsi, en em-

a. entière] moyenne * — b. Tiers.] tiers de la press. totale — c. Quart.] quart de la press. totale — d. première] primitive *.

l'espace *abef*, et augmentera à la fois de densité, de force élastique et de température.

ployant une quantité de vapeur égale au quart, il produisait un effet plus que moitié.

Watt supposait ici que la vapeur observe dans sa dilatation la loi de Mariotte : ce qu'il ne devait pas regarder comme exact [a], parce que, d'une part, le fluide élastique, en se dilatant, s'abaisse de température, et que, de l'autre, rien ne prouvait qu'il ne se condense pas une partie de ce fluide [b] par l'effet de son expansion [c]. Watt aurait dû aussi avoir égard à la force nécessaire pour expulser la vapeur qui reste après la condensation, et qui se trouve en quantité d'autant plus grande que l'extension du volume a été poussée plus loin. Le docteur Robinson [d] avait ajouté au travail de Watt une formule simple pour calculer [e] l'effet de l'expansion de la vapeur ; mais cette formule se trouve entachée des mêmes vices que nous venons de signaler. Elle a été néanmoins utile aux constructeurs en leur fournissant [f] une donnée approximative à peu près suffisante pour la pratique [g]. Nous avons jugé utile de rappe-

a. ce qu'il ne .... comme exact] qui n'est pas vrai — b. prouvait qu'il ne se condense... ce fluide] prouve qu'il ne s'en condense pas une partie — c. son expansion] ce refroidissement. *A cet endroit le passage suivant figure (rayé) en marge :* La preuve de ce fait ne peut être acquise que par la loi de Mr Clément, loi citée plus haut — d. Robinson] Robison — e. immédiatement *(inséré puis rayé)* — f. en leur fournissant] parce qu'elle fournissait du moins * — g. *Suivent ici sur le manuscrit deux passages légèrement rayés. Le premier* (α) *dans le corps du texte, le second* (β) *en marge :* α) L'avantage (avait bien senti *rayé*) d'employer la vapeur sous des pressions décroissantes peut être facilement apperçu à priori, mais on sera (*originellement* il ne saurait être calculé) hors d'état de l'évaluer avec quelqu'exactitude si l'on ignore suivant quelle loi décroit la pression de la vapeur (lorsque son vol *rayé*) — β) La patente de Woolf prise en 1804 pour des machines à haute pression contient une table du genre de celle de (Mr *rayé*) Watt mais plus étendu. Le principe de l'expansion y est aussi présenté comme (fondamental *rayé*) devant être le fondement de la construction des machines nouvelles.

ler ces faits parce qu'ils sont peu connus, surtout en France. On y construit [h] des machines sur les modèles des inventeurs, mais on apprécie mal [i] les motifs qui ont guidé ceux-ci dans l'origine [j]. L'oubli de ces motifs a conduit souvent dans des fautes graves [k]. Des machines originairement bien conçues se sont détériorées entre les mains de constructeurs inhabiles, qui, voulant y introduire des perfectionnemens de peu d'importance, ont négligé les considérations capitales qu'ils ne savaient pas apprécier [l].

h.][bien * (*remplacé par* tant bien que mal, *qui est lui-même rayé*) — i. mal *est rayé et réinséré au-dessus de la ligne* — j.][Ce qui fait que leurs principes sont souvent fort mal appliqués * *le manuscrit continue ainsi, sans être rayé :* L'avantage d'employer la vapeur sous des pressions décroissantes peut (bien *rayé*) être apperçu à priori, mais on sera hors d'état de l'évaluer avec quelqu'exactitude si l'on (ne connaît pas la loi *rayé*) ignore suivant quelle loi décroit la tension de la vapeur lorsque son volume augmente, si l'on ne connaît pas en outre la quantité de chaleur nécessaire pour donner naissance à la vapeur sous telle ou telle pression. Ces deux données ont été fournies à la fois par la loi de Mr Clément, loi citée plus haut et qui suffit pour calculer (remplace apprécier, *rayé*) d'une manière rigoureuse (tous *rayé*) les effets de la vapeur. Watt avait bien senti la lacune qui existait dans la théorie de la vapeur, il avait entrepris quelques expériences sur la chaleur constituante de la vapeur formée sous diverses pressions et avait engagé l'un de ses amis (Mr Southern) à les poursuivre. Mais ces expériences ont été faites par des moyens trop mal choisis et trop inexacts pour pouvoir conduire à aucun résultat satisfaisant. *En addition et en marge de la page où figure ce passage, suit un passage légèrement rayé :* plusieurs personnes regardent encore les machines actuelles comme agissant sur le même principe que les anciennes, c'est-à-dire comme employant la vapeur sous une seule pression. C'est une erreur (préjudiciable aux progrès ultérieurs des m.f. *inséré au-dessus de la ligne*) qui a fait naître souvent des explications forcées de faits qui eussent paru sans doute très simples s'ils avaient été bien connus — k.][Par lui — l. qu'ils ne savaient pas apprécier] qu'ils étaient hors d'état d'apprécier — N.B. *La phrase* L'oubli... apprécier, *figure en bas de page sur le manuscrit et semble avoir été insérée après coup.*

Si la vapeur, au lieu de prendre naissance sous la pression atmosphérique, eût pris naissance précisément à l'état où elle se trouve étant refoulée en *abef*, et qu'après avoir fait mouvoir par son introduction dans le cylindre le piston de *ab* en *ef*, elle l'eût poussé par le seul effet de son extension de volume de *ef* en *cd*, la puissance motrice produite eût été plus considérable que dans le premier cas[a]. En effet, le mouvement du piston, égal en amplitude, aurait eu lieu sous l'effort d'une pression plus grande, quoique variable, quoique progressivement décroissante.

La vapeur n'eût cependant exigé pour sa formation qu'une quantité de calorique précisément égale : seulement ce calorique eût été pris à une température plus élevée.

C'est[b] d'après des considérations de ce genre qu'ont été établies les machines à deux cylindres, machines inventées par M. Hornblower, perfectionnées par M. Woolf[c] [87], et qui passent pour les plus avantageuses relativement à l'économie du combustible. Elles sont composées d'un petit cylindre qui, à chaque pulsation, se remplit plus ou moins[d] de vapeur (souvent entièrement), et d'un second cylindre auquel on donne ordinairement une capacité quadruple de celle du premier, et qui ne reçoit d'autre

a. [] que dans le premier cas — b.][sans doute — c. inventées par... M. Woolf] dont l'invention est due à MM. Hornblower et Woolf — d. plus ou moins] presque entièrement *.

vapeur que celle qui a déjà agi dans le premier cylindre. Ainsi la vapeur, au terme de son action, a au moins quadruplé de volume. Du second cylindre elle est portée directement dans le condenseur ; mais on conçoit qu'elle pourrait être portée dans un troisième cylindre quadruple du second et où son volume deviendrait 16 fois le volume primitif[88]. Le principal obstacle qui s'oppose à l'emploi d'un troisième cylindre de ce genre est la capacité qu'il faudrait lui donner, et les grandes dimensions qu'il faudrait faire acquérir aux ouvertures destinées à livrer passage à la vapeur (1). Nous

(1) L'avantage de deux cylindres substitués à un seul est facile à apercevoir. Dans un seul cylindre, l'impulsion du piston serait excessivement variable du commencement à la fin de la course. Il faudrait que toutes les pièces destinées à transmettre le mouvement fussent d'une force suffisante pour résister à la première impulsion, et parfaitement assemblées entre elles pour éviter des mouvemens brusques dont elles auraient beaucoup à souffrir, qui même les auraient bientôt détruites. Ce serait surtout sur le balancier, sur les supports, sur la bielle, sur la manivelle, sur les premières roues dentées, que l'inégalité d'impulsion se ferait [a] sentir et produirait les effets les plus nuisibles [b]. Il serait nécessaire en outre que le cylindre à vapeur fût à la fois d'une force suffisante pour supporter la pression la plus élevée, et d'une capacité assez considérable pour contenir

a.][principalement * — b.][ces effets ne seraient atténués qu'en partie par le volant auquel il faudrait d'ailleurs donner une masse considérable *.

n'en dirons pas davantage sur ce sujet, notre objet n'étant pas d'entrer ici dans les détails de construction des machines à feu[a] : ces détails réclameraient un ouvrage qui en traitât spécialement, et qui n'existe pas encore, du moins en France (1).

la vapeur après son extension de volume, tandis qu'en faisant usage de deux cylindres successifs, il suffit de donner au premier la force avec une capacité médiocre[b], ce qui est chose facile, et au dernier[c] les grandes dimensions avec une force médiocre[d].

a. feu] vapeur * — b.][et à l'autre * — c. au dernier] à l'autre * — d. *A ce point suit un long paragraphe légèrement rayé :* L'on n'a pas encore assez multiplié le nombre des cylindres de la machine à vapeur, on l'a borné à deux, tandis qu'il faudrait le porter à 3 et même à 4 afin de pouvoir faire usage de la vapeur sous des pressions fort élevées, et de lui faire acquérir une grande extension de volume. Dans le premier cylindre, le volume de la vapeur pourrait être doublé, dans le second quadruplé, dans le 3me il serait porté à 8 fois le volume primitif, dans le 4me à 16 fois. De sorte que la vapeur supposée formée sous la pression 16 atmosphères, descendrait par l'extension de son volume, à une pression égale ou même inférieure à la pression atmosphérique sans que pour cela (la pression *rayé*) l'impulsion de chaque piston eût varié de plus de moitié du commencement à la fin de la course. A la vérité les frais d'établissement de la machine croîtraient avec le nombre des cylindres, mais dans une proportion moins rapide que la puissance motrice, et comme d'ailleurs on rencontrerait certainement l'économie du combustible le résultat serait toujours avantageux. La seule difficulté à vaincre est de faire naître la vapeur sous une pression fort élevée, mais nous ne croyons pas (du tout *rayé*) cette difficulté insurmontable. La machine de Mr Parkins a (d'ailleurs *rayé*) offert un exemple de sa solution. *A cet endroit une courte ligne est tracée en travers de la page, et la note continue, non rayée, comme dans le texte imprimé :* Les machines à deux cylindres...

Les machines à deux cylindres, quoique conçues sur d'assez [e] bons principes, se trouvent souvent loin de produire les résultats avantageux que l'on aurait droit d'attendre d'elles : cela tient surtout à ce que les dimensions des diverses parties de ces machines sont difficiles à bien régler, et qu'elles se trouvent rarement dans un juste rapport les unes avec les autres. On manque de bons modèles pour la construction des machines à deux cylindres, tandis que l'on en possède d'excellens pour la construction des machines du système de Watt. De là vient la diversité [f] que l'on observe dans les effets des unes et la presque uniformité que l'on observe dans ceux des autres.

[g] (1) On trouve dans l'ouvrage intitulé *de la Richesse minérale*, par M. Héron de Villefosse, 3e vol., pag. 50 et suivantes, une bonne description des machines à vapeur actuellement en usage dans l'exploitation des mines. En Angleterre, on a traité des machines à vapeur d'une manière assez complète dans l'*Encyclopédie britannique* [89]. Quelques unes des données dont nous nous servons ici sont tirées de ce dernier ouvrage.

e. d'assez] de * — f.][des effets * — g. *La note correspondante dans le manuscrit est légèrement rayée ; elle y apparaît comme suit :* La description la plus détaillée que nous ayons en france des machines à vapeur actuellement en usage se trouve dans l'ouvrage intitulé de la richesse Minérale par Mr Héron de Villefosse 3me volume, page 50 et suivantes, Paris 1819. En Angleterre on a traité des machines à vapeur d'une manière à peu près complète, à l'article Steam Engine dans l'Encyclopédie Britannique (Londres 1820 *rayé*).

Si la distension de la vapeur est bornée principalement par les dimensions des vaisseaux où elle[a] doit se dilater, le degré de condensation auquel il est possible de l'employer d'abord n'est limité que par la résistance des vaisseaux où elle prend naissance, c'est-à-dire des chaudières. Sous ce rapport on est loin d'avoir atteint la limite du mieux possible, la disposition des chaudières généralement en usage est tout-à-fait vicieuse, quoique la tension de la vapeur y soit rarement portée au delà de 4 à 6 atmosphères ; elles éclatent souvent et ont causé des accidens graves. Il serait sans doute très-possible d'éviter de pareils accidens et de porter cependant la vapeur à des tensions beaucoup plus fortes qu'on ne le fait généralement.

Outre les machines à haute pression à deux cylindres et dont nous avons parlé, il existe encore des machines à haute pression à un seul cylindre. La plupart de ces dernières ont été construites par deux habiles ingénieurs anglais, MM. Trevetick et Vivian[b 90]. Elles emploient la vapeur sous une pression très-élevée, quelquefois 8 à 10 atmosphères, mais elles sont sans condenseur. La vapeur, après avoir été introduite dans le cylindre, y reçoit une certaine[c] extension de volume, mais[d] conserve toujours une pression[e] plus élevée que la pression at-

a.][se * — b. par deux habiles... et Vivian] par un habile ingénieur anglais nommé Trevetick * — c. une certaine] peu d' — d. mais] et — e.][beaucoup.

mosphérique. Lorsqu'elle a rempli son office, on la rejette dans l'atmosphère[91]. Il est évident que cette façon d'agir équivaut tout-à-fait sous le rapport de la puissance motrice produite, à condenser la vapeur à 100°, et que l'on perd[a] une partie de l'effet utile ; mais les machines qui opèrent ainsi dispensent de condenseur et de pompe à air. Elles sont moins coûteuses que les autres[b], moins compliquées, elles occupent moins de place, et peuvent s'employer dans les lieux où l'on ne dispose pas d'un courant d'eau froide suffisant pour opérer la condensation. Elles sont là d'un avantage inappréciable, puisque l'on ne peut pas les remplacer par d'autres. Ces machines sont principalement employées, en Angleterre, à[c] mouvoir des chariots destinés au transport de la houille sur des chemins de fer établis, soit dans l'intérieur des mines, soit à ciel ouvert.

Il nous reste à faire quelques réflexions sur l'emploi des gaz permanens et des vapeurs autres que celle de l'eau au développement de la puissance motrice du feu.

L'on a essayé à diverses reprises de faire agir la chaleur sur l'air atmosphérique pour donner naissance à la puissance motrice. Ce gaz présente, relativement à la vapeur d'eau,

a.][ainsi * — b.][elles so * — c.][conduire *.

des avantages et des inconvéniens que nous allons examiner.

1° Il présente, relativement à la vapeur d'eau, un avantage notable en ce qu'ayant à volume égal une capacité pour la chaleur beaucoup moindre, il se refroidirait davantage par une extension semblable au volume. (Ce fait est prouvé par ce que nous avons dit précédemment [a]). Or on a vu de quelle importance il était d'occasioner, par les changemens de volume, les plus grands changemens possibles dans la température.

2° La vapeur d'eau ne peut être formée que par l'intermédiaire d'une chaudière, tandis que l'air atmosphérique pourrait être échauffé immédiatement par une combustion exécutée dans son sein. On éviterait ainsi une perte considérable, non seulement dans la quantité de chaleur, mais encore dans son degré thermométrique. Cet avantage appartient exclusivement à l'air atmosphérique ; les autres gaz n'en jouissent pas ; ils seraient même plus difficiles à échauffer que la vapeur d'eau.

3° Afin de pouvoir donner à l'air une grande extension de volume, afin de produire par [b] cette extension un grand changement de température, il serait nécessaire de le prendre d'abord sous une pression assez élevée : il faudrait

a. précédemment] page — b.][l'effet de *

donc le comprimer par une pompe pneumatique ou par tout autre moyen avant de l'échauffer. Cette opération exigerait un appareil particulier, appareil qui n'existe pas dans les machines à vapeur. Dans celles-ci, l'eau est à l'état liquide lorsqu'on la fait pénétrer dans la chaudière ; elle n'exige, pour y être introduite, qu'une pompe foulante de petites dimensions.

4° Le refroidissement de la vapeur par le contact du corps réfrigérant est bien plus prompt et bien plus facile que ne peut l'être celui de l'air. A la vérité, on aurait la ressource de rejeter celui-ci dans l'atmosphère, ce qui aurait en outre l'avantage d'éviter l'emploi d'un réfrigérant dont on ne dispose pas toujours [a], mais il faudrait pour cela que l'extension de volume de l'air [b] ne l'eût pas fait arriver à une pression moindre que la pression atmosphérique.

5° Un des inconvéniens les plus graves de la vapeur est de ne pouvoir pas être prise à de [c] hautes températures sans nécessiter l'emploi de vaisseaux d'une force extraordinaire [92]. Il n'en est pas de même de l'air, pour lequel il n'existe pas de rapport nécessaire entre la force élastique et la température. L'air semblerait donc plus propre que la vapeur à réaliser la puissance motrice des chutes du calorique dans les

a. *La phrase* ce qui aurait... toujours *est insérée entre les lignes. La première version, elle aussi insérée puis rayée, est :* ce qui éviterait en outre l'emploi d'un — b. volume de l'air] son volume — c.][très *.

degrés élevés ; peut-être dans les degrés inférieurs la vapeur d'eau est-elle plus convenable. On concevrait même [a] la possibilité de faire agir la même chaleur successivement sur l'air et sur la vapeur d'eau. Il suffirait de laisser à l'air, après son emploi, une température élevée, et, au lieu de le rejeter immédiatement dans l'atmosphère, de lui faire envelopper une chaudière à vapeur, comme s'il sortait immédiatement d'un foyer.

L'emploi de l'air atmosphérique au développement de la puissance motrice de la [b] chaleur présenterait, dans la pratique, des difficultés très-grandes, mais peut-être [c] pas insurmontables ; si on parvenait à les vaincre, il offrirait sans doute [d] une supériorité remarquable sur la vapeur d'eau (1).

(1) Parmi les tentatives faites pour développer la puissance motrice du feu par l'intermédiaire de l'air atmosphérique, on doit distinguer celles de MM. Niepce, qui ont eu lieu en France il y a plusieurs années, au moyen d'un appareil nommé par les inventeurs *pyréolophore* [93]. Voici en quoi consistait à peu près cet appareil : c'était un cylindre, muni d'un piston, où l'air atmosphérique était introduit à la densité ordinaire [e]. L'on y projetait une matière très-combustible, réduite à un grand état de ténuité, et qui restait un moment en suspension dans l'air, puis on y mettait le feu [f]. L'inflammation produisait à peu près le même effet que si le [g] fluide élastique [h] eût été un

a. concevrait même] conçoit (même *rayé*) — b. [] la — c. peut-être] non * — d.][des avantages * — e. Parmi les tentatives... densité ordinaire] on avait construit il y a quelques années, en france un appareil destiné à développer la puissance motrice par l'action du feu sur l'air atmosphérique. Voici en quoi consistait à peu près cet appareil, imaginé par MM. Niepce, et nommé par eux pyréolophore. C'était un cylindre muni d'un piston, où l'on introduisait de l'air atmosphérique à la densité ordinaire. *Ce passage est annoté, en marge, de ces mots :* en blanc — f. par un moyen quelconque *est inséré sous la ligne et rayé* — g.][gaz eût été * — h.][et du ga *.

Quant aux autres gaz permanens, ils doivent

mélange d'air et de gaz combustible, d'air et [a] d'hydrogène carboné, par exemple ; il y avait une sorte d'explosion et une dilatation subite du fluide élastique, dilatation que l'on mettait à profit en la faisant agir tout entière contre le piston. Celui-ci prenait un mouvement d'une amplitude quelconque, et la puissance motrice se trouvait ainsi réalisée. Rien n'empêchait ensuite [b] de renouveler l'air et de recommencer une opération semblable à la première.

Cette machine, fort ingénieuse et intéressante surtout par la nouveauté de son principe, péchait par un point capital. La matière dont on faisait usage comme combustible (c'était la poussière de lycopode [c], employée à produire des flammes sur nos théâtres) était trop chère pour que tout avantage ne disparût pas par cette cause ; et malheureusement il était difficile d'employer un combustible [d] de prix modéré, car il fallait [e] un corps en poudre très-fine, dont l'inflammation fût prompte [f], facile à propager, et laissât peu ou point de cendres.

Au lieu d'opérer comme le faisaient MM. Niepce, il nous eût semblé préférable de comprimer l'air par [g] des pompes pneumatiques, de lui faire traverser un foyer parfaitement clos, et dans lequel on eût introduit le combustible en petites portions par un mécanisme facile à concevoir [h] ; de lui faire développer son action dans un cylindre à piston ou dans toute autre capacité extensible [i] ; de le rejeter enfin dans [j] l'atmosphère, ou même [k] de le faire passer sous une chaudière à vapeur, afin d'utiliser la température qui lui serait restée.

Les principales difficultés que l'on eût rencontrées

a. [] d'air et — b. ensuite] alors * — c.][matière — d. d'employer un combustible] de lui en substituer un autre * — e.][que le combustible * (à la fo *inséré au-dessus de la ligne et rayé*) — f. prompte] prompte, facile * — g. par] dans — h. concevoir] imaginer — i. ou dans toute autre capacité extensible] plongé dans l'eau (et non isolé *rayé*) — j.][l'air * — k. même] mieux encore.

être absolument rejetés : ils ont tous les inconvéniens de l'air atmosphérique, sans présenter aucun de ses avantages.

On peut en dire autant des vapeurs autres que celle de l'eau comparées à cette dernière.

S'il se rencontrait un corps liquide abondant[a], qui se vaporisât à une température plus élevée que l'eau, dont la[b] vapeur eût sous le même volume une chaleur spécifique moindre, qui n'attaquât pas les métaux employés à la construction des machines, il mériterait sans doute la préférence ; mais la nature ne nous offre pas un pareil corps[94].

On a proposé quelquefois l'emploi de la vapeur d'alcool, on a même construit[c] des machines dont le but était de rendre cet emploi possible en évitant de mêler les vapeurs avec l'eau

dans ce mode d'opération eussent été de renfermer le foyer dans une enveloppe d'une solidité suffisante[d], d'entretenir cependant la combustion à un état convenable, de maintenir les diverses parties de l'appareil à une température modérée, et d'empêcher[e] les dégradations rapides du cylindre et du piston : nous ne croyons pas ces difficultés insurmontables.

Il a été fait, dit-on, tout récemment en Angleterre des essais heureux sur le développement de la puissance motrice par l'action de la chaleur sur l'air atmosphérique[95]. Nous ignorons entièrement en quoi ces essais ont consisté, si toutefois ils sont réels[f].

a. corps liquide abondant] corps abondant, liquide * — b. dont la] qui eût so * — c.][en Angleterre — d.][d'empêcher les dégradations rapides des cylindres et du piston, de ménager (*mot illisible rayé*) l'entrée et la sortie. Nous ne croyons pas ces difficultés invincibles * — e. d'entretenir cependant... et d'empêcher] et d'entretenir cependant la combustion à un état convenable, d'empêcher en outre — f. [], si toutefois ils sont réels.

de condensation, c'est-à-dire en appliquant le corps froid extérieurement, au lieu de l'introduire dans la machine [a]. On croyait apercevoir dans la vapeur d'alcool un avantage remarquable en ce qu'elle possède une tension plus forte que la vapeur d'eau à égale température [b]. Nous ne pouvons voir là qu'un nouvel obstacle à surmonter [c] [96]. Le principal défaut de la vapeur d'eau est sa tension excessive à une température élevée : or ce défaut existe à plus forte raison dans la vapeur d'alcool. Quant à l'avantage relatif à une plus grande production [d] de puissance motrice, avantage que l'on croyait devoir rencontrer, nous savons, par les principes exposés ci-dessus, qu'il est imaginaire.

C'est donc [e] sur l'emploi de la vapeur d'eau et de l'air atmosphérique que doivent porter les tentatives ultérieures de perfectionnement des machines à feu ; c'est à utiliser, par le moyen de ces agens, les plus grandes chutes possibles du calorique, que doivent être dirigés tous les efforts.

Nous terminerons en faisant apercevoir combien on est loin d'avoir réalisé, par les moyens connus jusqu'à présent, toute la puissance motrice des combustibles.

Un kilogramme de charbon brûlé dans le ca-

a. au lieu de l'introduire dans la machine] afin de pouvoir ramener à la chaudière toujours le même liquide * — b.][Quant à nous * — c. nouvel obstacle à surmonter] inconvénient de plus — d. plus grande production] quantité plus forte * — e.][seulement.

lorimètre fournit une quantité de chaleur capable d'élever d'un degré centigrade 7000 kilogrammes d'eau environ, c'est-à-dire qu'il fournit 7000 unités de chaleur d'après la définition donnée (pag. 81) de ces unités.

La plus grande chute réalisable du calorique est mesurée par la différence entre la température produite par la combustion et celle des corps employés au refroidissement. Il est difficile d'apercevoir à la température de la combustion d'autres limites que celles où la combinaison entre l'oxigène et le combustible peut s'effectuer[a]. Admettons cependant que 1000° soient cette limite, et nous nous tiendrons certainement au-dessous de la vérité. Quant à la température du réfrigérant, supposons-la 0°.

Nous avons évalué approximativement, p. 84, la quantité de puissance motrice que développent 1000 unités de chaleur du degré 100 au degré 99 : nous l'avons trouvée 1,12 unité de puissance[b] égales chacune à 1 mètre d'eau élevé d'un mètre de hauteur.

Si la puissance motrice était proportionnelle à la chute du calorique, si elle était la même pour chaque degré thermométrique, rien ne serait plus facile que de l'estimer de 1000° à 0° : elle aurait pour valeur

$$1{,}12.1000 = 1120.$$

a. *A ce point du manuscrit, figure cette note de bas de page, légèrement rayée :* rien n'empêcherait en effet tant que (cette température *rayé*) ce degré ne serait pas atteint d'échauffer (séparément l'air et le *rayé*) préalablement l'air et le combustible, si la combinaison s'effectue, il y aura une nouvelle élévation de température — b. unité de puissance] unités.

Mais comme cette loi n'est qu'approximative et qu'elle s'écarte peut-être beaucoup de la vérité dans les degrés élevés, nous ne pouvons faire qu'une évaluation tout-à-fait grossière : nous supposerons le nombre 1120 réduit à moitié, c'est-à-dire à 560.

Puisque un kilogramme de charbon produit 7000 [a] unités de chaleur et que le nombre 560 est relatif à 1000 unités, il faut le multiplier par 7, ce qui donne

$$7.560 = 3920.$$

Voilà la puissance motrice d'un kilogramme de charbon.

Pour comparer ce résultat théorique avec les résultats d'expérience, examinons combien un kilogramme de charbon développe réellement de puissance motrice dans les meilleures machines à feu [b] connues.

Les machines qui ont présenté jusqu'ici les résultats les plus avantageux sont les grandes machines à deux cylindres employées à l'épuisement des mines d'étain [c] et cuivre de Cornwall. Voici les meilleurs produits qu'elles aient jamais fourni [d].

56 millions de livres d'eau ont été élevées d'un pied [e] anglais par boisseau de charbon brûlé (le boisseau pèse 88 livres). Cet effet équivaut d'élever, par kilogramme de charbon, 195 [f]

a. produit 7000 *est écrit deux fois* — b. à feu] à vapeur *(écrit au-dessus de la ligne)* — c. d'étain *à la place de* de cuivre, *puis rayé et remplacé par* d'étain — d. jamais fourni] fourni en 18 * — e. 56 millions... d'un pied] 600,000 livres d'eau ont été élevées de 100 pieds — f. 195] 218.

mètres cubes à un mètre de hauteur [a], à produire par conséquent 195 [b] unités de puissance motrice par kilogramme de charbon brûlé [c] (1) [97].

[d] (1) Le résultat que nous rapportons ici a été fourni par une machine dont le grand cylindre a pour dimensions 45 pouces de diamètre et 7 pieds de course ; elle est employée à l'épuisement d'une des mines de Cornwall, nommée Wheal Abraham. Ce résultat doit être considéré en quelque sorte comme une exception, car il n'a été que momentané et ne s'est soutenu que pendant un seul mois. Le produit de 30 millions de livres élevées de un pied anglais par boisseau de charbon de 88 livres est regardé généralement comme un excellent résultat des machines à vapeur : il est quelquefois atteint par les machines du système de Watt, mais bien rarement dépassé. Ce dernier produit revient, en mesures françaises, à 104000 kilogrammes élevés à un mètre de hauteur par kilogramme de charbon brûlé.

D'après ce que l'on entend ordinairement par force d'un cheval, dans l'évaluation des effets des machines à vapeur, une machine de 10 chevaux doit élever par seconde 10×75 kilogr., ou 750 kilogr., à un mètre de hauteur, ou bien, par heure, $750 \times 3600 = 2700000$ kilogrammes à un mètre. Si nous supposons que chaque kilog. de charbon élève à cette hauteur 104000 kilog., il faudra, pour connaître le charbon brûlé en une heure par notre machine de 10 chevaux, diviser 2700000 par 104000, ce qui donne $\frac{2700}{104} = 26$ kilog. Or il est bien rare de voir une machine de 10 chevaux consommer moins de 26 kilog. de charbon par heure.

a.][par kilogramme de charbon ou * — b. 195] 218 — c. par kilogramme de charbon brûlé] par kilogramme * — d. *note ajoutée, ne se trouve pas sur le manuscrit.*

195 [a] unités ne sont que le vingtième [b] de 3920, maximum [c] théorique : par conséquent 1/20 [d] seulement de la puissance motrice du combustible a été utilisée [98].

Nous avons cependant choisi notre [e] exemple parmi [f] les meilleures machines à vapeur connues.

La plupart des autres [g] leur sont bien inférieures. L'ancienne machine [h] de Chaillot [99], par exemple, élève 20 mètres cubes d'eau à 33 mètres pour 30 kilogrammes de charbon brûlé, ce qui revient à 22 unités de puissance motrice par kilogramme, résultat neuf [i] fois moindre que celui cité ci-dessus, et 180 fois moindre que le maximum théorique [j].

On ne doit pas se flatter de mettre jamais à profit, dans la pratique, toute la puissance motrice des combustibles. Les tentatives que l'on ferait pour approcher de ce résultat seraient même plus nuisibles qu'utiles, si elles faisaient négliger d'autres considérations importantes. L'économie du combustible n'est qu'une des conditions à remplir par les machines à feu ; dans beaucoup de circonstances, elle n'est que secondaire, elle doit souvent céder le pas à la sûreté, à la solidité, à la durée de la machine, au peu de place qu'il faut lui faire occuper, au peu de frais de son établissement, etc. [100]. Savoir

a. 195] 218 — b. vingtième] 18eme — c.][nous avons cependant * — d. $\frac{1}{20}$] $\frac{1^{eme}}{18}$ — e. notre] comme * — f. parmi] le plus grand résultat * — g.][machines * — h. L'ancienne machine] Celle — i. neuf] 10 — j. *Ici suit le paragraphe légèrement rayé :* Nous avons cependant choisi comme exemples les meilleures machines à vapeur connues. La plupart des autres leur sont bien inférieures. Celle de Chaillot par exemple n'élève que 20 mètres cubes d'eau à 33 mètres de hauteur pour 30 kilogrammes de charbon brulé, c'est à dire ne donne que $\frac{20.33}{30}$ (ou *remplacé par* =) 22 unités de puissance motrice par kilogramme de charbon brulé ce qui est le $\frac{1}{178}$ du produit théorique.

apprécier, dans chaque cas, à leur juste valeur, les considérations de convenance et d'économie qui peuvent se présenter, savoir discerner les plus importantes de celles qui sont seulement accessoires, les balancer toutes convenablement entre elles, afin de parvenir par les moyens les plus faciles au meilleur résultat, tel doit être le principal talent de l'homme appelé à diriger, à coordonner entre eux les travaux de ses semblables, à les faire concourir vers un but utile de quelque genre qu'il soit [a].

FIN

a. *La longue dernière phrase, commençant par :* Savoir apprécier... *n'est pas dans le manuscrit. A la place Carnot écrit :* C'est à apprécier, dans chaque cas, à leur juste valeur, toutes les considérations de ce genre, c'est à les balancer convenablement entre-elles que consiste le principal talent de l'homme adonné à la pratique des arts industriels.

FIG. 1

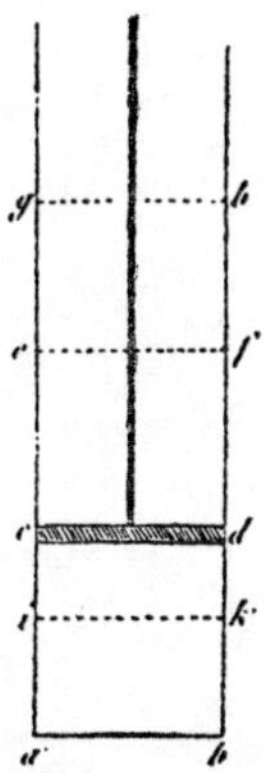

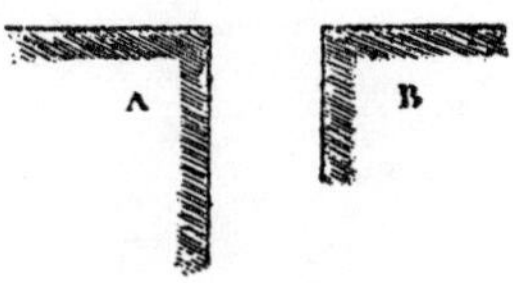

FIG. 2

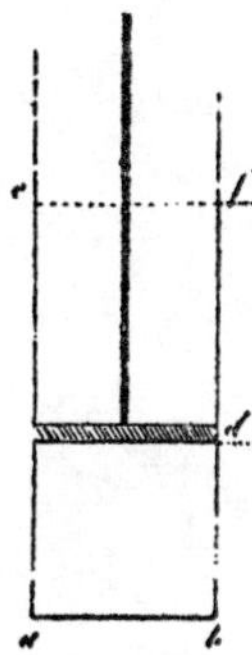

FIG. 3

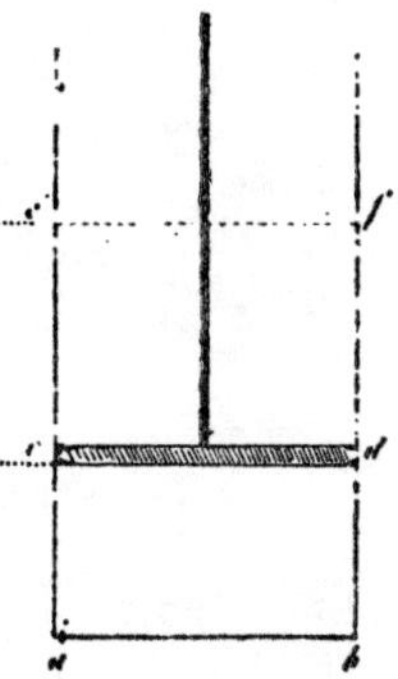

FIG. 4

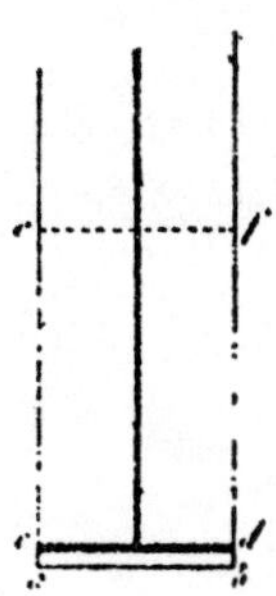

FIG. 5

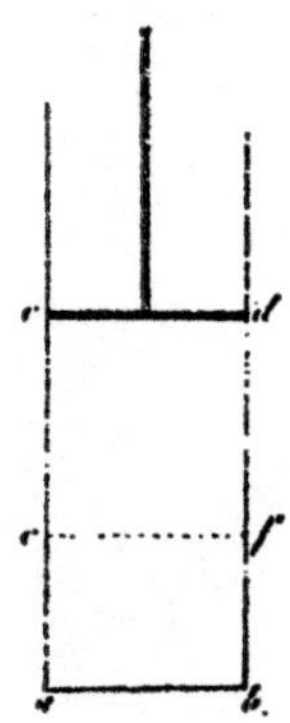

COMMENTAIRE

[*Les notes critiques ci-dessous correspondent aux appels insérés en chiffres arabes dans le texte des* Réflexions, *p. 59-178 supra.*]

1. Cette forme de titre est courante à la fin du 18ᵉ siècle et au début du 19ᵉ ; elle rappelle en particulier les *Réflexions sur la métaphysique du calcul infinitésimal* [Paris, an V (1799) ; 2ᵉ édition, Paris, 1813] de Lazare Carnot, père de Sadi Carnot. Le terme « puissance motrice » est employé de façon tout à fait exceptionnelle, pour les termes plus habituels de « force motrice » (utilisé par Petit et Charles Dupin), « puissance mécanique » (que l'on trouve chez Clément et Desormes), « quantité d'action » (chez Charles-Augustin Coulomb et Navier), et « effet dynamique » ou simplement « effet » (chez Lazare Carnot, Gaspard Monge et Hachette). Si l'on excepte Sadi Carnot, le terme « puissance motrice » n'est utilisé que par Lazare Carnot (cependant dans une acception différente) et Clapeyron. G.-G. Coriolis, dans son livre *Du calcul de l'effet des machines* (Paris, 1829), p. iii et 16-17, se prononce le premier en faveur de l'emploi du terme « travail », terme — comme l'indique Coriolis lui-même — utilisé plus tôt, mais sans analyse approfondie, par Navier en 1819 et Prony en 1826, dans leurs études sur la théorie des machines.

Le principal éditeur de livres scientifiques et techniques en France à cette époque est Bachelier. Son catalogue comprend aussi bien les cours de l'Ecole Polytechnique que des ouvrages classiques comme l'*Exposition du système du monde* de Laplace, dont la 5ᵉ édition est publiée la même année que les *Réflexions.*

2. Dans les trois premiers paragraphes, Carnot explique sa conception de ce que D. S. L. Cardwell appelle une nouvelle « cosmologie de la chaleur », concept qui fait son apparition en Europe dès les premières années du 19ᵉ siècle. Lire à ce sujet *From Watt to Clausius. The rise of thermodynamics in the early industrial age* (Londres, 1971), p. 89-120 et 186-92, de Cardwell. A la même époque, J.-B. Biot, dans son *Traité de physique expérimentale et mathématique* (4 vol., Paris, 1816), I, 19, développe un point de vue similaire, selon lequel la chaleur a une signification cosmologique. On peut lire aussi dans un article de Nicolas Clément et Charles-Bernard Desormes (*Journal de Physique,* LXXXIX [1819], 322) cette description d'un univers dépourvu de chaleur :

> non seulement la vie n'existe plus dans ce triste univers... mais toute espèce de mouvement aurait cessé sur la terre ; il n'y

aurait plus d'atmosphère, plus de fleuves, plus de mers, l'immobilité et la mort seraient partout.

Il est clair que Clément a une conception du rôle de la chaleur dans l'univers semblable à celle de Carnot ; on peut s'en apercevoir aussi bien dans le passage que nous venons de lire (écrit en 1812, voir note 38) que dans ce résumé d'une des conférences de Clément au Conservatoire des Arts et Métiers :

> Le feu est, sans contredit, le plus puissant et le plus utile de tous les moteurs. C'est lui, dit M. Clément, qui donne naissance à tous les autres. Le vent n'est qu'un effet de la chaleur du soleil. Les rivières sont de faibles débris de la puissance mécanique de la vapeur qui, formée par les rayons de l'astre du jour, retombe en pluie du haut des airs et entretient ces courants perpétuels, dont les cascades sont utilisées par l'industrie (« M. Clément. Cours de chimie appliquée aux arts », *Le Producteur,* II [1826], 137).

3. Carnot grossit exagérément l'essor de la production de la houille en Grande-Bretagne ; bien qu'on ait peu de renseignements sur ce problème, la production semble avoir pratiquement doublé entre les années 1770 et les premières années de 1820. Cependant, la production de la fonte est à peu près multipliée par huit pendant cette période, celles du cuivre, de l'étain et du plomb connaissent aussi un développement rapide, mais inférieur à celui des métaux ferreux. Consulter *Abstract of British historical statistics* (Cambridge, 1971), p. 108-11, 131, et 153-60, de B. R. Mitchell (écrit en collaboration avec Phyllis Deane). Ces accroissements de production n'auraient pas été possibles sans les progrès des techniques d'extraction, consécutifs à l'introduction des machines à vapeur dans les districts miniers.

4. On croit communément en France à cette époque que l'Angleterre doit sa prospérité à la machine à vapeur. Par exemple, nous pouvons lire, dans les *Mémoires sur la marine et les ponts et chaussées de France et d'Angleterre,* de F.-P.-Charles Dupin (Paris, 1818), p. 72, que « c'est à M. Watt que l'Angleterre doit, en grande partie, l'immense accroissement de sa richesse depuis un siècle ».

5. Ce paragraphe passablement lyrique reflète l'énorme excitation causée par l'introduction de la navigation à vapeur. Cette exaltation est plus marquée en France, pays de larges fleuves indolents, que dans la plupart des pays européens — et il en sera longtemps ainsi. Les toutes premières tentatives de faire marcher un navire à la vapeur sont faites en France entre 1776 et 1783, par le marquis de Jouffroy ; dès 1803, l'ingénieur américain Robert Fulton fait à Paris, sur la Seine, une démonstration avec un bateau à aubes fonctionnant à la vapeur. Malgré un certain succès, les tests de Fulton ne suscitent que peu d'intérêt, et ce n'est qu'à partir de 1807 environ, après son retour aux États-Unis, qu'il obtient une certaine notoriété pour son travail. Dès lors, la navigation à vapeur se développe rapidement en Amérique, spécialement après l'introduction, en 1812, de la machine « Columbian » d'Oliver Evans, qui fonctionne à des pressions de huit à dix atmosphères et utilise la méthode de détente, mais sans condenseur, la vapeur étant rejetée directement dans l'atmosphère. Les succès obtenus en Amérique et, à un degré moindre, en Grande-Bretagne, stimulent à tel point l'intérêt des Français qu'en 1822 leur gouvernement envoie en

mission dans ces deux pays l'ingénieur de marine Jean-Baptiste Marestier, pour y préparer un rapport sur l'état de la navigation à vapeur. Ce rapport, présenté à l'Académie des Sciences en janvier 1823, est publié sous le titre *Mémoire sur les bateaux à vapeur des États-Unis d'Amérique* (Paris, 1824).

Deux ouvrages traitent en particulier des débuts de la navigation à vapeur en France : Jacques Payen, *Capital et machine à vapeur au XVIIIe siècle. Les frères Périer et l'introduction en France de la machine à vapeur de Watt* (Paris et La Haye, 1969), p. 59-97 et 198-202 ; et le *Mémoire* de Marestier, p. 2-11 et 31-40.

6. Les écrits de cette époque montrent à maintes reprises qu'on a beaucoup exagéré les dangers associés à l'emploi des machines à vapeur, et ils se prononcent de plus en plus en faveur d'une exploitation plus développée de l'énergie due à la vapeur. Cependant, des explosions en Grande-Bretagne et en Amérique, ainsi qu'en France, donnent des motifs d'inquiétude, et les craintes grandissent à mesure que les machines à haute pression, encore peu familières, gagnent en popularité. Il est donc naturel que, dans un travail comme les *Réflexions*, qui plaide pour l'utilisation de la vapeur à haute température, Carnot cherche à rassurer.

Une explosion à bord du paquebot à vapeur *Norwich* a un retentissement tel qu'elle conduit, en Grande-Bretagne, dès 1817, à la mise en place d'une commission d'enquête ; en 1830 — date à laquelle près de soixante explosions sur des navires américains ont fait plus de 300 morts — le Franklin Institute de Philadelphie répond à l'inquiétude grandissante en organisant une enquête sur les moyens de prévenir de futurs désastres. En France, l'inquiétude se traduit, peu avant la publication des *Réflexions*, par la mise en place par l'Académie des Sciences d'une commission chargée de définir (entre autres choses) les mesures de sécurité à adopter dans les machines à vapeur. Carnot a probablement lu le rapport de cette commission après sa publication en 1823 ; présenté par Charles Dupin, il est reproduit dans *Académie des Sciences. Procès-verbaux des séances de l'Académie tenues depuis la fondation de l'Institut jusqu'au mois d'août 1835* (10 vol., Hendaye, 1910-22), VII, 469-79 (14 avril 1823).

7. Il est intéressant de noter que pendant la Restauration, même d'ardents patriotes comme Charles Dupin s'inclinent avec modestie devant l'avance de la Grande-Bretagne dans l'invention de la machine à vapeur. Ce n'est qu'en 1828 que François Arago publie un célèbre article polémique qui insiste sur les contributions françaises en ce domaine, en particulier celle de Denis Papin, dans l'*Annuaire pour l'an 1829, présenté au Roi, par le Bureau des Longitudes* (Paris et Bruxelles, 1828), p. 143-233. Il est plus facile de consulter cet article dans les *Œuvres complètes de François Arago* (17 vol., Paris et Leipzig, 1854-62), V, 1-116 ; on peut y trouver la réponse d'Arago aux objections des Britanniques à son article.

8. Comme je l'ai fait remarquer dans l'Introduction, p. 16-25, le problème soulevé dans les *Réflexions* — exposé dans ce paragraphe — a été très discuté, particulièrement en France, pendant près d'une décennie. Il y a évidemment un lien avec le problème abordé par Lazare Carnot dans son *Essai sur les machines en général* (Dijon, 1783 ; réédité avec la même pagination à Dijon en 1786). Par exemple, page 89, Lazare Carnot pose la question suivante : « Quelle est la meilleure manière d'employer des puissances données, et dont l'effet naturel est

connu, en les appliquant aux machines en mouvement ? C'est-à-dire, quel est le moyen de leur faire produire le plus grand effet possible ? » ; on peut trouver une déclaration identique dans ses *Principes fondamentaux de l'équilibre et du mouvement* (Paris, an XI, 1803), p. 250.

Lazare Carnot n'étudie, en mécanique appliquée, que les machines hydrauliques ; pourtant, comme cela a souvent été montré (voir notes 20 et 22), il y a de nombreuses analogies entre son discours sur la fonction de l'eau dans ces machines, et la théorie de Sadi Carnot sur le rôle de la chaleur dans les machines thermiques.

9. Sur les unités de puissance motrice en usage à cette époque, voir la note 69.

10. La lacune que Sadi Carnot met en évidence au sujet de la machine thermique est en quelque sorte analogue à celle que Lazare Carnot a essayé de présenter dans l'exposé de sa théorie sur les machines, quelque quarante années auparavant. La théorie de ce dernier se caractérisait précisément par un sens de l'abstrait et du général, comme celui — visible ici — que Sadi Carnot essaie de donner à sa propre argumentation.

11. Ici débutent cinq pages extrêmement originales, au cours desquelles Carnot met en place les fondements de sa théorie sur les machines thermiques.

Il est concevable que l'opinion de Clément, suivant laquelle la libre détente de la vapeur devait se faire de façon adiabatique dès interruption de l'admission de la vapeur (ce qui entraîne une baisse de température) soit à l'origine de l'idée de Carnot, pour qui la puissance motrice est due à la « chute » d'une quantité de chaleur, de la température élevée de la chaudière à la basse température de l'eau du condenseur. Il est à noter que certaines évaluations numériques, mises au point en 1819 par Clément secondé par Desormes, conduisent très simplement à la conclusion que la totalité de la puissance motrice produite en employant une quantité donnée de chaleur dans une machine à vapeur est proportionnelle à la différence entre la température de la vapeur quand elle entre dans le cylindre, à sa sortie de la chaudière, et sa température après détente (qui est aussi, dans le meilleur des cas, celle de l'eau du condenseur) ; on peut consulter sur ce problème mon étude « The challenge of a new technology : theorists and the high-pressure steam engine before 1824 », publiée dans les Actes du Colloque : *Sadi Carnot et l'essor de la thermodynamique. Paris, École polytechnique, 11-13 juin 1974* (Paris, 1976), p. 149-67 (164 et 167). Mais rien dans les écrits de Clément ni dans les notes prises à ses conférences dans les années 1820 (voir l'Introduction, note 46) ne suggère qu'il a abouti à cette conclusion, ou que l'idée d'une « chute » du calorique a pour lui la même signification que pour Carnot.

Il existe plusieurs autres tentatives pour expliquer comment Carnot peut avoir abouti à son idée que la puissance motrice est produite par la « chute » de la chaleur d'une haute à une basse température. Il est certain, par exemple, que le raisonnement par analogie avec les machines hydrauliques (voir notes 20 et 22) a eu une influence importante. Quant à A.-J. Pacey, il a noté l'importance possible de l'utilisation du condenseur séparé, ce qui tendrait à montrer que deux réservoirs, un chaud et un froid, sont nécessaires dans une machine thermique, et ce qui permettrait de concevoir que le travail est produit par le *passage* de la chaleur de la vapeur chaude de la chaudière à l'eau froide du condenseur ; se reporter à l'article de Pacey : « Some early heat engine concepts and the conservation of heat », paru dans *The British journal for the history of science,* VII (1974), 135-45.

On a suggéré aussi que Carnot a peut-être été influencé par un projet de Cagnard-Latour pour un modèle inhabituel de moteur à air, projet sur lequel Lazare Carnot a fait un rapport à la Première Classe de l'Institut Français, au nom d'une commission de quatre personnes, le 8 mai 1809 ; lire les *Procès-verbaux... de l'Académie* (déjà cités note 6), IV, 200-2. Comme le fait remarquer T. S. Kuhn dans son article « Sadi Carnot and the Cagnard engine », paru dans *Isis,* LII (1961), 567-74, le mécanisme de cette machine est tel que la chaleur prise d'un corps à haute température (l'eau chaude employée dans la machine) est transmise à l'air environnant, qui est à une température plus basse. L'article d'Eric Mendoza « Sadi Carnot and the Cagnard engine », *Isis,* LIV (1963), 262-3, montre, d'une manière à mon avis convaincante, que la machine de Cagnard est probablement plus importante pour Clément et Desormes que pour Carnot lui-même. Il suggère qu'elle a inspiré une expérience fictive décrite en premier lieu par Clément et Desormes en 1819, expérience au cours de laquelle une bulle de vapeur monte dans un récipient plein d'eau, repoussant l'eau et fournissant un travail par sa dilatation. On trouvera en outre deux études sur la signification de cette expérience fictive dans mon article « Watt's expansive principle in the work of Sadi Carnot and Nicolas Clément », paru dans les *Notes and records of the Royal Society of London,* XXIV (1969), 233-53, et dans « The challenge of a new technology... » (*op. cit.,* note 11), p. 162-4.

12. Il semble qu'on admettait sans problème à cette époque que la chaleur ne soit pas consommée dans une machine ; cependant, ce sujet n'a presque jamais été traité de façon explicite.

L'article de Pacey, cité note 11, met en exergue d'une manière intéressante la force de la croyance en la conservation de la chaleur. Lorsqu'il décrit des expériences faites sur une machine Watt à Salford entre 1793 et 1795 par George Lee, Pacey montre qu'il est évident pour Lee que la quantité de chaleur fournie pour obtenir de la vapeur dans la chaudière est égale à la quantité rendue au condenseur. Il paraît que Lee utilise l'hypothèse que ces deux quantités sont égales dans le but de corriger ses thermomètres.

13. Par exemple, les machines de Trevithick et Vivian, Evans et Perkins, décrites dans les travaux de Daumas et Dickinson, cités dans la Bibliographie, Section IV, partie d.

14. La possibilité d'employer des solides et des liquides comme agents moteurs a souvent été discutée en France au début du 19e siècle. Comme le montrent les notes 79 et 81, Carnot est très au courant des recherches entreprises dans ce domaine par Bonnemain et Pattu. L'intérêt de cette époque pour l'emploi de gaz et de vapeurs autres que la vapeur d'eau est mis en évidence dans les notes 74 et 75, et dans l'Introduction, p. 37-39.

15. Malgré cette affirmation de Carnot, selon laquelle les termes « calorique » et « chaleur » sont interchangeables, on a beaucoup discuté son emploi des mots, après le premier commentaire de ce passage, fait par Ostwald en 1892 ; lire l'édition Klassiker d'Ostwald des *Réflexions* (Bibliographie, Section I b, *item* viii), p. 70. Voir, par exemple, l'article de H. L. Callendar « The caloric theory of heat and

Carnot's principle », dans *Proceedings of the Royal Society of London,* XXIII (1910-11), 153.89.

A la suite de J. N. Brønsted, V. K. La Mer soutient que Carnot emploie systématiquement le mot « calorique » pour désigner ce que nous appellerions de nos jours l'entropie, et que le mot « chaleur » signifie simplement la substance conservée au cours des divers processus qu'il nous décrit ; voir l'article de La Mer, « Some current misinterpretations of N.L. Sadi Carnot's memoir and cycle », dans l'*American journal of physics,* XXII (1954), 20-7, et XXIII (1955), 95-102. La prise de position de La Mer est sans fondement historique, comme le montre T. S. Kuhn dans son article « Carnot's version of Carnot's cycle », publié dans l'*American journal of physics,* XXIII (1955), 91-5 ; cependant M. A. Hirschfield, dans son article « On some current misinterpretations of Carnot's memoir », paru dans la même revue (XXIII [1955], 103-5), se montre plus compréhensif à l'égard de La Mer.

Sans être d'accord avec La Mer, Mendoza a noté que Carnot a *tendance* à employer le mot « calorique » là où on pourrait de nos jours utiliser celui d' « entropie » ; il convient de citer à ce sujet son introduction à l'édition Dover des *Réflexions* (Bibliographie, Section I b, *item* xiv), p. xvii. Philip Lervig, dans ses deux articles cités en Bibliographie (Section IV, partie e), admet ce point de vue, et pense, comme Ostwald, que « calorique » est généralement employé quand Carnot veut insister sur les propriétés de la conservation de la chaleur ; se reporter, par exemple, au passage commençant par « Le calorique, développé dans le foyer par l'effet de la combustion... » (p. 67 ; éd. 1824, p. [9]), et à la phrase qui débute ainsi : « L'on dispose, par exemple, d'un corps A... » (p. 73 ; éd. 1824, p. [15]). Carnot tend à utiliser le terme « chaleur » dans un sens plus général, mais son inconsistance quant au choix de ces termes est indéniable, comme le montre Lervig, qui souligne son usage du mot « chaleur » dans la note p. 95 (éd. 1824, p. [37]).

Dans ses « Contributions to the study of Sadi Carnot and his work » (*Archives internationales d'histoire des sciences,* XIIe année [1959], 386-7), Mendoza note qu'à plusieurs reprises Carnot a employé le mot « calorique » dans son manuscrit des *Réflexions,* mais qu'il l'a remplacé par « chaleur » dans la version imprimée ; voir les variantes énumérées dans la présente édition, p. 95, 100, 130, 147, 151.

16. Il est important d'insister sur le fait que le cycle des opérations, telles qu'elles sont conduites ici, est nécessairement incomplet : dans le cas présent, la vapeur est complètement transformée en eau à la fin de la troisième étape, et elle ne peut pas être rendue à son état initial par simple compression adiabatique. C. C. Gillispie, dans son *Lazare Carnot savant* (Princeton, N.J., 1971), p. 94-5, suggère que Carnot a peut-être introduit l'idée d'un cycle complet des opérations à un stade tardif de la rédaction de ses *Réflexions,* sous l'influence des conceptions de son père. Gillispie fait observer qu'Hippolyte Carnot pourrait avoir joué un rôle important d'intermédiaire entre Sadi et Lazare Carnot, à son retour de Magdebourg en janvier 1824, après la mort de Lazare Carnot. Il est aussi possible, naturellement, que Carnot ait tenté dès le début de mener son analyse en termes de cycle complet, mais qu'il n'y soit parvenu que dans le cas d'un gaz. Carnot lui-même discute les imperfections du cycle de la vapeur p. 83-85 (éd. 1824, p. [25-27]) et insiste sur l'importance de l'emploi d'un cycle complet, dans son étude sur l'air, p. 94 (éd. 1824, p. [36]).

On trouvera dans l'Introduction, p. 40, une référence à l'utilisation par Clapeyron d'un cycle complet de la vapeur.

17. L'affirmation que le mouvement perpétuel est impossible est un axiome fondamental de toute la théorie de Carnot. C'est une réminiscence du rejet du mouvement perpétuel fait antérieurement par Lazare Carnot dans son *Essai sur les machines,* déjà cité à la note 8, p. 94-6, et dans ses *Principes fondamentaux de l'équilibre et du mouvement* (cités de même note 8), p. 256-7. Ici, Sadi Carnot se contente de supposer qu'un conventionnel « perpetuum mobile » (qu'on appellerait aujourd'hui « perpetuum mobile » de premier ordre) est impossible. Cette supposition ne rejette pas (comme le fait le principe de la conservation de l'énergie) la possibilité d'un « perpetuum mobile » *inverse,* c'est-à-dire d'un processus qui ne se traduit que par une perte nette de puissance motrice. Lire les articles de Lervig, cités dans la Bibliographie, Section IV, partie e, qui font une mise au point de ce détail.

18. On n'a jamais vraiment pensé que la pile de Volta fournissait la possibilité d'un mouvement perpétuel. Cependant, l'idée d'une telle possibilité s'est trouvée renforcée par Volta lui-même, lorsqu'il mentionnait par exemple « cette circulation sans fin du fluide électrique (ce mouvement perpétuel) », dans un mémoire célèbre, daté de 1800, où ce problème est étudié. Il est à noter que Volta fait référence à un mouvement perpétuel du *fluide impondérable de l'électricité ;* il devient très vite évident que cette pile est incapable de produire indéfiniment un *courant électrique.* On peut consulter l'article de Volta, « On the electricity excited by the mere contact of conducting substances of different kinds... », dans *Philosophical transactions of the Royal Society of London,* XC, 2e partie (1800), 421.

19. La preuve de cet important résultat, telle qu'elle est présentée ici, est incomplète, car le cycle qu'étudie Carnot n'est pas fermé ; la version rigoureuse de cette preuve est donnée p. 87-96 (éd. 1824, p. [29-38]). Page 96 (éd. 1824, p. [38]) Carnot établit explicitement que la somme maximum de puissance motrice pouvant être obtenue d'une quantité donnée de chaleur est uniquement déterminée par les limites de température entre lesquelles fonctionne la machine.

20. Comme je le signale dans mon Introduction p. 26, Lazare Carnot a lui aussi étudié les critères nécessaires pour obtenir des machines le meilleur rendement possible, mais il s'agissait alors plutôt d'un moteur hydraulique que d'un moteur thermique. Pour lui, les conditions nécessaires étaient de deux ordres :

1) La puissance devrait toujours se transmettre sans percussion, et tous les chocs devraient être évités. L'eau entrerait donc dans le moteur idéal avec exactement la même rapidité que les éléments mobiles qui le composent (par exemple, dans le cas de la roue hydraulique, avec la rapidité des aubes en mouvement).

2) Le mouvement emporté par l'eau qui s'échappe de la machine devrait être minimal. A sa sortie, donc, l'eau devrait avoir une vitesse nulle, ou, tout au plus, la vitesse minimale nécessaire à l'échappement de l'eau. Lazare Carnot discute ce problème dans son *Essai sur les machines* (déjà cité à la note 8), p. ix-x et 91-4, et dans ses *Principes de l'équilibre et du mouvement* (cités de même à la note 8), p. xxi, 149 et 247-50.

Les pertes résultant d'une mauvaise application de ces conditions idéales, par exemple quand il y a percussion entre l'eau et les éléments mobiles d'un moteur hydraulique, sont analogues à celles que Sadi Carnot associe à la « chute » inutile du calorique, par exemple dans la conduction de la chaleur.

21. Dans cette note Carnot expose avec plus de clarté son point de vue selon lequel, dans une machine thermique idéale, on doit éviter un contact de ses éléments entre eux à des températures différentes, puisque un tel contact conduit inévitablement à une perte, c'est-à-dire à un transfert de chaleur sans produire de puissance motrice. Une affirmation du même ordre sera valable dans les théories thermodynamiques ultérieures, mais la démonstration n'en sera pas aussi simple que dans la théorie de Carnot.

22. D. S. L. Cardwell suggère que, lorsque Carnot parle de puissance motrice obtenue à partir d'une chute d'eau, il pense à une machine à colonne d'eau du même genre que celles qui ont été construites dans les régions minières de l'Europe centrale, à partir des années 1740 ; lire l'article de Cardwell, « Power technologies and the advance of science, 1700-1825 », paru dans *Technology and culture,* VI (1965), 188-207 (200-7). Celui-ci y discute l'analogie entre la hauteur de la colonne d'eau dans une machine à colonne d'eau et la différence de température qui provoque la « chute » du calorique dans une machine thermique ; dans les deux machines la puissance motrice est simplement produite par la « chute » d'une substance indestructible, et on peut indéfiniment en augmenter le rendement par simple « élévation » du niveau d'eau (ou de température).

Carnot connaît certainement des machines à colonne d'eau, décrites couramment à son époque, et en particulier dans *De la richesse minérale* de Héron de Villefosse (voir la note 89), même si de telles machines ne sont pas communément employées en France.

23. Ce nouveau problème est étudié et discuté plus en détail p. 127-137 et tout au long de la note de Carnot, p. 131-137 (éd. 1824, p. [69-79]).

24. Dans ce paragraphe Carnot émet, au sujet de la conservation de la chaleur, une hypothèse fondamentale pour toute l'argumentation des *Réflexions.* Si, comme on le pense, la quantité de chaleur (Δ Q) gagnée ou perdue par un gaz lorsqu'il passe d'un état à l'autre est indépendante du chemin parcouru, il s'ensuit que quand un gaz passe de l'état X (P, V, T) à l'état Z (P′, V′, T) sans changement de température, Δ Q est le même, que cette transformation soit directe (suivant l'isotherme XZ) ou qu'elle se fasse en deux étapes, XY et YZ, via Y (P″, V′, T′) :

1) Compression adiabatique, suivant XY, du volume V au volume V′.

2) Refroidissement, le volume restant constant, suivant YZ, au cours duquel la température, élevée à T′ dans la compression adiabatique, retombe à T.

La quantité de chaleur fournie par le gaz lorsqu'il passe directement de X à Z est, pour Carnot, la même que celle fournie quand il passe d'Y à Z (l'échange de chaleur dans la transformation adiabatique XY étant nul).

Comme Carnot le souligne, il n'y avait à l'époque aucune preuve expérimentale permettant une évaluation directe des quantités de chaleur fournies par un gaz subissant les transformations de X à Z et de Y à Z. Les expériences modèles sur les chaleurs spécifiques, faites par Delaroche et Bérard (1813), ont été conduites pour des gaz soumis à des changements de température à pression constante ; voir à ce sujet la note 41.

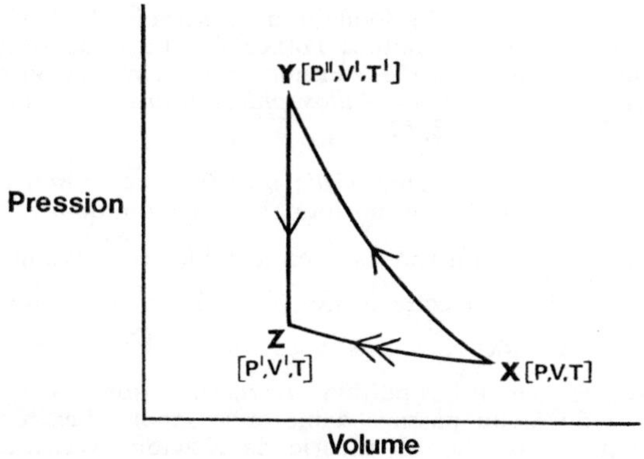

25. Bien que des textes anglais, suisses, allemands et scandinaves y aient à plusieurs reprises fait référence dans la seconde moitié du 18ᵉ siècle, le refroidissement, dont traite ce paragraphe, est resté à peu près totalement inconnu en France jusqu'aux environs de 1800. Mon livre *The caloric theory of gases from Lavoisier to Regnault* (Oxford, 1971), p. 39-60, trace l'histoire des études de ce refroidissement depuis leurs débuts, et celle des tentatives, souvent plausibles, des caloristes pour l'expliquer. Les expériences sur le thermomètre de Breguet auxquelles Carnot se réfère sont décrites dans « Nouveaux thermomètres métalliques de MM. Breguet », dans les *Annales de chimie et de physique,* V (1816), 312-15. On a pu observer à maintes reprises, au 18ᵉ siècle, que de la buée se forme dans le réservoir d'une machine pneumatique lorsqu'on commence à évacuer l'air qu'il contient ; lire, par exemple, l'article de J.-A. Nollet, « Sur la vapeur qu'on aperçoit dans le récipient d'une machine pneumatique lorsqu'on commence à raréfier l'air qu'il contient », contenu dans les *Mémoires... de l'Académie des Sciences* (1740), p. 243-53.

26. Le « briquet pneumatique » se compose normalement d'un cylindre métallique de 15 cm de long et de 1 cm environ de diamètre, fermé à une extrémité, et d'un piston amovible et bien ajusté, à l'extrémité duquel se trouve une petite cavité pour l'amadou. En actionnant le piston on comprime l'air dans le cylindre, jusqu'à ce que sa température s'élève au point d'enflammer l'amadou. On retire rapidement le piston, et l'amadou incandescent sert alors à l'allumage, comme dans un briquet à pierre normal. C'est Joseph Mollet, de Lyon, qui, le premier, en 1804, propose cette méthode de mise à feu de l'amadou, dont le mécanisme est notamment manufacturé et commercialisé par la firme Dumotiez à Paris. Cependant on emploie assez peu le briquet pneumatique, et, dès l'invention de l'allumette en 1827, il perd la petite popularité qu'il a connue auparavant. Lire mon article sur l'histoire du briquet pneumatique en Europe, « The fire piston and its origins in Europe », publié dans *Technology and culture,* X (1969), 355-70.

27. Cet effet de refroidissement est bien connu à cette époque (sauf en France cependant), surtout à la suite d'un mémoire d'Erasmus Darwin, le premier sur ce thème en 1787. Dans ce mémoire, présenté à la Royal Society de Londres, Darwin fait mention d'une baisse de

température quand on vide soudain un réservoir de l'air comprimé qu'il contenait, expérience faite à l'office des Eaux de Derby ; lire le texte de son mémoire, intitulé « Frigorific experiments on the mechanical expansion of air », dans *Philosophical transactions of the Royal Society*, LXXVIII (1788), 43, 52.

28. Dans la *Philosophiae naturalis principia mathematica* (Londres, 1687), p. 369-72 (Livre II, proposition L), Newton donne l'expression $\sqrt{\frac{P}{\rho}}$ pour la vitesse du son dans un gaz dont la pression est P et la densité ρ. En arrivant à cette expression, qui donne l'équivalent théorique de 295 m/seconde, Newton suppose que le rapport $\frac{P}{\rho}$ reste constant, c'est-à-dire que des conditions isothermes sont maintenues pendant toute la durée du passage d'une onde sonore. Les tentatives, au 18ᵉ siècle, pour réconcilier la théorie de Newton avec les meilleures données expérimentales sur la vitesse du son, qui sont de 335 à 350 m à la seconde, sont tout à fait insatisfaisantes. Dès les premières années du 19ᵉ siècle elles sont rapidement abandonnées en faveur d'une théorie de Laplace, selon laquelle un chauffage et un refroidissement momentanés auraient lieu dans les régions de compression et de raréfaction de l'air qui constituent l'onde sonore ; l'expression correcte pour la vitesse du son dans un gaz est donc $\sqrt{\frac{\gamma P}{\rho}}$. En 1816, Laplace identifie la quantité γ comme étant le rapport entre la chaleur spécifique à une pression constante et la chaleur spécifique à un volume constant. L'exposé de Laplace, publié en premier lieu dans un article de son élève Jean-Baptiste Biot dans le *Journal de Physique*, LX (1802), 173-82, semble apporter la conviction, malgré l'absence de preuve directe et expérimentale, que l'effet de compression et de raréfaction rapides (c'est-à-dire adiabatiques) est adéquat pour confirmer sa théorie. Carnot écrit d'ailleurs que les mesures de γ, faites plus particulièrement par Gay-Lussac et Welter en 1822 (voir note 57), confirment cette théorie. L'histoire de la solution apportée par Laplace au problème de la vitesse du son est présentée par B. S. Finn dans son article « Laplace and the speed of sound », dans *Isis*, LV (1964), 7-19, et par Fox dans *Caloric theory of gases*, déjà cité à la note 25, p. 80-6 et 157-73.

29. Ce passage extrêmement intéressant fait référence à un court article de Gay-Lussac et de Welter intitulé « Sur la dilatation de l'air », paru dans les *Annales de chimie et de physique*, XIX (1822), 436-7. L'absence de refroidissement quand l'air comprimé est projeté par un petit orifice représente une difficulté réelle pour la théorie du calorique. Un caloriste supposerait naturellement qu'un petit volume d'air doit contenir autant de calorique après la dilatation qu'avant ; il s'attendrait donc à un refroidissement « adiabatique » normal.

Une fois établis les principes de la thermodynamique, Joule et Thomson étudient en détail le phénomène décrit ici ; les très petites variations de température, connues sous le nom d'effet Joule-Thomson, sont découvertes en 1852, au cours de cette recherche. Plus tard, leur travail deviendra la base d'une méthode très sensible pour étudier les propriétés thermiques des gaz.

30. Dans leur article publié en 1822 et cité à la note 29, Gay-Lussac

et Welter suggèrent qu'une quantité de chaleur doit être produite quand l'air comprimé sort du réservoir et que cette chaleur contrebalance le refroidissement attendu, mais non observé. Ils expliquent que ce postulat pourrait aussi aider à éliminer une difficulté analogue pour la théorie du calorique à cette époque : celle due à l'absence d'un refroidissement au moins momentané quand on laisse l'air entrer dans un récipient sous vide. Peut-être qu'ici aussi un effet de réchauffement au moment où l'air entre dans le récipient dissimule la baisse de température prévue.

Dans ce passage, comme dans ses notes posthumes (Appendice A, partie A_2), Carnot montre qu'il est extrêmement conscient des problèmes de la théorie du calorique. En fait, ses commentaires sur la production de la chaleur suggèrent qu'il envisage peut-être déjà le rejet du principe de la conservation de la chaleur, sur lequel toute son argumentation prend appui. Il convient de noter qu'il se montre plus explicite que Gay-Lussac et Welter lorsqu'il attribue l'effet d'échauffement au frottement de l'air. A cet égard, ses commentaires contiennent des réminiscences de ceux de Johann Christian Arnold qui, en 1759, a attribué tout l'effet d'échauffement observé quand l'air se précipite dans un récipient sous vide au frottement de cet air faisant irruption, contre les parois du canal d'entrée du récipient ; lire son discours inaugural, prononcé lors de sa nomination comme professeur de physique à Erlangen, discours intitulé *De thermometri sub campana antliae pneumaticae suspensi variationibus* (Erlangen, 1759). On ignore si le travail d'Arnold était connu en France dans les années 1820, mais cela semble peu probable.

31. Cette suggestion, essentiellement correcte, n'est pas nouvelle. Erasmus Darwin l'a déjà émise en 1787, dans son mémoire cité à la note 27, mais ses explications ne sont pas immédiatement acceptées. J.-H. Lambert et J.-A. De Luc, par exemple, croient que le « fluide igné » (ou « feu »), qui détermine la température de l'air, est simplement comprimé à basse altitude, tandis que H.-B. de Saussure et Pierre Bouguer tournent leur attention vers la chaleur accumulée par l'atmosphère grâce à sa proximité de la terre chaude. Après 1800, la théorie de Darwin semble avoir acquis une certaine popularité, si bien que vers les années 1820 on la cite habituellement — si ce n'est constamment — comme l'explication du froid à haute altitude.

32. Carnot reviendra sur ce problème p. 98-100 et p. 108-111 (éd. 1824, p. [40-42] et [50-53]), et à la note p. 131-137 (éd. 1824, p. [73-79]).

33. La méthode de Carnot pour décrire son cycle est curieuse, ainsi que le fait remarquer M. J. Klein dans son article « Closing the Carnot cycle », dans *Sadi Carnot et l'essor de la thermodynamique*, cité note 11, pp. 213-19. Il est plus facile de la résumer de la façon suivante, en se référant à un diagramme d'indicateur :

Carnot commence son cycle d'opération à *a* et en décrit les étapes suivantes :

1) Contact d'un volume V d'air avec la source chaude A, pendant lequel l'air prend la température de A.

2) Dilatation isotherme de *a* à *b*.

3) Dilatation adiabatique de *b* à *c*.

4) Compression isotherme de *c* à *d* pendant laquelle la chaleur est rendue à la source froide B. Cette compression continue, à la

température de B, jusqu'à ce que le volume de gaz comprimé devienne égal à celui de l'air à l'état *a* (V).

5) Compression adiabatique de *d* jusqu'à un point *e*, sur le prolongement de l'isotherme qui passe par *b* et *a*.

6) Expansion isotherme de *e* à *a*. Le processus continue alors à partir de l'étape 2.

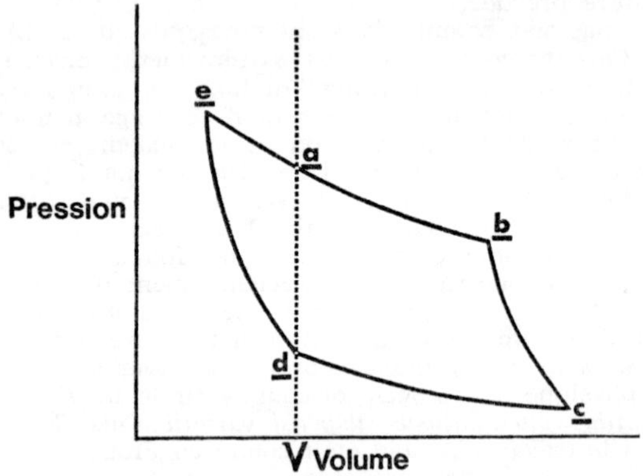

Klein insiste sur le fait que cet exposé ne dépend en aucune manière de la conservation de la chaleur ; et qu'il ne nécessite aucune connaissance des rapports entre P et V dans une dilatation adiabatique.

On pourrait comparer le procédé de Carnot à celui de Clapeyron dans son « Mémoire sur la puissance motrice du feu », paru dans le *Journal de l'Ecole Polytechnique*, XIV, cahier 23 (1834), 153-90 (156-9). Ce dernier commence et termine sa version du cycle à *e*, et définit *d* comme étant le point dans la compression isotherme où le gaz a fourni une quantité de chaleur Q égale à la quantité de chaleur absorbée dans l'étape *eb*. Si la théorie du calorique est correcte, c'est suffisant pour affirmer que le cycle peut être complété à *e* simplement par compression adiabatique. Ainsi le procédé de Clapeyron, contrairement à celui de Carnot, est entièrement lié à la croyance en la conservation de la chaleur.

William Thomson emprunte à Clapeyron sa description du cycle thermique, au cours d'un exposé fait le 2 janvier 1849 ; lire « An account of Carnot's theory of the motive power of heat... », dans *Transactions of the Royal Society of Edinburgh*, XVI (1849), 546-7 et 550-1. Cependant son frère aîné, James Thomson, dans un mémoire lu devant la Royal Society d'Edimbourg le même jour, se montre plus circonspect en ce qui concerne la conservation de la chaleur ; lire « Theoretical considerations on the effect of pressure in lowering the freezing point of water », *ibid.*, p. 575-80. James Thomson commence sa description du cycle thermique à *e* comme son frère, mais il définit *d* comme le point à partir duquel la compression adiabatique ramène le gaz à son état initial *e*. On peut aisément consulter les écrits des frères Thomson dans *Mathematical and physical papers of Sir William Thomson* (6 vol., Cambridge, 1882-1911), I, p. 121-3, 127-8 et 160-1.

Dans sa *Theory of heat* (London, 1870), p. 139-43, James Clerk Maxwell propose une alternative très intéressante qui permet d'éviter la légère maladresse de la description de Carnot. Son cycle commence à *b* et n'implique pas de spéculations sur la conservation de la chaleur.

34. Bien entendu, il est absolument nécessaire, pour que le raisonnement soit valable, que le cycle soit complété. Il y a une analogie intéressante dans le travail de Lazare Carnot : celui-ci, dans ses *Principes de l'équilibre et du mouvement,* cité note 8, p. 260, a déjà établi que, si l'on calcule l'effet produit par une machine, il faut que les conditions initiales soient rétablies à la fin du processus. Se reporter à la note 16 en ce qui concerne le cycle incomplet de la vapeur, discuté précédemment dans les *Réflexions.*

35. Les réserves exprimées p. 147 (éd. 1824, p. [89]) mettent bien en évidence les doutes de Carnot concernant la théorie du calorique, et en particulier la notion selon laquelle la quantité de chaleur contenue dans un gaz est seule fonction de deux variables parmi les trois, P, V et T. Voir aussi la note 78.

36. D'après la loi de Mariotte, la pression d'un gaz est inversement proportionnelle à son volume, à température constante. Gay-Lussac fait connaître en 1802 les expériences dont découle sa loi. Il montre qu'à pression constante tous les neuf gaz utilisés se sont dilatés de 1/267 de leur volume à 0 °C, à chaque augmentation de température de 1 °C, entre 0 °C et 100 °C. En revanche, les expériences de Dalton, conduites sur cinq gaz seulement, et décrites dans un mémoire lu en 1801, sont moins satisfaisantes ; mais il se sent justifié en concluant que tous les gaz se dilatent de la même manière, quand, à partir de la température normale d'un laboratoire (environ 13 °C), on les chauffe à 100 °C. Les articles marquants sont : « Recherches sur la dilatation des gaz et des vapeurs », paru dans les *Annales de chimie,* XLIII (1802), 137-75, de Gay-Lussac, et « On the expansion of elastic fluids by heat », de Dalton, publié dans les *Memoirs of the Literary and Philosophical Society of Manchester,* V, 2e partie (1802), 595-602. Le coefficient d'expansion 1/273 est adopté dans les années 1840, à la suite des recherches de Regnault.

37. C'est le premier des résultats de Carnot sur les propriétés physiques des gaz. Si le mot « calorique » est pris dans le sens actuel de « chaleur », ce résultat, à partir des mêmes données, restera valable aussi dans les théories thermodynamiques ultérieures. Comme toujours dans les *Réflexions,* il faut admettre que le gaz est supposé obéir à la forme d'équation suivante : $PV = R\ (A + t)$, dans laquelle, pour Carnot, la constante A est 267.

Apparemment ignorant de cette mise au point théorique, Pierre-Louis Dulong arrive, quatre ans plus tard, à la même conclusion, par ses propres expériences. Pour y parvenir, il emploie ses mesures de la vitesse du son dans différents gaz, en les combinant aux mesures appropriées des capacités de chaleur faites par Delaroche et Bérard. Lire le texte de Dulong intitulé « Recherches sur la chaleur spécifique des fluides élastiques », publié dans les *Annales de chimie et de physique,* XLI (1829), 113-59 (156), et lu à l'Académie des Sciences le 18 mai 1828. Cette confirmation indépendante de la théorie de Carnot semble avoir eu une influence aussi bien sur celle de Clapeyron que sur celle de William Thomson ; lire le mémoire de Clapeyron cité à la note 33 (p. 169 et 180-5), et *Mathematical and physical papers,* de Thomson, également cité à la note 33, I, 146.

38. Dans son « Mémoire sur la théorie du son », paru dans le *Journal de l'Ecole Polytechnique*, VII, cahier 14 (1808), 319-92, Poisson montre que, pour que les calculs mathématiques et expérimentaux sur la vitesse du son s'accordent (voir note 28), il faut admettre que la compression rapide (c'est-à-dire adiabatique) de l'air de 1/116 de son volume initial fait monter sa température de 1 °C. L'expérience de Clément et Desormes est décrite, en 1812, dans un mémoire (non couronné) présenté à l'occasion de leur candidature au prix décerné par l'Institut Français pour une étude des chaleurs spécifiques des gaz. Leurs expériences leur ont permis de mesurer l'augmentation de température consécutive à une brusque entrée d'air dans un récipient partiellement sous vide. Ils en ont conclu (par un argument très suspect impliquant que même le vide a une capacité de chaleur mesurable) que la compression adiabatique de l'air de 1/114 de son volume initial fait monter sa température de 1 °C. Leur mémoire est finalement publié en 1819, sous le titre « Détermination expérimentale du zéro absolu de la chaleur et du calorique spécifique des gaz », dans le *Journal de Physique*, LXXXIX (1819), 321-46 (voir particulièrement les pages 330-4) ; un long supplément, écrit en 1819, est publié dans le même volume du *Journal de Physique* (pp. 428-55). Pierre Costabel fait une étude sur leurs expériences et leur théorie de la chaleur, intitulée « Le 'calorique du vide' de Clément et Desormes (1812-1819) », parue dans les *Archives internationales d'histoire des sciences*, XXIe année (1968), 3-14 ; lire aussi de Robert Fox, *Caloric theory of gases*, déjà cité note 25, p. 136-8 et 142-8.

39. Cette fois encore on peut plus aisément illustrer cet argument en se référant à un diagramme indicateur.

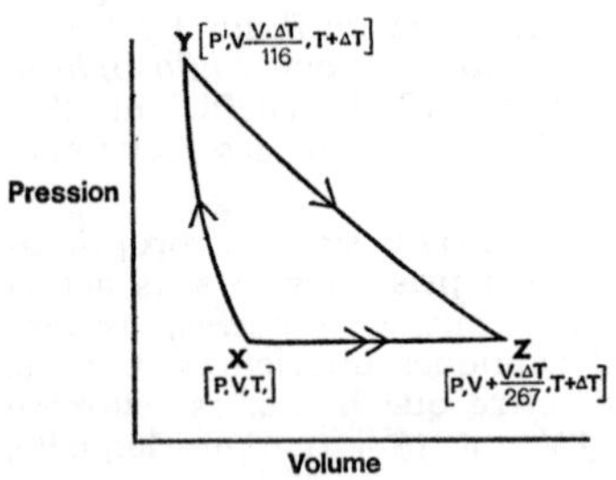

I

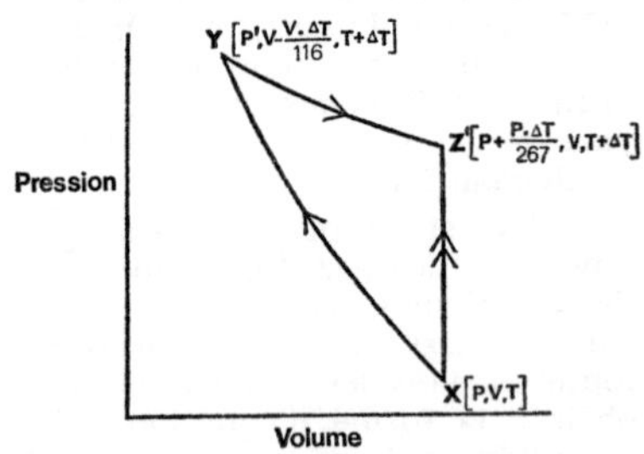

II

Considérons d'abord la figure I. D'après les données de Gay-Lussac et de Poisson (voir notes 36 et 38), Carnot affirme que la quantité de chaleur absorbée par un gaz qui, à pression constante, passe de l'état X (P, V, T) à l'état Z (P, V + $\frac{V.\Delta T}{267}$, T + Δ T), est égale à la quantité de chaleur absorbée dans les deux étapes suivantes : i) une compression adiabatique (XY) à un volume (V — $\frac{V.\Delta T}{116}$) et à une température

$(T + \Delta T)$; et ii) une dilatation isotherme (YZ) du volume $(V - \frac{V.\Delta T}{116})$ au volume $(V + \frac{V.\Delta T}{267})$.

Dans le cas d'un échauffement à volume constant (fig. II), la quantité de chaleur absorbée en passant de X à l'état Z' $(P + \frac{P.\Delta T}{267}, V, T + \Delta T)$ égale la quantité de chaleur absorbée en passant de X à Y par compression adiabatique, et en subissant alors une dilatation isotherme jusqu'au retour à son volume initial V. Carnot peut alors affirmer que, puisque le gaz n'absorbe ni ne perd de la chaleur au cours des transformations adiabatiques XY (i.e. $\Delta Q = O$), les quantités de chaleur absorbées dans les transformations YZ et YZ' sont égales respectivement à c_p et c_v. Supposant que les sommes de chaleur absorbées dans les transformations isothermes sont proportionnelles aux changements de volume, Carnot en conclut que le rapport c_p/c_v (γ) est alors :

$$\frac{1/267 + 1/116}{1/116} \text{ ou } 1{,}43.$$

L'argument n'est valable que pour des cycles infiniment petits. Il est clair qu'un intervalle de température limité à 1 °C est choisi pour des raisons purement didactiques. Pour des changements infinitésimaux de température, l'expression de Carnot se réduit très simplement à un modèle de γ qui deviendra familier dans les théories thermodynamiques ultérieures :

$$1 - \frac{\left(\frac{\partial V}{\partial T}\right)_P}{\left(\frac{\partial V}{\partial T}\right)_{\text{adiab.}}}$$

Par suite, il n'est pas étonnant que son chiffre soit aussi proche de la valeur 1,40, couramment acceptée pour l'air.

40. C'est le deuxième résultat de Carnot sur les propriétés physiques des gaz ; il est basé, comme c'est l'usage dans les *Réflexions*, sur l'hypothèse que le gaz obéit à une équation de forme $PV = R\ (A + t)$. Si on prend le terme « chaleur spécifique » dans son sens moderne, ce résultat, basé sur les mêmes hypothèses, sera valable dans les théories thermodynamiques ultérieures.

Comme le montre le théorème formulé ici, la différence entre les chaleurs spécifiques d'un volume donné de gaz est la même pour tous les gaz, dans le cas très particulier où ils ont tous la même pression et la même température. Ce théorème sera plus tard employé de façon généralisée dans les *Réflexions*, p. 117 (éd. 1824, p. [59]). Voir aussi la note 56.

41. François Delaroche et Jacques-Etienne Bérard obtiennent le prix de physique de l'Institut en janvier 1813, pour leur mémoire sur les chaleurs spécifiques des gaz intitulé « Mémoire sur la détermination de la chaleur spécifique des différents gaz » et publié dans les

Annales de chimie et de physique, LXXXV (1813), 72-110 et 113-82. Ils mesurent c_p par une méthode du flux constant à deux pressions différentes ; voir à ce sujet la note 44.

42. Le résultat obtenu p. 104 (éd. 1824, p. [46]) ne s'applique qu'aux chaleurs spécifiques pour un volume donné. La table présente ne concerne donc que ces chaleurs spécifiques.

43. Quand Carnot compose les *Réflexions,* il n'y a pas de preuve expérimentale à l'appui de cette conclusion, bien que Poisson ait proposé peu de temps auparavant une évaluation de 1,073 pour la vapeur d'eau, évaluation bien plus basse que celle acceptée à l'époque pour l'air, d'environ 1,4 (déduite des mesures de la vitesse du son). Poisson aboutit à ce chiffre pour la vapeur, en appliquant aux changements adiabatiques de volume le rapport PV^{γ} = constante qu'il vient de découvrir, et en supposant — d'après la loi de Clément et Desormes (voir l'Introduction p. 23-4) — qu'une vapeur saturée subissant des changements adiabatiques de volume doit rester dans son état de saturation. Lire l'article de Poisson « Sur la chaleur des gaz et des vapeurs », dans les *Annales de chimie et de physique,* XXIII (1823), 337-52 (344-5), ainsi que la discussion de l'argumentation de Clément et Desormes, dans l'Introduction de cette édition, p. 34-6.

Dulong, dans son mémoire lu en 1828 (voir note 37), tente le premier de mesurer γ pour différents gaz, par l'expérience directe.

44. Dans ce qui doit être, preuves à l'appui, la partie la plus influente et en même temps la plus trompeuse, de leur mémoire (voir note 41), Delaroche et Bérard montrent, en se basant sur leurs expériences, qu'une augmentation de 36 % de la pression de l'air, de 76 cm à 100,58 cm de mercure, s'accompagne d'une baisse de sa chaleur spécifique (au poids) de 9 % sur la même grille de températures. Dans les limites de la précision qui était possible avec leurs appareils — ils n'auraient pas dû observer de changements dans la chaleur spécifique. En fait, la facilité avec laquelle Delaroche et Bérard ont accepté ces résultats, étayés sur deux études seulement, montre bien qu'ils se sont laissé influencer par une des croyances les plus primitives de la théorie du calorique, selon laquelle il y aurait une corrélation intime entre la capacité d'une substance à contenir de la chaleur et sa chaleur spécifique. Quand, par exemple, on comprimait un gaz, on supposait que la quantité de chaleur nécessaire au maintien d'une température constante diminuait, de même que sa chaleur spécifique, donc, dans une compression adiabatique c'est-à-dire quand la chaleur « excédante » ne peut pas se répandre aux environs, il y a une augmentation de température. Sur l'absence de preuves concernant le changement de chaleur spécifique avec la température, voir la note 52.

45. Dans leurs « Recherches sur la mesure des températures et sur les lois de la communication de la chaleur », *Annales de chimie et de physique,* VII (1818), 113-54, 225-64 et 337-67 (voir particulièrement les pages 122-3), Dulong et Petit décrivent leurs expériences sur la dilatation de l'air et de l'hydrogène, à partir desquelles ils pensent avoir la preuve (1) que « tous les gaz se dilatent absolument de la même manière et de la même quantité pour des changements égaux de température », et (2) que « la loi de Mariotte ne cesse jamais d'être exacte, quelle que soit la température ». Les « expériences plus récentes de MM. Davy et Faraday » sont sans doute celles dont on peut trouver la description dans une série d'articles publiés dans *Philosophical transactions of the Royal Society of London,* CXIII, 2e partie (1823). L'ar-

ticle de Davy, « On the changes of volume produced in gases in different states of density, by heat », p. 204-5, aurait été particulièrement à propos. Les expériences qu'il nous décrit montrent que, pour une augmentation de température donnée, la dilatation de l'air est indépendante de sa densité. Comme nous le voyons dans les *Réflexions* — note p. 146 (éd. 1824, p. [88]) — Carnot a lu le numéro des *Annales de chimie et de physique*, où a été publié, après traduction, cet article de Davy.

46. Ce troisième résultat de Carnot sur les propriétés physiques des gaz, complète le résultat donné p. 99 (éd. 1824, p. [41]). Selon l'hypothèse avancée tout au long des *Réflexions*, le gaz obéit à la forme d'équation PV = R (A + t). Si on prend l'expression « quantité de chaleur » dans son sens moderne, ce résultat sera valable dans les théories thermodynamiques ultérieures. On le trouvera sous sa forme mathématique dans la note de la page 134 (éd. 1824, p. [76]), où Carnot nous montre que la quantité de chaleur qu'il faut ajouter à un gaz pour que sa température reste constante, est si l'on emploie la notation de la page 110 (éd. 1824, p. [52]), $T.L \frac{V}{U}$, dans laquelle *T* est une fonction (indéterminée) de température.

47. On a cru pendant longtemps que la dilatation ou la compression rapide des gaz produisait de la lumière. En 1802, un employé des Manufactures d'armes de Saint-Etienne et, un peu plus tard, Joseph Mollet de Lyon, observent une émission de lumière chaque fois qu'on décharge un fusil à air comprimé dans le noir. C'est probablement en 1803 que Mollet observe pour la première fois une émission de lumière quand l'air est brusquement comprimé dans un cylindre fermé. On trouvera un compte rendu de ces observations et des observations du même ordre sur l'échauffement par compression dans « The fire piston... », de Robert Fox, déjà cité note 26, p. 359-62.

En 1823, Thenard montre que l'observation faite à l'aide du fusil à air comprimé est fausse, mais ce n'est qu'en 1830 qu'il peut démontrer que la compression rapide d'un gaz ne provoque aucune émission de lumière ; consulter ses articles dans les *Annales de chimie et de physique*, XXII (1823), 436-9, et XLIV (1830), 181-8.

48. En fait, l'opinion qui prédomine pousse à supposer qu'on peut obtenir des hausses de température de cet ordre de grandeur avec des compressions plus petites. En 1818, dans les *Annales de chimie et de physique*, IX (1818), 310, Gay-Lussac soutient qu'on peut atteindre la température d'allumage de l'amadou (300 °C) par compression de l'air à 1/5e de son volume initial ; cinq ans plus tard, Poisson, dans cette même revue (XXIII [1823], 340) emploie son rapport nouvellement découvert, pour la compression adiabatique, PV^{γ} = constante, pour prédire une hausse de température de 221 °C pour une diminution similaire de volume.

49. Cette tentative de calculer l'augmentation de température pendant la compression adiabatique — avec l'incertitude qui lui est inhérente, en ce qui concerne la dépendance de la chaleur spécifique d'un gaz de sa densité — reflète les difficultés que Carnot a rencontrées pour arriver à exprimer de façon générale de tels processus. Lire son argumentation p. 120-125 et la note qui l'accompagne (éd. 1824, p. [62-67]).

50. Voir la note 44.

51. Carnot revient encore sur un problème que l'on retrouve souvent dans les *Réflexions.* Lire, à ce sujet, les pages 110-111 et la note p. 131-137 (éd. 1824, p. [52-53] et [73-79]).

52. Après la victoire de Delaroche et Bérard en janvier 1813 (voir les notes 41 et 44), on a ressenti la nécessité d'une étude qui montrerait la manière dont la chaleur spécifique d'un gaz varie avec sa température. A cette date, la Première Classe de l'Institut organise un concours destiné à récompenser la meilleure étude de ce problème. Il s'agit de mesurer les chaleurs spécifiques à des intervalles de 20° entre 0 °C et 100 °C, soit à volume constant, soit à pression constante, et de faire chaque mesure à deux pressions, l'une étant le double de l'autre. A la date de fermeture du concours, en décembre 1814, le sujet est retiré par manque de candidatures d'un niveau suffisant. Pour une discussion des quelques maigres renseignements concernant ce concours, lire *Caloric theory of gases,* de Robert Fox, *op. cit.* note 25, p. 149-50.

53. Voici un argument basé une fois encore sur l'hypothèse que dans un cycle complet $\Delta Q = O$.

54. Ce résultat, le quatrième obtenu par Carnot sur les propriétés physiques des gaz, est valable, ici encore, pour un gaz obéissant à l'équation $PV = R\ (A + t)$. Aussi, bien que Carnot ne soit pas explicite, son argument repose sur l'hypothèse que la température reste constante. Ce résultat est repris p. 116 (éd. 1824, p. [58]).

En ce qui concerne le rôle qu'ont pu jouer les résultats de Delaroche et Bérard dans la croyance que le changement de densité d'un gaz — à une température donnée — transforme sa chaleur spécifique, lire la note 44.

55. Carnot mentionne Mariotte par erreur, il s'agit en fait de Gay-Lussac.

56. Pour arriver à ce cinquième résultat sur les propriétés physiques des gaz, Carnot suppose (voir la figure) que la quantité de chaleur absorbée par un gaz qui passe de l'état X (P_1, V_1, T) à l'état Z $(P_1, V_2, T + \Delta T)$ est la même que la quantité de chaleur absorbée lorsqu'il passe de X à Z par Y $(P_2, V_1, T + \Delta T)$. Ainsi, pour lui, la quantité $(C_p - C_v)\, \Delta t$ est égale à la chaleur absorbée dans la dilatation isotherme le long de YZ ; cette chaleur, comme il l'a déjà démontré, n'est déterminée, pour une température donnée, que par le rapport $\frac{V_2}{V_1}$ (par le théorème exposé p. 110, éd. 1824, p. [52] ; voir la note 46).

Ce calcul est curieux : en effet, Carnot n'étudie que le cas où la température (T) est de 0 °C. En fait, $(C_p - C_v)$ dépend de la température pour deux raisons :

a) Pour une quantité ΔT donnée, le rapport $\frac{V_2}{V_1}$ varie avec la température T $(= A + t)$ suivant l'équation

$$V_2 = V_1 + \frac{V_1}{(A + t)} . \Delta T$$

c'est-à-dire

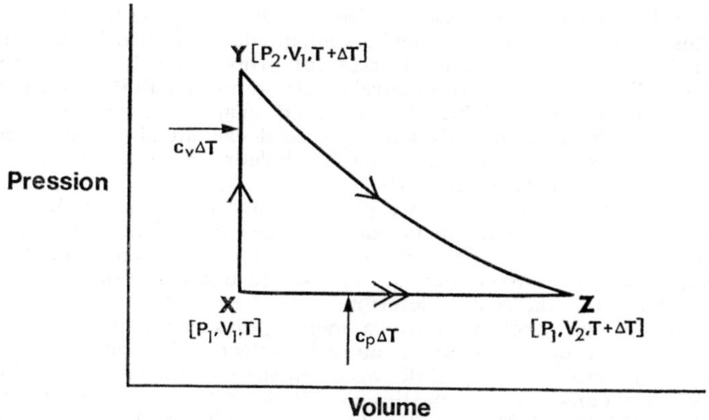

$$\frac{V_2}{V_1} = \left(1 + \frac{\Delta\ T}{(A + t)}\right)$$

b) La chaleur absorbée dans une transformation isotherme, pour une valeur donnée du rapport $\frac{V_2}{V_1}$, contient aussi un facteur dépendant de la température. Lire à ce sujet la note 46 et les *Réflexions*, p. 134 (éd. 1824, p. [76] n.).

Si on prend les deux chaleurs spécifiques dans leur sens moderne, un résultat équivalent est valable aussi dans les théories thermodynamiques ultérieures.

57. Dans sa communication « L'œuvre de Sadi Carnot, son contexte, ses suites », in *Sadi Carnot et l'essor de la thermodynamique* (*op. cit.*, p. 121-4), P. Costabel suggère que la façon dont Carnot expose sa conclusion — il soutient que la différence, plutôt que le rapport, entre les deux chaleurs spécifiques est une constante — reflète bien son réel désir d'être aussi diplomate que possible dans sa rupture avec les points de vue en vigueur à l'époque, défendus par Poisson et Laplace. Selon P. Costabel, il est ainsi très révélateur que Carnot mette en avant d'abord la conclusion de Poisson sur l'accroissement de température associé avec la compression rapide d'un gaz (voir p. 101-112 ; éd. 1824, p. 43-54) — une conclusion en étroit rapport avec la constance de γ — et ensuite seulement introduise, d'une façon très discrète, dans une note de bas de page, son propre commentaire sur les variations, bien que minimes, de γ.

Truesdell a étudié quelques-unes des conclusions logiques qui peuvent être tirées des expériences de Gay-Lussac et Welter montrant que γ = constante, expériences auxquelles Carnot fait allusion dans sa note. Voir à ce sujet les ouvrages de Truesdell cités dans la Bibliographie, Section IV, partie e ; les plus précieux peut-être sont celui intitulé « Theoria de effectibus mechanicis caloris... », et ses trois articles parus dans *Entropie*. Truesdell suggère même que ces expériences sur la constance de γ auraient dû conduire Carnot à abandonner la théorie du calorique. Une bonne raison à cela est que le fait d'admettre la constance de γ implique inévitablement, dans la théorie de Carnot, que à la fois c_p et c_v soient inversement proportionnels à la température sur l'échelle du thermomètre à gaz — un résultat qui en principe est aisément vérifiable. J'avoue qu'il m'apparaît sévère de critiquer Carnot à ce sujet, puisqu'à l'époque il existait si peu de preuves expérimentales sur la variation de la chaleur spécifique en fonction de la température (voir note 52).

L'étude de Truesdell soulève plusieurs questions fort intéressantes à propos de la cohérence même du texte des *Réflexions*. Par exemple, admettre la constance de γ dans le cadre de la théorie de Carnot implique nécessairement que la chute d'une quantité donnée de calorique dans un intervalle déterminé de température, mesurée sur l'échelle des gaz, doit produire la même puissance motrice quel que soit le niveau de température auquel s'effectue la chute. Une telle conclusion serait incompatible avec plusieurs affirmations exposées par Carnot dans diverses parties des *Réflexions*, et tout particulièrement p. 130 (éd. 1824, p. [72]). La longue note p. 131-137 (éd. 1824, p. [73-79]) est un autre bon exemple. Dans ce cas, cette conclusion impliquerait que la fonction Ft dont il est question soit une fonction linéaire de la température. A la lumière de cet exemple, il est frappant de constater que Carnot ne mentionne pas les conséquences évidentes qu'entraînerait la constance de γ. Cette omission permet de penser que la note p. 117-118 (éd. 1824, p. [59-60]) fut ajoutée par Carnot à la dernière minute. Même si rien dans le manuscrit des *Réflexions* ne permet (ni n'exclut) une telle supposition, il est à remarquer que la valeur si cruciale 1,3748 pour γ rapportée par Gay-Lussac et Welter, bien que publiée dès juillet 1822, est mentionnée sur une page des notes posthumes que Carnot n'a pu rédiger avant août 1823 (voir Appendice A_2, MS II, f° 6 recto).

58. Voir la note 44.

59. Comme je l'indique dans la note 44, c'est par une expérience inexacte (sans aucun doute consécutive en grande partie aux suppositions erronées de la théorie du calorique) que Delaroche et Bérard obtiennent le nombre 0,967, plutôt que l'unité, pour la chaleur spécifique de l'air à une pression d'un peu plus d'un mètre de mercure. C'est donc ce résultat erroné seul qui conduit Carnot à conclure que la chaleur spécifique d'un gaz varie avec sa densité. Même si l'on ne tenait pas compte de ces considérations, l'extrapolation contenue dans cette table, basée comme c'est le cas sur des résultats obtenus pour deux pressions seulement, serait malgré tout difficile à justifier — ce que Carnot semble d'ailleurs reconnaître (voir p. 120 ; éd. 1824, p. [62] : « Les expériences qui servent de base... »).

En dépit de doutes souvent formulés, on continuera à utiliser les résultats de Delaroche et Bérard jusqu'à ce que ceux de Victor Regnault, présentés par celui-ci à l'Académie des Sciences en 1853, viennent les remplacer. Pour une meilleure connaissance des travaux de Regnault, lire son « Mémoire sur la chaleur spécifique des fluides élastiques », dans *Mémoires de l'Académie des Sciences de l'Institut Impérial de France*, XXVI (1862), 1-333.

60. Carnot obtient son expression pour l'augmentation de température d'un gaz en compression adiabatique en raisonnant de la façon suivante.

Il considère un adiabat passant par un point X donné (voir figure).

Si Z est un point sur l'adiabat, la chaleur fournie par le gaz en compression isotherme le long de XY est égale à la chaleur rendue au gaz quand il est chauffé, à volume constant, le long d'YZ. (Cette hypothèse est exposée de manière explicite dans ce paragraphe ; c'est un des passages des *Réflexions* où la croyance axiomatique de Carnot à la conservation de la chaleur est le plus clairement exprimée).

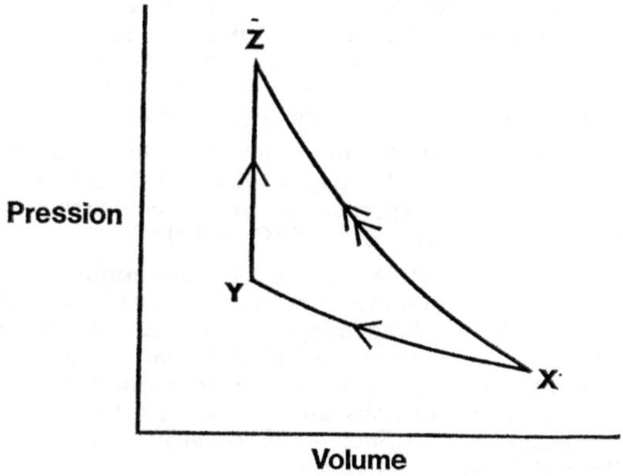

Si l'on revient au troisième résultat de Carnot sur les propriétés physiques des gaz (voir plus haut, note 46), la chaleur fournie par un gaz dans la transformation XY peut s'exprimer ainsi :

$$A + B\,L\,v.$$

Ici A et B sont constants sur l'isotherme et doivent naturellement être tels que l'expression se réduise à zéro pour le volume initial, c'est-à-dire le volume à X).

Lorsqu'il calcule la chaleur rendue au gaz dans la transformation YZ, Carnot fait une approximation. La capacité de chaleur d'un gaz est, d'après le quatrième résultat de Carnot sur les propriétés physiques des gaz (voir note 54) :

$$z = A' + B'\,L\,v.$$

Ici A′ et B′ sont des fonctions de température. B′, comme le montre Lervig, pourrait être nul ; mais Carnot, s'appuyant sur les résultats de Delaroche et Bérard en ce qui concerne la variation de chaleur spécifique avec la densité, penche vers l'idée que B′ est une petite quantité positive ; lire sur ce point les *Réflexions*, p. 126 (éd. 1824, p. [68] n.). Dans son article « On the structure of Carnot's theory of heat », p. 236-8 (Bibliographie, Section IV, partie e), Lervig discute, de manière utile ici, la loi logarithmique des chaleurs spécifiques.

Notons que ce n'est qu'en négligeant la dépendance de température de A′ et B′ que Carnot s'arrange pour arriver à son expression pour l'augmentation de température accompagnant la compression adiabatique. Cette expression n'est donc rien moins qu'approximative, et elle n'est valable que pour de petits changements de température. Carnot en est pleinement conscient, ainsi que cela apparaît dans le paragraphe commençant par « Il ne faudrait pas considérer... », p. 122 (éd. 1824, p. [64]).

Il est à noter que Carnot ne fait pas mention des rapports PV^{γ} = constante et $TV^{\gamma-1}$ = constante, récemment formulés par Poisson ; lire sur ce point l'Introduction, note 54. Le texte des *Réflexions* et les notes manuscrites reproduites dans l'Appendice, partie A_2, montrent clairement que Carnot était très familier des *Annales de chimie et de physique ;* à la page 146 *supra* des *Réflexions* (éd. 1824, p. [88] n), par exemple, il lui est possible de se référer à un article publié dans cette revue en janvier 1824. Donc Carnot a certainement eu connaissance de ces rapports de Poisson, diffusés en 1823. Il est possible qu'il les ait omis dans les *Réflexions* à cause des difficultés de concilier sa théorie avec la constance de γ (qui est implicite dans l'argument de Poisson). Sur ces difficultés, lire la note 57.

61. Ces expériences sont décrites dans l'article de Dulong et Petit, cité à la note 45. Lire surtout les pages 142 à 150 de cet article : Dulong et Petit y décrivent leurs expériences sur les chaleurs spécifiques de plusieurs métaux et du verre, entre 0 °C et 300 °C.

62. La loi de Clément et Desormes est communiquée à la Société d'Encouragement pour l'Industrie Nationale en avril 1819, et, de façon plus formelle, en août, à l'Académie des Sciences ; lire les notes 16 et 17 de l'Introduction. La commission choisie par l'Académie (Fourier, Arago, Thenard et Gay-Lussac) juge que ce mémoire ne mérite pas d'être publié, et tout ce qui nous en reste est un bref résumé dans le *Bulletin des sciences, par la Société Philomathique de Paris,* cité à la note 17 de l'Introduction.

Cette loi n'a jamais été complètement acceptée, mais ce n'est qu'en 1827 que Despretz démontre finalement, après avoir fait de nouvelles expériences, l'inexactitude des mesures de Clément et Desormes. Sur les origines historiques de cette loi et des versions proposés par Watt (dès 1765) et John Sharpe (en 1806), lire : *Watt to Clausius,* de Cardwell, cité note 2, chapitre 6 ; l'article de Jacques Payen, « Deux nouveaux documents sur Nicolas Clément », dans la *Revue d'histoire des sciences et de leurs applications*, XXIV (1971), 45-60 (50) ; et celui de Fox « The challenge of a new technology... », cité note 11, pp. 155-60. Dans les *Réflexions,* Carnot utilise sans hésitation la loi de Clément et Desormes, mais dans le manuscrit « Recherche d'une formule... » (voir Appendice A, partie A_1) il exprime des doutes sur son exactitude, ce qui ne l'empêche pas de l'employer dans son argumentation.

Les expériences de Clément et Desormes montrent simplement que la quantité de chaleur requise pour transformer une masse donnée d'eau en vapeur est indépendante de la température — et de la pression — auxquelles la vapeur est produite. Le corollaire que la vapeur saturée contient toujours la même quantité de chaleur est, bien entendu, lié à l'acceptation de la théorie du calorique, comme l'est la conclusion que la vapeur saturée subissant une dilatation adiabatique restera dans son état de saturation pendant sa dilatation. Cette loi a déjà été exposée sous cette dernière forme par Clément et Desormes eux-mêmes (dans leur article de 1819) et par Poisson (voir la note 43). Dans ce paragraphe, Carnot suppose que les lois s'appliquant aux gaz peuvent par conséquent s'appliquer à la vapeur ; cette hypothèse, émise depuis près d'une décennie en France, a été confirmée par les expériences de César Mansuète Despretz qui montre, dans un mémoire lu à l'Académie des Sciences en novembre 1821, que l'équation $\frac{PV}{267 + t}$ = constante, est valable pour la vapeur saturée ; lire à ce sujet son « Mémoire sur les densités des vapeurs », dans les *Annales de chimie et de physique,* XXI (1822), 143-55. En réalité, l'équation pour la vapeur n'est qu'une modeste approximation.

63. Les chiffres de Biot concernant la pression de la vapeur saturée, tels qu'on peut les voir dans son *Traité de physique, op. cit.*, note 2, I, 530-1, ont en fait été calculés par un assistant de Biot, C.S.M. Pouillet, à partir des célèbres données expérimentales de Dalton.

64. Cette hypothèse semble confirmée par les résultats de Delaroche et Bérard, mais uniquement pour l'air. Voir les notes 44 et 60.

65. Il convient de noter que ce résultat, basé lui aussi sur l'hypothèse que la quantité de chaleur contenue dans un gaz (Q) est fonction de son état, n'est possible que si on accepte les données de Delaroche et Bérard sur les variations de la chaleur spécifique d'un gaz avec son volume (voir note 44). Comme le fait remarquer Carnot p. 131 (éd. 1824, p. 73), si Delaroche et Bérard n'avaient pas montré que la chaleur spécifique de l'air diminue légèrement quand il est comprimé, son argumentation aurait eu pour conséquence que la quantité de chaleur absorbée quand le volume change à 100 °C serait égale à celle absorbée au cours d'un changement similaire de volume à 1 °C, de sorte qu'une « chute » donnée de chaleur serait également effective à quelque point que ce soit de l'échelle thermométrique.

66. Le manque de preuves expérimentales sur les variations de la chaleur spécifique d'un gaz avec sa température est ressenti avec acuité, comme on l'a vu à la note 52.

67. Cette note a été à plusieurs reprises discutée, en particulier dans « On the structure of Carnot's theory of heat », de Lervig, p. 235-6 (article cité dans la Bibliographie, Section IV, partie e). D'autre part, la note 57 mentionne les implications, pour la fonction Ft, de l'hypothèse que γ est indépendant de la densité d'un gaz.

Pour Clapeyron, dans son mémoire de 1834, la quantité maximum de puissance motrice pouvant être obtenue d'une quantité donnée de chaleur « tombant » d'une température (t + dt) à une température t, est égale à $\frac{dt}{C}$; lire à ce sujet le mémoire de Clapeyron (*op. cit.* note 33), p. 167-9. Le $\frac{1}{C}$ de Clapeyron est donc l'équivalent du Ft de Carnot.

William Thomson discute Ft dans ses articles « On an absolute thermometric scale... » (1848), et « An account of Carnot's theory of the motive power of heat... » (1849) dans les *Mathematical and physical papers,* de Thomson, cité note 33, I, 100-6 et 113-55. Dans celui de 1849, Thomson introduit la quantité $\mu(t)$, identique à la dérivée, F't, de la fonction de Carnot. Il l'appelle le « coefficient de Carnot ».

Sur les travaux de Clapeyron, de Thomson et d'autres chercheurs, destinés à élucider la fonction C, lire *Watt to Clausius,* de Cardwell, déjà cité note 2, pp. 220-60.

68. Aux pages 137-8 (éd. 1824, p. [79-80], Carnot calcule la puissance motrice obtenue au cours du cycle, en utilisant l'hypothèse commode que la « chute » de température est minime (hypothèse qui permet de ne pas tenir compte des effets des adiabats). Aux pages 138-9 (éd. 1824, p. [80-81]), il mentionne la conclusion, obtenue p. 101-103 (éd. 1824, p. [43-45]), que la quantité de chaleur absorbée dans une dilatation

isotherme de $(\frac{1}{116} + \frac{1}{267})$ est proportionnelle à c_p ; la note 39 nous donne les origines de ce résultat. c_p exprime alors la quantité de chaleur qui « tombe » par un intervalle de température de 1/1 000 °C.

69. Comme Clément et Desormes, Carnot utilise naturellement l'unité la plus habituelle en mécanique pratique (comme l'ont fait Hachette et Coriolis parmi d'autres) : un mètre cube d'eau (1 000 kg), élevé à un mètre. Cependant, dans son manuscrit, « Recherche d'une formule... » (voir l'Appendice A, partie A_1), il emploie une unité beaucoup plus petite, qu'il appelle le *dyname :* un kilogramme élevé à un mètre de hauteur. Cette dernière unité est utilisée par G.-J. Christian, Navier et J.-V. Poncelet. Le *dyname,* tel qu'il est défini en avril 1823 dans le rapport de la commission de l'Académie des Sciences sur la sécurité des machines à vapeur (voir note 6), est une mesure de la *vitesse* de travail. Il est proposé comme unité de vitesse de travail quand 100 kg sont élevés à un mètre de hauteur en une seconde. Lire à ce sujet les *Procès-verbaux* (*op. cit.*, note 6), VII, 471. Dans son livre *Géométrie et mécanique des arts et métiers et des beaux-arts* (3 vol., Paris, 1826), III, 487, Charles Dupin, qui fait le rapport pour le compte de la commission réunie en 1823, utilise encore le *dyname* comme unité de puissance, mais le définit différemment : « l'unité de force motrice représentant 1 000 m^3 d'eau distillée [10^6 kg]... élevés à un mètre de hauteur durant un jour astronomique ».

70. Cette unité est précisément celle qu'ont employée Clément et Desormes dans leur article paru en 1819. Clément l'appelle « la petite calorie » au cours de ses conférences au Conservatoire des Arts et Métiers, en octobre 1824.

71. Une erreur typographique a fait écrire 100 pour 1 000.

72. Bien que Carnot ne fasse pas le point de manière explicite, la quantité de puissance motrice obtenue, à une température donnée, par la chute de 1 000 unités de chaleur dans un intervalle de 1 ° C est, suivant sa théorie, 1 000 F't, Ft étant la fonction universelle mentionnée p. 134 (éd. 1824, p. [76] n.). Pour une température donnée, elle représente une constante.

Appliqué au processus de vaporisation, l'argument de Carnot conduit à l'expression générale :

$$1\,000 \ \frac{\Delta P . V}{L} = \text{constante (pour une température donnée).}$$

Dans cette expression, ΔP représente le changement de pression de la vapeur saturée par 1 °C à la température en question ; V et L sont, respectivement, le volume de cette vapeur et la chaleur latente de vaporisation à cette température. La constante est 1 000 F't.

L'expression devient identique à l'équation de Clapeyron, si ΔP $[= \frac{\Delta P}{\Delta T}$, puisque pour Carnot $\Delta T = 1]$ est remplacé par $\frac{dP}{dT}$ et V par $(V_v - V_l)$, c'est-à-dire la différence entre les volumes de cette substance à l'état liquide et à l'état gazeux.

73. La concordance numérique entre les valeurs présentées à cette page et les suivantes, des puissances motrices obtenues avec différentes substances, telles l'air, la vapeur d'eau ou d'alcool, est extrêmement

frappante. Ces chiffres sont également en accord avec le résultat exposé p. 130 (éd. 1824, p. [72]), selon lequel la quantité de puissance motrice produite lors de la chute d'une quantité donnée de calorique dans un même intervalle de température, est d'autant plus élevée que la température est basse. Il est clair qu'une telle concordance fut un appui sérieux à la théorie de Carnot.

74. De toutes les vapeurs, celle de l'alcool a longtemps été considérée avec espoir comme un substitut possible de la vapeur d'eau. En 1796, Riche de Prony soutient, dans son livre *Nouvelle architecture hydraulique* (2 vol., Paris, 1790-6), II, 179, que la vapeur d'alcool serait plus économique que la vapeur d'eau, car à une température donnée, sa pression égale toujours plus de deux fois celle de la vapeur d'eau. La faiblesse la plus flagrante de cette observation est, aux yeux de ses contemporains, l'absence de discussion des chaleurs latentes des deux gaz, et par suite des sommes de chaleur très différentes consommées dans les deux cas.

75. Dans ce mémoire (voir l'Introduction p. 24) Petit soutient que l'économie d'un moteur thermique peut être multipliée plus de quatre fois si l'on substitue de l'air à la vapeur d'eau, comme agent moteur. Il n'est pas surprenant que Carnot juge cette argumentation très inadéquate, car, en accord avec les pratiques normales de son époque, Petit ne tient compte que du mouvement ascendant du piston sans essayer d'analyser un cycle complet d'opérations. Les arguments de Petit sont sévèrement critiqués par Clément et Desormes dans leur article paru en 1819, et par Navier en 1821.

76. Un Espagnol des Canaries, Augustin de Bétancourt y Molina, mesure la pression de la vapeur d'alcool entre 0 °C et 112 °C, et celle de la vapeur d'eau entre 0 °C et 127 °C. Une description des appareils de Bétancourt et un compte rendu préliminaire de ses résultats sont donnés en 1790 dans la *Nouvelle architecture hydraulique*, de Prony, *op. cit.* note 74, I, 557-62. Un second volume de l'œuvre de Prony, publié six ans plus tard, nous livre une discussion complète de cette méthode et de ses résultats (p. 8-34, 175-83 et 190-6).

77. Dalton a exposé sa conclusion dans un mémoire intitulé « On the force of steam or vapour from water and various other liquids, both in a vacuum and in air », et publié dans *Memoirs of the literary and philosophical society of Manchester*, V, 2ᵉ partie (1802), 550-74 (564). Les deux articles de Despretz auxquels Carnot fait allusion ont été publiés dans les *Annales de chimie et de physique ;* il s'agit de la « Note extraite d'un mémoire lu à l'Institut le 29 novembre 1819, par M. C. Despretz », XVI (1821), 105-9, et de l' « Extrait d'un mémoire sur les chaleurs latentes de diverses vapeurs », XXIV (1823), 323-31 (ce dernier a été lu à l'Académie des Sciences le 3 octobre 1818). Dans le premier, Despretz décrit des expériences faites sur l'eau, l'alcool, l'éther sulfurique et l'essence de térébenthine, qui jettent un doute sur la première conclusion de Dalton mentionnée par Carnot ; il faut lire aussi les commentaires de Despretz dans les *Annales de chimie et de physique*, XXI (1822), 154-5. Dans son deuxième article, publié en 1823, Despretz décrit des expériences faites sur les mêmes substances, et arrive à la conclusion que leurs chaleurs latentes sont inversement proportionnelles à la densité de leurs vapeurs à leurs divers points d'ébullition.

Carnot puise ses renseignements sur les travaux de Davy et de

Faraday dans un article d'Humphry Davy intitulé « Sur l'emploi des liquides obtenus par condensation des gaz, comme agents mécaniques », paru dans les *Annales de chimie et de physique,* XXV (1824), 80-5, qui est une traduction de l'article intitulé « On the application of liquids formed by the condensation of gases as mechanical agents », publié dans *Philosophical transactions of the Royal Society of London,* CXIII (1823), 199-205. Au cours d'expériences, faites avec Faraday, Davy observe l'effet des changements de température sur la pression de gaz tels que l'hydrogène sulfureux, l'hydrogène chlorhydrique et l'acide carbonique, qui, quoique liquéfiables, ne peuvent être transformés à l'état liquide que s'ils sont soumis à des pressions très fortes. Après avoir montré que pour ces vapeurs une petite augmentation de température provoque une très grande augmentation de pression, Davy soutient que, si on les utilisait comme agents moteurs, elles pourraient produire une grande quantité de puissance motrice, même à des pressions atmosphériques normales. On notera avec intérêt que, dans son article, Davy se montre quelque peu sceptique sur l'économie que l'on pourrait faire en employant la vapeur d'eau à haute pression.

78. Il convient de comparer le ton prudent de cet exposé sur la théorie de la chaleur avec la version plus confiante du manuscrit (lire p. 147 de la présente édition). On trouvera un commentaire de cet important passage dans l'article de Mendoza, intitulé « Contributions to the study of Sadi Carnot and his work », cité note 15, p. 384-5.

79. Des tentatives d'utiliser la dilatation et la contraction alternées d'une barre de métal pour obtenir de la puissance motrice ont été faites par un obscur contemporain de Carnot, nommé Bonnemain. Ces expériences, conduites au Conservatoire des Arts et Métiers probablement au début du siècle, sont rapportées brièvement par A.-T. Petit dans sa « Note sur l'emploi de la dilatation des liquides comme force motrice », parue dans les *Annales de chimie et de physique,* IX (1818), 196-9 (198). Le moteur de Bonnemain semble avoir fonctionné, mais cette note de Petit indique que ses avantages, dus surtout à la grande puissance exercée par la barre de métal, sont trop faibles pour justifier le développement de cette invention.

Le catalogue de la Bibliothèque Nationale qualifie Bonnemain de « membre de l'Athénée des Arts », et mentionne un de ses ouvrages, imprimé à ses frais, sous le titre *Observations sur l'art de faire éclore et d'élever la volaille sans le secours des poules* (Paris, 1816). Carnot a certainement eu connaissance des travaux de Bonnemain, ne serait-ce qu'à cause de ses visites au Conservatoire. Voir aussi la note 81.

80. Pour sa discussion de l'échauffement produit par le choc, Carnot s'aide presque certainement des observations de Claude-Louis Berthollet, relatées dans son *Essai de statique chimique* (2 vol., Paris, an XI, 1803), I, 165 et 248-50, et dans son article « Sur la chaleur produite par le choc et la compression », *Mémoires de physique et de chimie de la Société d'Arcueil,* II (1809), 441-8. Comme la plupart des caloristes, Berthollet associe l'augmentation de température à la diminution de volume d'un corps solide subissant un choc, diminution qui provoque l'expulsion du calorique — comme l'eau d'une éponge — et présente une analogie manifeste avec l'échauffement « adiabatique » d'un gaz. A l'appui de cette explication, Berthollet décrit, dans son article paru dans les *Mémoires* de la Société d'Arcueil, des expériences, conduites aux environs de 1803 avec Biot et Marc-Auguste Pictet, qui démontrent que, dès que les chocs cessent de provoquer une diminu-

tion de volume, on ne peut plus produire de chaleur. Après avoir mesuré la densité de ses échantillons de divers métaux avant et après les avoir frappés fortement avec un balancier de la Monnaie, Berthollet peut donner une indication du rapport entre la compression et l'augmentation de température qui s'ensuit. Ses expériences montrent à l'évidence que les changements de température obtenus en pratique par compression des solides sont insuffisants pour obtenir, comme le veut Carnot — une forte « chute » du calorique. De plus, comme cela est mis en lumière p. 151 (éd. 1824, p. [93]), Carnot est extrêmement conscient des énormes difficultés pratiques inhérentes à l'emploi d'un solide ou d'un liquide comme agent moteur.

Dans ses notes manuscrites (voir l'Appendice A, partie A_2, f° 8 recto et verso), il rejette l'explication de Berthollet sur l'échauffement par percussion, et en particulier l'hypothèse d'un rapport entre diminution de volume et augmentation de température.

81. La possibilité d'employer des liquides comme agents moteurs a suscité un certain intérêt au début du 19ᵉ siècle. Jacques-Pierre-Guillaume Pattu, ingénieur en hydraulique, propose un moteur thermique qui utilise l'eau comme agent ; il décrit ce projet dans un article intitulé « Projet d'un nouveau moteur fondé sur la théorie du thermomètre », et publié dans les *Annales de chimie et de physique*, IX (1818), 91-4. Lire aussi le mémoire de Petit, « Note sur l'emploi de la dilatation des liquides... », *op. cit.* note 79. D'autre part, selon le Directeur du Conservatoire des Arts et Métiers, G.-J. Christian, dans son *Traité de mécanique industrielle* (4 vol., Paris, 1822-5), II (1823), 394, Bonnemain aurait fait des tests sur des liquides non identifiés, dans le but d'en tirer de la puissance motrice ; mais ces travaux, de même que ses tentatives pour utiliser des solides, n'ont pas été suivis d'applications pratiques.

82. On trouvera dans les *Annales de chimie et de physique* les comptes rendus des expériences du Danois H. C. Oersted, d'une part dans une note sans signature intitulée « Instrument pour mesurer la compression de l'eau » (XXI [1822], 99-100), d'autre part, de façon plus complète, dans un article de Oersted lui-même « Sur la compressibilité de l'eau » (XXII [1823], 192-8).

La possibilité d'obtenir de la chaleur par la compression d'un liquide suscite un immense intérêt à cette époque, intérêt parfaitement naturel, si l'on considère qu'on connaissait très bien la possibilité d'obtenir les mêmes effets à partir des gaz. Un concours est ouvert en 1822 par l'Académie des Sciences, destiné à récompenser la meilleure étude sur la compressibilité des liquides (en particulier de l'eau, de l'éther sulfurique et de l'alcool), et qui doit inclure des observations sur les changements de température dus à la compression. Il est convenu que le prix sera attribué en 1824, mais en l'absence de candidatures valables, la date limite est repoussée jusqu'en 1826, puis de nouveau jusqu'en 1827, lorsque enfin deux jeunes physiciens suisses, Daniel Colladon et J. C. F. Sturm, sont couronnés et reçoivent la médaille d'une valeur de 3 000 F. Ces deux physiciens ne décèlent aucune augmentation de température de l'eau, même quand elle est soumise à une pression de 40 atmosphères, mais ils observent en revanche de légères hausses de température avec l'alcool et l'éther sulfurique. Lire le « Mémoire sur la compression des liquides », de Colladon et Sturm, dans *Mémoires présentés par divers savants à l'Académie Royale des Sciences... Sciences mathématiques et physiques*, V (1838), 267-347.

83. Les pages suivantes résument de façon particulièrement claire les points de la théorie de Carnot qui touchent de plus près les aspects pratiques de la technologie des machines à vapeur. Elles contiennent une connaissance précise des limites d'application de la théorie aux machines en fonctionnement.

84. Au sujet de ce mémoire, revoir la note 62. Il est intéressant de remarquer que Carnot en attribue la rédaction à Clément seul (après avoir rayé le nom de Desormes dans son manuscrit). En fait, nous avons de bonnes raisons de penser que la contribution de Clément à cet article a été beaucoup plus importante que celle de Desormes.

Cette note apporte une preuve supplémentaire de l'étroite amitié qui lie Carnot et Clément. Hippolyte Carnot, dans sa « Notice biographique sur Sadi Carnot », place particulièrement cette amitié vers la fin des années 1820 ; cependant, ce passage montre bien que les deux hommes se connaissent dès 1824. De plus, comme nous le savons, Carnot assiste, le 20 janvier 1825, à l'une des conférences de Clément au Conservatoire des Arts et Métiers ; ce dernier profite de cette occasion pour recommander tout particulièrement les *Réflexions* à son auditoire, les présentant comme « un ouvrage très remarquable ». Consulter à ce sujet les ouvrages suivants : « Contributions to the study of Sadi Carnot and his work », de Mendoza, déjà cité note 15, p. 394 ; « Une source de la pensée de Sadi Carnot », de Jacques Payen, dans les *Archives internationales d'histoire des sciences,* XXIe année (1968), 15-37 (37) ; et « Watt's expansive principle... », de Fox, *op. cit.* note 11, p. 236 et 245.

85. Du printemps 1823 à l'été 1824, la machine de l'Américain Jacob Perkins suscite un grand intérêt, aussi bien en Grande-Bretagne qu'en France. Un premier rapport sur cette nouvelle machine est publié en janvier 1823 dans l'*Edinburgh philosophical journal,* VIII (1823), 186. On peut trouver un supplément de renseignements dans les numéros d'avril et de juillet de cette même revue ; voir *ibid.,* VIII (1823), 398-9, et IX (1823), 172-9. En France, l'information concernant cette première machine devient tout à fait disponible dès le printemps 1823. Le numéro de mars du *Bulletin de la Société d'Encouragement pour l'Industrie Nationale,* XXIIe année (1823), 65-7, publie une brève notice, à laquelle viendront s'ajouter de nombreuses mises au point détaillées dans les numéros suivants ; voir *ibid.,* XXIIe année (1823), 154-7, et XXIIIe année (1824), 42-6. Il faut en outre signaler un rapport publié dans le numéro d'avril des *Annales de chimie et de physique,* XXII (1823), 429-32. Et c'est aussi en avril que Charles Dupin attire l'attention sur cette machine dans le rapport de la commission sur la sécurité des machines à vapeur, rapport qu'il présente ce même mois à l'Académie des Sciences ; revoir la note 6.

L'enthousiasme, qui fait suite à la présentation d'un prototype aux manufactures de Perkins à Londres, est de courte durée. Dès l'automne 1823 on exprime déjà des doutes ; l'été suivant, les affirmations de Perkins n'ont pas encore été confirmées, et la réputation de sa machine succombe rapidement devant le scepticisme général. Les intérêts de Perkins lui-même se tournent ailleurs, en particulier vers sa machine « uniflow » et, un peu plus tard, vers les locomotives à vapeur.

On pourra trouver un compte rendu de la machine de Perkins et de l'excitation éphémère qu'elle a provoquée, dans *Jacob Perkins.*

His inventions, his times and his contemporaries (Philadelphie, Pa., 1943), p. 95-108, de Greville et Dorothy Bathe.

86. Les chiffres de cette table sont tirés (avec quelques erreurs numériques) de la première illustration du brevet de Watt de 1782 pour la méthode de détente. Il est clair que Carnot puise dans un article non signé (et non numéroté) de John Farey sur la machine à vapeur, paru dans *The cyclopaedia ; or universal dictionary of arts, sciences, and literature* (39 vol., Londres, 1819), volume XXXIV, de Abraham Rees. En effet, Farey a présenté cette table exactement comme les *Réflexions* nous la livrent. La traduction manuscrite d'une partie de cet article sur la machine à vapeur (voir l'Appendice F, document F_3), nous confirme que Carnot l'a bien lu. Notons que cette table ne figure pas dans l'article de Robison publié dans l'*Encyclopaedia Britannica* (cité note 89), ni dans d'autres œuvres de ce type dans lesquelles Carnot aurait pu puiser.

87. Sur les machines de Hornblower et de Woolf, lire l'Introduction, p. 17-21 et le livre de Cardwell, *Watt to Clausius,* déjà cité note 2, p. 78-9, 82-4, 155-9.

88. Vers 1818, deux ingénieurs britanniques, Aitken et Steel, ont suggéré que l'on ajoute un troisième cylindre à la machine de Woolf, mais on ignore si une machine de ce type a été fabriquée. On trouvera un compte rendu de leur projet dans le *Traité théorique et pratique des moteurs à vapeur* (3 vol., Paris, 1861-2), II, 394-5, de J.-E. Armengaud (aîné). Aitken et Steel sont des fabricants de machines à vapeur, célèbres en France de 1802 aux environs de 1820 ; lire sur ce point l'ouvrage de Payen, *Capital et machine à vapeur, op. cit.* note 5, p. 157 n. et 210.

Plus tard, au cours du 19e siècle, on utilisera avec succès des machines à trois cylindres, notamment celle de l'Américain George Henry Corliss.

89. *De la richesse minérale* (3 vol. et 1 atlas, Paris, 1819), III, 50-114, de A.-M. Héron de Villefosse, contient un des comptes rendus les plus complets alors disponibles sur les machines de Savery, Newcomen, Watt et Woolf. Ce compte rendu se présente sous la forme d'une description des planches magnifiques de l'Atlas qui l'accompagne. L'*Encyclopaedia Britannica* contient un article classique de John Robison sur les machines à vapeur, aux pages 743-72 du volume XVII de la troisième édition (Édimbourg, 1797). En dépit du développement important de la technologie des machines à vapeur après 1797, le même article figure encore, inchangé, dans la sixième édition (Édimbourg, 1823), XIX, 648-78. Pourtant un article encyclopédique plus moderne sur la machine à vapeur, celui de John Farey, a été publié dans la *Cyclopaedia* de Rees de 1819, et il semble certain que Carnot le connaissait bien. Lire la note 86 et l'Appendice F, document F_3.

90. L'ingénieur de Cornouailles Richard Trevithick et son cousin Andrew Vivian obtiennent un brevet à Londres en 1802 pour leur machine à haute pression. Bien qu'intéressé au premier chef par l'emploi de la vapeur à haute pression dans les machines d'épuisement, Trevithick construit un certain nombre de locomotives à vapeur, particulièrement destinées aux régions minières. Mais, si ces locomotives éveillent un intérêt considérable en Angleterre, elles sont au contraire peu connues en France à l'époque où Carnot écrit ses *Réflexions.*

91. Dans la machine de Trevithick, la vapeur est normalement expulsée, après détente, à une pression d'un peu plus d'une atmosphère.

92. Notons qu'aux yeux de Carnot l'une des vertus de la machine à air comprimé est la possibilité d'obtenir des températures élevées, à des pressions qui seraient, de beaucoup, inférieures à celles de la vapeur à des températures comparables. Il n'est donc pas surprenant que les autres auteurs ne se montrent pas particulièrement séduits par cet « avantage » de la machine à air comprimé, étant peu concernés par le problème d'obtenir une « chute » du calorique aussi importante que possible. Lire à ce sujet le paragraphe p. 172 (éd. 1824, p. [112]) qui commence par les mots : « S'il se rencontrait... » ; Carnot y explique que sa vapeur idéale devrait avoir, parmi ses propriétés, une haute température de vaporisation.

93. Cette découverte intéressante, qui annonce le moteur à combustion interne, est décrite par les frères Niepce — Joseph-Nicéphore et Claude — de Châlons-sur-Saône, devant la Première Classe de l'Institut, le 17 novembre 1806. Contrairement à ce qui se fait habituellement — et cela nous montre bien l'intérêt soulevé à cette occasion — le rapport sur cette invention, daté du 15 décembre 1806 et rédigé par Berthollet et Lazare Carnot, est publié dans les *Mémoires de la Classe des Sciences Mathématiques et Physiques de l'Institut National de France,* VIII (1807), 146-53 ; de plus, J.-B.-J. Delambre en donne un bref compte rendu dans son « Histoire de la Classe des Sciences Mathématiques et Physiques... », publiée dans les mêmes *Mémoires...,* VII (1806), 28-30. En dépit du succès obtenu par le pyréolophore, capable de faire marcher un petit bateau sur la Saône, et malgré la conclusion favorable de Berthollet et de Carnot (« La machine proposée... est ingénieuse... elle peut devenir très intéressante par ses résultats physiques et économiques et... elle mérite l'approbation de la classe »), l'invention de cette machine ne connaîtra pas de développement ultérieur, par suite, entre autres choses, des difficultés posées par le choix d'un combustible adéquat.

94. Voir la note 92.

95. On pourrait penser que Carnot fait allusion ici à un rapport sur une machine conçue et expérimentée, avec peu de succès, à Newcastle-upon-Tyne, par Sir John Cayley, au début du 19e siècle. Mais il est plus probable, à mon avis, que Carnot a dans l'esprit la machine à air chaud que Robert Stirling a fait breveter à Londres en 1816. Il n'est pas surprenant que Carnot ait eu peu de renseignements sur cette machine, car elle n'est pas mentionnée dans les ouvrages de mécanique de cette époque : en effet, sans que l'on sache exactement pourquoi, cette invention n'a jamais été officiellement inscrite au Patent Office de Londres. De plus, elle a été peu utilisée ; cependant, une machine Stirling, construite en 1818 pour pomper l'eau d'une carrière du Ayrshire, a fonctionné, dit-on, pendant quelques années. Un article anonyme, « The centenary of the heat regenerator and the Stirling air engine », publié dans *The engineer,* CXXIV (1917), 516-17, traite de la machine de Stirling et de son brevet. L'une des sources de l'histoire des machines à air comprimé en général est l'article « Air Engines », de T. Finkelstein, *ibid.,* CCVII (1959), 492-7, 522-7, 568-71 et 720-3.

96. L'alcool ne bout qu'à une température de 77 °C, à la pression atmosphérique. Comme on l'a vu dans la note 92, Carnot met en relief

la nécessité d'atteindre la température la plus haute possible, et non pas une pression élevée.

Ces commentaires de Carnot reflètent les difficultés manifestement aiguës dans le maniement des hautes pressions pendant cette période. Les techniques de soudures sont particulièrement suspectes.

97. On trouvera des renseignements sur la machine de Wheal Abraham dans l'Introduction p. 20. Au moment du premier rapport sur le rendement de cette machine, fait par Lean dans son *Monthly engine reporter*, en octobre 1814, son « effet » atteint 34 millions ft lb par boisseau de charbon brûlé, c'est-à-dire un peu plus que le rendement de la machine de Watt la plus économique, ce même mois d'octobre. En mai 1816, cependant, cet « effet » atteint les 56 millions ft lb par boisseau mentionnés ici.

Le scepticisme de Carnot, tout à fait apparent dans la note qui suit, est justifié. La performance remarquable de mai 1816 ne se répétera pas ; en fait, après cette date, l'économie se détériore régulièrement, jusqu'à ce que cette machine soit retirée du service, en 1823, au moment de la fermeture de la mine Wheal Abraham.

98. Comme je le signale dans l'Introduction (p. 34 et note 49), on acceptait habituellement qu'il y ait des différences marquées entre le rendement que l'on peut obtenir d'une machine et le rendement prévu en théorie. Clément et Desormes, par exemple, écrivent que « la plus parfaite des machines à détente ne nous présente qu'environ 1/12e de la puissance de la vapeur du feu qu'elle emploie », dans le mémoire de 1819 sur la théorie des machines à vapeur, cité à la note 17 de l'Introduction, p. 118.

99. L'ancienne machine de Chaillot est une machine à simple effet de type Watt, construite par Périer en 1781. On l'utilise pour pomper l'eau domestique, et elle fonctionne encore à l'époque où Carnot écrit les *Réflexions*, secondée alors par la nouvelle machine Woolf, construite par l'ancien associé de Woolf, Humphrey Edwards. L'histoire de la machine de Périer est relatée dans *Capital et machine à vapeur*, de Payen, *op. cit.* note 5, *passim*, et dans la *Nouvelle architecture hydraulique*, de Prony, *op. cit.* note 74, II, 86-99.

100. Il est très clair — je le mentionne dans l'Introduction p. 39 — que dès 1824 les ingénieurs, en France et ailleurs, se sentent de plus en plus concernés par les problèmes que Carnot soulève ici ; par contre, le sujet principal des *Réflexions*, l'économie du combustible, est considéré comme moins important qu'il ne l'était à peine dix ans plus tôt.

BIBLIOGRAPHIE

I. Les « Réflexions »

a) *Éditions françaises.*

i) *Réflexions sur la puissance motrice du feu et sur les machines propres à développer cette puissance.* Par S. Carnot, ancien élève de l'École Polytechnique. Paris : Bachelier, 1824. Pp. iv + 118 + une planche.

ii) *Réflexions sur la puissance motrice du feu...*, dans les *Annales scientifiques de l'École Normale Supérieure,* 2e sér. i (1872), 393-457. Cette édition des *Annales scientifiques* propose le texte complet des *Réflexions* sans commentaire ni aucun texte supplémentaire.

iii) *Réflexions sur la puissance motrice du feu...* Paris : Gauthier-Villars, 1878. Pp. vi + 103. Cette édition, dans laquelle le texte des *Réflexions* est fidèlement reproduit sous sa forme de 1872, tel qu'il parut dans les *Annales scientifiques* (cf. ii, *supra*), comporte également la lettre d'Hippolyte Carnot du 30 novembre 1878 aux président et membres de l'Académie des Sciences, qui accompagnait le don des manuscrits scientifiques de Sadi et du manuscrit des *Réflexions,* la notice biographique de Sadi faite par Hippolyte (où l'on trouve de larges extraits des notes personnelles de Sadi et de ses réflexions sur l'économie politique), et des extraits des manuscrits scientifiques. Y est reproduit également le portrait de Sadi par Boilly.

iv) *Réflexions sur la puissance motrice du feu...* Paris : A. Hermann & fils, 1903. Pp. 118. Réédition sous forme de fac-similé de l'édition de 1824. A ce texte s'ajoute un fac-similé du passage des notes posthumes où Carnot avait trouvé par le calcul une valeur pour l'équivalent mécanique de la chaleur.

v) Réimpression du iv). Paris : A. Hermann & fils, 1912.

vi) *Réflexions sur la puissance motrice du feu...* Paris : A. Blanchard, 1953. Pp. vi + 151. Cette édition comporte un fac-similé de l'édition de 1824, ainsi que la lettre d'Hippolyte du 30 novembre 1878 à l'Académie des Sciences (voir iii, *supra*) et tous les manuscrits scientifiques qui furent présentés à l'Académie à cette époque (à l'exception de celui des *Réflexions*).

vii) *Réflexions sur la puissance motrice du feu...* London : Dawsons of Pall Mall, 1966. Pp. 118 + une planche. Réédition sous forme de fac-similé de l'édition de 1824, sans aucun texte supplémentaire.

b) *Traductions.*

viii) *Reflections on the motive power of heat and on machines fitted to develop that power. From the original French of N.-L.-S. Carnot.* Édité et traduit par R. H. Thurston. New York : J. Wiley & Sons, 1890 ; London : Macmillan, 1890. Pp. xiii + 260. Cette édition comporte, outre la traduction de Thurston, un texte de Thurston sur « The work of Sadi Carnot », une traduction de la notice biographique de Sadi par Hippolyte, et le texte de « Carnot's theory of the motive power of heat » (1849) par William Thomson. On y trouve également des traductions d'extraits des notes scientifiques de Sadi et un commentaire des notes insérées en bas des pages des *Réflexions*. Le portrait de Boilly est présenté en frontispice.

ix) *Betrachtungen über die bewegende Kraft des Feuers und die zur Entwickelung dieser Kraft geeigneten Maschinen von S. Carnot, früherem Schüller der Ecole Polytechnique* (1824). Édité et traduit par W. Ostwald. Ostwald's Klassiker der exakten Wissenschaften, n° 37. Leipzig : Verlag von Wilhelm Engelmann, 1892. Pp. 72. En plus de la traduction d'Ostwald, cette édition présente une brève étude sur l'œuvre de Carnot et sur l'accueil qu'elle reçut, et quelques notes utiles sur le texte.

x) Réimpression du viii). New York : J. Wiley & Sons, 1897 ; London : Chapman & Hall, 1897.

xi) *Reflections on the motive power of heat and on engines suitable for developing this power. By Sadi Carnot.* Traduit par W. F. Magie, dans *The second law of thermodynamics. Memoirs by Carnot, Clausius and Thomson. Translated and edited by W. F. Magie* (New York and London : Harper and Brothers, 1899). Pp. viii + 151. Cet ensemble comprend des traductions des *Réflexions* et du mémoire de Clausius « Ueber die bewegende Kraft der Wärme und die Gesetze » (1850), et des extraits du mémoire de William Thomson (1851) « On the dynamical theory of heat ». Ces textes sont accompagnés d'une courte préface et de quelques notes très brèves.

xii) Réimpression du ix). Leipzig : Verlag von Wilhelm Engelmann, 1909.

xiii) *Razmyshlenie o dvizhushchei sile ognya i o mashinakh, sposobnykh razvivat' etu silu,* in *Vtoroie Natchalo Termodinamiki. Sbornik Rabot : Sadi Carnot - W. Thomson - R. Clausius - L. Boltzmann - M. Smolukhowski.* Moscou : Gosudarstvennoe Teoreticheskо-Tekhnicheskoie Izdatelstvo (G.T.T.I.), 1934. Pp. 312. Cette traduction russe est de S. F. Frisch ; elle est accompagnée de huit pages de notes de B. R. Bursian et In. A. Krutkov.

xiv) *Reflections on the motive power of fire by Sadi Carnot and other papers on the second law of thermodynamics by E. Clapeyron and R. Clausius.* Édité par E. Mendoza. New York : Dover Publications, 1960. Pp. xxii + 152. La traduction de Thurston est accompagnée d'une introduction générale à l'ouvrage, de quelques notes sur le texte des *Réflexions* par Mendoza, et une traduction d'un certain nombre des notes scientifiques. La traduction du mémoire de Clapeyron de 1834 a été faite par Mendoza ; celle du mémoire de Clausius « Ueber die bewegende Kraft der Wärme und die Gesetze » est de W. F. Magie. Le portrait de Boilly est reproduit sur la couverture ; celui de Despois sur le frontispice.

II. Recension

xv) Compte rendu des *Principes de mélodie et d'harmonie déduits de la théorie des vibrations* (Paris, 1832) du baron François-Ange-Alexandre Blein, dans la *Revue encyclopédique*, liv (avril 1832), 167-9. Bien que ce compte-rendu ne porte que la signature « S.C. », on peut identifier l'auteur grâce à une note brève, de la main d'Hippolyte sans aucun doute possible, qui fait maintenant partie de la collection privée de M. Pierre-Sadi Carnot. Dans cette note une référence aux pages en question de la *Revue encyclopédique* est accompagnée des mots « article de Sadi sur la musique très court à propos d'un livre de M. Blein. Principes de mélodie et de l'harmonie » [*sic*].

III. Manuscrits

xvi) *Sadi Carnot. Biographie et manuscrit publiés sous le haut patronage de l'Académie des Sciences avec une introduction de M. Émile Picard.* Paris : Gauthier-Villars, 1927. Pp. iv + 95. Dans cet ouvrage les notes scientifiques de Carnot sont reproduites sous la forme de fac-similé et transcrites et annotées par C. Raveau. Le livre comporte également la lettre d'Hippolyte du 30 novembre 1878 à l'Académie des Sciences, sa notice biographique de Sadi, et les portraits par Boilly et Despois.

xvii) Le texte manuscrit, « Recherche d'une formule propre à représenter la puissance motrice de la vapeur d'eau », est reproduit, avec une introduction et des notes, dans « Un manuscrit inédit de Sadi Carnot », de W. A. Gabbey et J. W. Herivel, *Revue d'histoire des sciences et de leurs applications*, xix (1966), 151-66.

IV. Bibliographie secondaire

Dans cette partie de la Bibliographie je n'ai nullement essayé d'être exhaustif. Les travaux cités sont simplement ceux qui m'ont été les plus précieux pour mon travail sur Carnot, particulièrement pour la rédaction de l'introduction de cette édition.

a) *Ouvrages généraux.*

Le seul livre sur Sadi Carnot est *L'œuvre scientifique de Sadi Carnot. Introduction à l'étude de la thermodynamique* d'Emmanuel Ariès (Paris : Payot, 1921). Cet ouvrage insiste sur les développements de la thermodynamique après la mort de Carnot et est très insuffisant quant à l'étude de son travail. Nous trouvons bien plus intéressants à titre d'introduction : Charles Coulston Gillispie, *The edge of objectivity. An essay in the history of scientific ideas* (Princeton, N. J. : Princeton University Press, et Londres : Oxford University Press, 1960), chapitre 9 ; D. S. L. Cardwell, *From Watt to Clausius. The rise of thermodynamics in the early industrial age*

(Londres : Heinemann, 1971), chapitres 7 et 8 ; Martin J. Klein, « Carnot's contributions to thermodynamics », *Physics today*, xxvii (1974), 23-8 ; D. S. L. Cardwell, « Les débuts de la thermodynamique », *Recherche*, v (1974), 726-33.

Une série de textes très précieux sur Carnot se trouve dans *Sadi Carnot et l'essor de la thermodynamique : Paris, École Polytechnique, 11-13 juin 1974*, (Paris : Éditions du C.N.R.S., 1976). Ces textes furent tous exposés lors d'une table ronde organisée sous le patronage du Centre National de la Rercherche Scientifique et de l'École Polytechnique à l'occasion du 150e anniversaire de la publication des *Réflexions*.

b) *Biographies.*

La source biographique de base est la « Notice biographique sur Sadi Carnot » d'Hippolyte Carnot, publiée pour la première fois pp. 72-87 de l'édition de 1878 des *Réflexions* (voir section I, *item* iii, de cette bibliographie). Ce texte est une version élargie d'une esquisse biographique antérieure plus brève, faite par le fils d'Hippolyte, Marie-François-Sadi Carnot (futur président de la République française) qui fut publiée par le comte de Saint-Robert dans les *Atti della Reale Accademia delle Scienze di Torino*, vi (1868), 151-70, et, avec une pagination différente, sous le titre de *Sadi Carnot. Notice biographique. Par le comte de Saint-Robert* (Turin, 1868). Une erreur dans cette esquisse biographique a été relevée par Michel Chasles, contemporain de Sadi à l'École Polytechnique, dans les *Comptes rendus hebdomadaires des séances de l'Académie des Sciences*, lxviii (1869), 115-17. Une autre source très importante est la « Notice sur Sadi Carnot », rédigée par l'ami intime de Sadi, Claude-Pierre Robelin, et publiée dans la *Revue encyclopédique*, lv (1832), 528-30. Il y a aussi trois articles biographiques de grand intérêt, dont un par René Taton, « La formation de Sadi Carnot : École Polytechnique et École de Metz », *Sadi Carnot et l'essor de la thermodynamique*, pp. 35-56, et deux par Arthur Birembaut : « Sadi Carnot en son temps de 1817 à 1832 » ; *ibid.*, pp. 53-80, et « A propos des notices biographiques sur Sadi Carnot : quelques documents inédits », *Revue d'histoire des sciences et de leurs applications*, xxvii (1974), 355-70. Ce sont d'intéressantes références sur Sadi et des renseignements sur sa famille dans le deuxième volume de [Lazare-Hippolyte Carnot], *Mémoires sur Carnot par son fils* (2 vol., Paris, 1861-3).

c) *Études sur les manuscrits.*

Un précieux travail sur le manuscrit des *Réflexions* et sur la datation des notes scientifiques se trouve dans Eric Mendoza, « Contributions to the study of Sadi Carnot and his work », *Archives internationales d'histoire des sciences*, XIIe année (1959), 377-96. Dans cet article Mendoza se déclare intimement persuadé que ces notes furent rédigées presque exactement au même moment que les *Réflexions*. Voir également Mendoza, « The writing of the *Réflexions* and their reception », *Sadi Carnot et l'essor de la thermodynamique*, p. 169-181. Le manuscrit « Recherche d'une formule... » (voir Appendice A_1) est reproduit et discuté dans l'article de Gabbey et Herivel, cité dans la section III, *item* xvii, de cette bibliographie ; il est discuté également dans Robert Fox, « Watt's expansive principle in the work of Sadi Carnot and Nicolas Clément », *Notes and records of the Royal Society of London,* xxiv (1969), 233-53.

Pour les notes sur l'économie politique, voir l'Appendice B de cette édition.

d) *L'environnement technologique.*

La meilleure étude de l'environnement technologique de l'époque, dans la perspective des origines de la thermodynamique, est sans aucun doute Cardwell, *Watt to Clausius,* cité dans la section IV, paragraphe a, de cette bibliographie ; voir particulièrement le chapitre 7 sur Carnot. Mais il existe maintenant de nombreux ouvrages sur ce sujet, et bien d'autres pourraient être recommandés. Il y a par exemple, d'utiles articles dans *Sadi Carnot et l'essor de la thermodynamique,* par Robert KcKeon, Jacques Payen, et Robert Fox, et, pour plus de détails sur les machines à vapeur en France à cette période, juste avant que Carnot n'entreprenne son travail, nous avons l'excellent livre de Jacques Payen, *Capital et machine à vapeur au XVIIIe siècle. Les frères Périer et l'introduction en France de la machine à vapeur de Watt* (Paris et La Haye : Mouton, 1969). Sur l'histoire des machines à vapeur en général, voir Maurice Daumas (éd.), *Histoire générale des techniques. Tome III. L'expansion du machinisme* (Paris : Presses Universitaires de France, 1968), 1re partie, chapitres 2 et 3, et H. W. Dickinson, *A short history of the steam engine* (Cambridge 1938), chapitres 3-7.

Des études générales rattachant les *Réflexions* à l'environnement technologique sont les suivantes : T. S. Kuhn, « Engineering precedent for the work of Sadi Carnot », *Actes du IXe Congrès International d'Histoire des Sciences (Barcelone-Madrid, 1959)* (Barcelone et Paris, 1960), pp. 530-5 (cet article est reproduit dans les *Archives Internationales d'Histoire des Sciences,* XIIIe année [1960], 251-5), et Milton Kerker, « Sadi Carnot and the steam engine engineers », *Isis,* li (1960), 257-70. Il existe également des études plus spécialisées de la dette de Carnot à la curieuse machine à air de Cagnard-Latour : voir T. S. Kuhn, « Sadi Carnot and the Cagnard engine », *Isis,* lii (1961), 567-74, et E. Mendoza, « Sadi Carnot and the Cagnard engine », *Isis,* liv (1963), 252-3. Une discussion importante sur la machine à colonne d'eau et de son influence possible sur l'œuvre de Carnot se trouve dans D. S. L. Cardwell, « Power technologies and the advance of science, 1700-1825 », *Technology and culture,* iv (1965), 188-207. La dette de Carnot envers son père est largement discutée par Charles Coulston Gillispie dans son *Lazare Carnot savant* (Princeton : Princeton University Press, 1971), en particulier p. 90-100, et son article « The scientific work of Lazare Carnot, and its influence on his son », *Sadi Carnot et l'essor de la thermodynamique,* pp. 23-32. Sur l'influence de Nicolas Clément sur Carnot, voir Jacques Payen, « Une source de la pensée de Sadi Carnot », *Archives Internationales d'Histoire des Sciences,* XXIe année (1968), 15-37, et les deux articles de Robert Fox : « The intellectual environment of Sadi Carnot: a new look », *Actes du XIIe Congrès International d'Histoire des Sciences. Paris, 1968* (1970), iv.67-72, et « Watt's expansive principle in the work of Sadi Carnot and Nicolas Clément », cité Section IV, paragraphe c, de cette bibliographie. Voir aussi Pietro Redondi, « Sadi Carnot et la recherche technologique en France de 1825 à 1850 », in *Revue d'Histoire des Sciences* XXIX, n° 3 (Paris, 1976), p. 243-259.

e) *La physique des Réflexions.*

Jusqu'à une époque récente il n'y avait que très peu d'études approfondies sur les *Réflexions* elles-mêmes. Mais, grâce essentiellement au travail de C. A. Truesdell, Philip Lervig et Ulrich Hoyer, il existe maintenant un ensemble de textes sur les implications logiques de la théorie de Carnot et ses analogies avec la thermodynamique moderne. Voir en particulier C. A. Truesdell, « Theoria de effectibus mechanicis caloris pridem illmo Sadi Carnoto verbis physicis promulgata nunc primum mathematice enucleata », *Atti della Accademia delle Scienze dell'Istituto di Bologna,* x (1973), 29-41 ; « Les bases axiomatiques de la thermodynamique », trois articles parus dans *Entropie,* n° 63 (1975), pp. 6-11 ; n° 64 (1975), p. 4-10 ; n° 65 (1975), p. 4-8 ; *The tragicomical history of classical thermodynamics* (à paraître) chapitre 5. Ce dernier ouvrage reprend, mais plus amplement, les idées que M. Truesdell avait exprimées lors d'une suite de conférences données à Udine en 1971 : voir *Tragicomedy of classical thermodynamics* (Vienne et New York : Springer Verlag, 1971) ; et (avec S. Bharatha) *The concepts and logic of classical thermodynamics as a theory of heat engines, rigorously constructed upon the foundations laid by S. Carnot and F. Reech* (Berlin : Springer Verlag, 1977) — Philip Lervig, « On the structure of Carnot's theory of heat », *Archive for history of exact sciences,* ix (1972), 222-39 ; et « The existence of a work function in Carnot's theory », dans *Sadi Carnot et l'essor de la thermodynamique,* p. 199-211. — Ulrich Hoyer, « Über den Zusammenhang der Carnotschen Theorie mit der Thermodynamik », *Archive for history of exact sciences,* xiii (1974), p. 359-75 ; « La théorie de Carnot. Première et seconde approximations de la thermodynamique », *Sadi Carnot et l'essor de la thermodynamique,* p. 221-8 ; « Das Verhältnis der Carnotschen Theorie zur klassischen Thermodynamik », *Archive for history of exact sciences,* xv (1976), p. 149-97.

L'article de Martin J. Klein, « Closing the Carnot cycle » in *Sadi Carnot et l'essor de la thermodynamique,* p. 213-219, est une étude succincte et intelligente sur la propre description de Carnot de son cycle. Il y a des études sur la physique des gaz en relation avec le travail de Carnot, telles : Cardwell, *Watt to Clausius* (voir section IV, paragraphe a, de cette bibliographie), p. 201-11, et Robert Fox, *The caloric theory of gases from Lavoisier to Regnault* (Oxford : Clarendon Press, 1971), p. 177-91. Parmi les nombreuses études associant le travail de Carnot au développement du deuxième principe de la thermodynamique, je recommanderais en particulier : J. Bertrand, *Thermodynamique* (Paris, 1887), chapitres 2 et 4 ; H. Poincaré, *Cours de la Faculté des Sciences de Paris. Cours de physique mathématique. Thermodynamique. Leçons professées pendant le premier semestre 1888-89,* rédigées par J. Blondin (Paris, 1892 ; 2e édition française, 1908), en particulier les chapitres 3, 7, et 8 ; H. Bouasse, *Cours de Thermodynamique,* 1re partie, 2e édition (Paris, 1913), Appendice II ; Charles Brunold, *L'entropie. Son rôle dans le développement historique de la thermodynamique* (Paris, 1930) ; Raymond Marchal, *La thermodynamique et la théorie de l'énergie utilisable* (Paris, 1956) ; M. Barnett, « Sadi Carnot and the second law of thermodynamics », *Osiris,* xiii (1958), 327-57 ; Hans Kangro, « Le développement de la thermodynamique de Clausius à Planck », dans *Sadi Carnot et l'essor de la thermodynamique,* p. 229-45.

APPENDICES

NOTE SUR LES APPENDICES

Les Appendices qui suivent contiennent tous les manuscrits de Carnot que j'ai pu retrouver. A l'exception des items D_9, E_{25} et F_3, ces documents sont reproduits en entier. J'ai conservé l'orthographe et la ponctuation originales et j'ai noté toutes les corrections et suppressions s'y présentant.

Sont aussi inclus ici : le contenu de certains papiers de Sadi, copiés par Hyppolyte (dans l'Appendice C), des résumés de lettres adressées à Sadi (dans l'Appendice D et E) et un choix d'autres documents, principalement d'intérêt biographique (dans l'Appendice D et F). Plusieurs items, notamment ceux des Appendices A et B_1, ont déjà été publiés, mais la plupart des items des autres Appendices sont reproduits ici pour la première fois.

J'ai l'honneur d'exprimer mes remerciements à la fois pour l'autorisation de reproduire les documents de leur possession et pour l'aide qu'ils m'ont données, à :

M. Pierre-Sadi Carnot,

MM. les Secrétaires Perpétuels de l'Académie des Sciences,

M. A. Moreau, Conservateur en Chef de la Bibliothèque Centrale de l'École Polytechnique,

Le Général de Corps d'Armée Guinard, Directeur du Service Historique de l'Armée, Château de Vincennes.

APPENDICE A

MANUSCRITS SCIENTIFIQUES DE CARNOT

A_1 Recherche d'une formule propre à représenter la puissance motrice de la vapeur d'eau

Le manuscrit se trouve dans un cahier de 24 pages cousues in-f° avec couverture, 170 mm × 215 mm ; il est conservé dans le dossier « Sadi Carnot. Promotion 1812 » à la Bibliothèque centrale de l'École polytechnique. Il a déjà été publié par W. A. Gabbey et J. W. Herivel, « Un manuscrit inédit de Sadi Carnot », *Revue d'histoire des sciences et de leurs applications,* XIX (1966), 151-166 ; cet article comporte des notes détaillées, et par suite mon propre commentaire sera bref.

En ce qui concerne la datation du manuscrit, la seule certitude que l'on puisse avoir est que Carnot l'a écrit entre novembre 1819, date à laquelle Nicolas Clément devient professeur de chimie appliquée au Conservatoire des arts et métiers (le manuscrit fait référence à la situation de Clément au Conservatoire), et le 8 mars 1827, date à laquelle Clément cite, dans une conférence au Conservatoire, la formule de Carnot pour la puissance motrice d'une machine à vapeur idéale, en l'attribuant à un « mathématicien distingué » et en lui donnant la forme exacte sous laquelle elle est exprimée dans le manuscrit (équation 12) ; voir les notes de Baudot (cité dans la note 46 de l'Introduction), volume 3, cahier 2, p. 41-43, ainsi que mon article « Watt's expansive principle... », cité dans la Bibliographie, Section IV, partie c, p. 246-247. Cependant plusieurs tentatives ont été faites pour dater le manuscrit plus précisément. James F. Challey et C. C. Gillispie s'accordent sur l'hypothèse de la date de 1823, et il est très possible qu'ils aient raison, quoique pour ma part je pense que la rédaction en est postérieure à la publication des *Réflexions,* et qu'il faut peut-être la situer aussi tard que 1826 ou début 1827. Pour plus de précisions sur ces différents avis, voir le très bon article de Challey sur Carnot dans le *Dictionary of Scientific Biography* (14 vol., à dater de New York, 1970, en cours), III, 79-84 : Gillispie, *Lazare Carnot savant,* cité dans la Bibliographie, Section IV, partie d, p. 94-95 ; la communication de Gillispie sur « The scientific work of Lazare Carnot » dans *Sadi Carnot et l'essor de la thermodynamique,* cité dans la Bibliographie, Section IV, partie d, p. 30

(également mes observations sur la communication de Gillispie, p. 33-34) ; et mon article « Watt's expansive principle... », p. 246-247.

Carnot donne dans le manuscrit une expression de la puissance motrice produite par 1 kg de vapeur dans une machine à détente (équations 12, 13 et 14). La méthode ressemble à celle utilisée pour la vapeur dans les *Réflexions* (p. 75-6 et 140-4 ; éd. 1824, p. 17-18 et 82-86) en ceci que le cycle est incomplet puisqu'il ne comporte que trois phases. Toutefois elle en diffère aussi notablement, car ici Carnot traite d'une machine à vapeur fonctionnant dans l'intervalle de deux températures *quelconques*, et non plus dans un intervalle de deux températures ne différant que de 1° C. Par suite, dans le manuscrit, Carnot est obligé de tenir compte de la puissance motrice obtenue pendant la phase de détente adiabatique ; il ne peut la négliger, comme il le fait si commodément dans les *Réflexions*. Ne serait-ce que pour cette rupture avec les conditions assez irréalisables postulées dans les *Réflexions*, je suis enclin à voir dans le manuscrit le développement d'une partie à coup sûr peu satisfaisante du livre (partie dont on peut soutenir qu'elle était la plus importante pour les ingénieurs). Ceci malgré l'absence, dans le manuscrit, de toute référence à la réversibilité, absence qui, pour Gillispie, prouve que la rédaction du manuscrit est antérieure à l'élaboration de la notion de réversibilité dans les *Réflexions*.

La pagination (sur les rectos seulement) est celle de Carnot. Les deux premières pages du cahier sont vierges (de sorte que la page numérotée 1 par Carnot est en réalité la page 3).

/p. 1/

Recherche d'une formule propre à représenter la puissance motrice de la Vapeur d'Eau

On peut remarquer dans le jeu d'une Machine à feu à piston à détente et à condenseur, trois périodes principales.

1re période — introduction de la vapeur arrivant librement de la chaudière sous le piston.

2e pér. — extention de volume ou détente de la vapeur après la fermeture de la communication entre la chaudière et le cylindre.

3e période — retour du piston à son point de départ après que la capacité du cylindre a été mise en communication avec le condenseur.

Dans la première période, la pression est constante et égale à celle qui existe dans la chaudière.

Dans la seconde elle est variable et décroît suivant une progression quelconque.

/p. [2]/ Dans la 3e elle est constante et égale à celle qui existe dans le condenseur [a].

Dans les deux premières périodes la vapeur pousse le piston et engendre de la puissance motrice, dans la 3e elle est refoulée et nécessite l'emploi d'une certaine quantité de cette puissance.

La puissance motrice acquise après un cercle [b] complet d'opérations, c'est-à-dire lorsque le piston est revenu à son point de départ, est égale à la puissance développée pendant les deux premières périodes moins la puissance consommée dans la 3e.

Supposons que l'on opère sur un kilogramme de vapeur. Nommons i la puissance développée dans la 1re période, f la puiss. développée dans la seconde, et i' la puiss. consommée dans la 3e. La puissance motrice totale F sera donnée par la formule

$$F = i + f - i'$$

a) chaudière *rayé et remplacé par* condenseur, la *changé en* le.
b) après un cercle *remplace trois mots illisibles.*

Cherchons à évaluer séparément les quantités *i*, *f* et *i'* et d'abord *i* —*.

/*p.* 3/ Soient *t* la température (en degrés Centig) de l'eau de la chaudière, *p* la pression qui existe dans cette chaudière et *v* le volume d'un kilog. de vapeur formée sous la pression *p* et à la température *t*. D'après la nature de la puissance motrice, *i* pourra être représenté par le produit *v*. *p* — pourvu que les unités soient convenablement choisies. Prenons pour unité de volume un litre, pour unité de pression un mètre de hauteur d'eau, pour unité de puissance motrice un kilog. élevé à la hauteur d'un mètre (Dyname), *i* aura alors pour valeur exacte *p*. *v*, ainsi

$$i = p.v \text{ — — — — — — — — — — — — } (1)$$

p est connu par l'observation directe ou sa valeur peut se déduire de la température *t* observée par le moyen de la table des tensions (désignée ordinairement sous le nom de table de Dalton[c]. Voyez phys. de Biot, 1r vol., page 531)[1]. *v* ne nous est pas connu ; il faut l'évaluer.

Soient P la pression atmosphérique, et V le volume d'un kilog. de vapeur formée sous cette pression P. L'expérience a fait voir /*p.* [*4*]/ que

P = 10,40 mètres de hauteur d'eau, ou	10,40 unités
V = 1 700 litres ou	1 700 unités

Imaginons[d] que la vapeur formée d'abord à 100° sous la pression atmosphérique soit sous la même pression élevée à 101°. Son volume V augmentera, d'après la loi connue sous le nom de Loi de Gay Lussac, de $\frac{1}{367}$ V et deviendra

$$V + \frac{1}{367}\ V\ ;$$

à 102°, ce volume deviendra

$$V + \frac{2}{367}\ V\ ;$$

à *t* degrés il deviendra

$$V + \frac{t - 100}{367}\ V.$$

Maintenant si la pression qui était P devient *p* le volume

*) et d'abord i — *est en réalité situé en haut de la page suivante.*

c) *La parenthèse, mise d'abord après* Dalton, *est ensuite effacée.*

d) Sup *rayé et remplacé par* Imaginons.

devra se réduire, d'après la loi de Mariotte, dans le rapport inverse de p à P et sera représenté par :

$$\frac{P}{p} V \left(1 + \frac{t - 100}{367}\right)$$ ou bien par

$$\frac{PV}{367} \frac{267 + t}{p}{}^{e},$$ ou bien encore par

$$N . \frac{267 + t}{p}$$

/p. 5/ en désignant par la lettre N le nombre

$$\frac{PV}{367} = \frac{10{,}40 . 1700}{367} = 48{,}2$$

La vapeur formée à 100° et sous la pression atmosphérique se trouverait ainsi amenée à la température t, et sous la pression p, nous avons désigné son volume dans ces circonstances par la lettre v, ainsi

$$v = N \frac{267 + t}{p} \quad \text{— — — — — — — — —} \quad (2)$$

et comme d'ailleurs $i = pv$, voy (1), la valeur de i est

$$i = N (267 + t) \quad \text{— — — — — — — — —} \quad (3)$$

Ainsi donc la puissance motrice i développée dans notre première période et due à la production d'un kilog. de vapeur est exprimée uniquement en fonction de la température t de la chaudière.

En pratique la temp. t se trouve ordinairem^t entre 100° et 180°, pour le 1er cas,

$$i = N\ 367, \text{ pour le } 2^e$$
$$i = N\ 447$$

On voit que dans ces limites la valeur de la puiss. due à la formation de la vapeur varie seulement dans le rapport d 367 à 447, ou de 5 à 6 environ.

/p. [6]/ Cherchons maintenant à évaluer la quantité f, c'est-à-dire la puissance motrice due à la détente.

Il faut d'abord que l'amplitude de cette détente nous soit connue, nous la supposerons donnée par les pressions initiale et finale de la vapeur. Nous avons désigné la 1re par p, nommons p' la seconde.

Il nous manque encore un élément essentiel pour pouvoir calculer la quantité f. C'est une relation entre les volumes succes-

e) 267 *écrit d'abord sur la ligne, ensuite biffé par le trait de fraction.*

sivem[t] acquis par la vapeur et les pressions correspondantes. Si cette relation nous était fournie, soit par une loi représentée algébriquement, soit même par un grand nombre de résultats d'observations, il nous serait possible d'arriver au résultat cherché.

M[r] Clément, professeur au Conservatoire des arts et métiers, croit avoir reconnu que la vapeur par une dilatation ou une compression purement mécanique c'est-à-dire effectuée sans addition ni suppression [f] de chaleur, que cette vapeur dis-je */p. 7/* est toujours constituée à saturation de l'espace et qu'il ne s'en liquéfie aucune partie (x)[2]. S'il en est ainsi la table de Dalton, qui donne la série [g] des tensions de la vapeur constituée à saturation, aux divers degrés thermométriques, est ici immédiatement applicable.

Nommons π la Pression [h] variable de la vapeur pendant sa dilatation, θ la température correspondante, et ϕ le volume d'un kilog de cette vapeur, qui possède la tension π et la [i] température θ.

Par un raisonnement semblable à celui qui nous a conduit[s] à l'équation (2), nous reconnaîtrons entre les quantités π θ et ϕ la relation suivante :

/p. [8]/
$$\phi = N \frac{267 + \theta}{\pi} \text{ — — — — } (4)^{k}$$

Si la loi de Mr Clément est admise (ce que nous supposons ici), chaque valeur particulière de [l] π donnera au moyen de la table de Dalton une valeur particulière pour θ et par suite une valeur pour le volume ϕ. Nous aurons donc ainsi une suite de volumes correspondante à la suite des pressions.

(x) Note. Les expériences faites par Mr Clément sur la chaleur constituante de la vapeur d'eau ne conduisent pas rigoureusement à la loi qu'il a adoptée [j]. Il faudrait pour lever tous les doutes que des expériences directes eussent été faites sur la vapeur lorsqu'elle a subi l'effet de la détente. Il faudrait avoir évalué la tension, la température, et la chaleur constituante de cette vapeur dilatée mécaniquement.

f) supressi[on] : *au bord de la page.*

g) table *rayé et remplacé entre les lignes par* série.

h) température *rayé et remplacé entre les lignes par* Pression.

i) à *rayé et remplacé par* la.

j) *Comme addition à la phrase qui se termine par les mots* qu'il a adoptée, *Carnot avait d'abord écrit entre les lignes les mots* : et que nous rapportons ici. *Ensuite il les a rayés.*

k) 3 *changé en* 4.

l) don *rayé et remplacé par* de.

S'il nous était possible de lier par une formule d'interpolation simple et suffisamment approchée les résultats d'expérience fournis par la table de Dalton, nous obtiendrons [m] facilement [n] une relation algébrique entre le volume ϕ et la pression π, mais on n'est pas parvenu jusqu'ici à établir une pareille formule.

On a remarqué cependant qu'en considérant la table de Dalton dans une étendue médiocre, dans une étendue de 10° à 15° par exemple, les pressions formaient sensiblement une progression par quotient lorsque les températures étaient prises en progression par différence.

Supposons d'abord que nous demeurions dans cette limite [o] de 10° à 15°, c'est-à-dire */p. 9/* supposons que la vapeur par l'effet de sa détente n'éprouve pas un changement de température supérieur à 10 ou 15°. Nous pourrons admettre entre θ et π la relation suivante, qui exprime de la manière la plus générale la correspondance des termes de deux progressions par différence et par quotient :

$$\theta = a\mathrm{L}\pi + b \qquad (5)$$ [p] [3]

Le signe L représente le logarithme naturel, a et b sont des constantes arbitraires que l'on déterminera en appliquant la relation (4) [q] aux températures et pressions initiales et finales de la vapeur, ainsi

$$t,\ t',\ p,\ p'$$

désignant ces températures et pressions. Nous devons avoir :

$$t = a\mathrm{L}p + b$$
$$t' = a\mathrm{L}p' + b$$

d'où l'on tire pour a et b les valeurs suivantes :

$$a = \frac{t - t'}{\mathrm{L}p - \mathrm{L}p'} \qquad (6)$$

et

$$b = \frac{t\mathrm{L}p' - t'\mathrm{L}p}{\mathrm{L}p - \mathrm{L}p'} \qquad (7)$$

/p. [10]/ Si l'on essaye d'appliquer les formules 5, 6, 7 à des valeurs numériques prises dans la table de Dalton dans une

m) parviendrons *rayé et remplacé entre les lignes par* obtiendrons.
n) à *rayé et remplacé par* une.
o) ces limites *changé en* cette limite.
p) $\theta = a\mathrm{L}\pi +$ *rayé et remplacé par* $\theta = a\mathrm{L}\,\pi + b$ *; 4 changé en* 5.
q) Sic : *lire plutôt* la relation (5). *Cf. les remaniements signalés dans la note précédente.*

étendue de 10° à 15° on reconnaîtra qu'elles représentent les résultats de l'observation avec une exactitude plus que suffisante.

Après ces préliminaires nécessaires pour la recherche de la quantité f de la puissance motrice due à la détente, occupons nous directement d'évaluer cette quantité.

Si l'on imagine [r] la détente partagée en un nombre infini de portions infiniment petites, la force élastique de la vapeur pourra être considérée comme constante dans chacune de ces portions et la puissance engendrée pendant l'une d'elles sera exprimée par la force élastique du moment multipliée par le petit accroissement de volume. C'est-à-dire par le produit

$$\pi . d\varnothing,$$

$d\varnothing$ désignant l'accroissement inf[t] petit du volume $\varnothing$.

La valeur de f est formée par la somme des quantités inf[t] petites représentées par */p. 11/* l'expression générale $\pi\ d\varnothing$. Le moyen d'obtenir cette somme consiste [s], comme on sait, à prendre l'intégrale de $\pi . d\varnothing$ entre des limites convenables, ainsi

$$f = \int \pi\, d\varnothing$$

Les relations :

$$\varnothing = \mathrm{N}\ \frac{267 + \theta}{\pi} \text{ --- } (4)\ ; \qquad \theta = a\mathrm{L}\pi + b \text{ --- } (5),$$

obtenues précédemment, voy (4), (5), vont nous fournir les moyens d'effectuer cette intégration.

On peut mettre la quantité $\int \pi\, d\varnothing$ sous la forme

$$\pi\varnothing - \int \varnothing\, d\pi \text{ [t] ainsi}$$

$$\int \pi\, d\varnothing = \pi\varnothing - \int \varnothing\, d\pi \text{ [u]}$$

Remplaçant $\varnothing$ dans le second membre par sa valeur tirée de l'équation (4), on trouve

$$\int \pi\, d\varnothing = \mathrm{N}\ (267 + \theta) - \mathrm{N} \int (267 + \theta) \frac{d\pi}{\pi} \qquad (8)$$

r) suppose *rayé et remplacé par* imagine.
s) est *changé en* consiste.
t et u) δ *changé en* d.

L'équation (5) différentiée donne :

$$d\theta = a\,\frac{d\pi}{\pi}, \quad \text{d'où} \quad \frac{d\pi}{\pi} = \frac{1}{a}\,d\theta$$

Si l'on remplace dans l'éq[on] (8) la fraction $\frac{d\pi}{\pi}$ par sa valeur $\frac{1}{a}\,d\theta$, elle devient[v] :

$$\int \pi\, d\varnothing = \mathrm{N}\,(267 + \theta) - \frac{\mathrm{N}}{a} \int (267 + \theta)\, d\theta$$

Effectuant l'intégration, qui n'offre plus aucune difficulté on trouve :

/p. [*12*]/ $$\int \pi\, d\varnothing = \mathrm{N}\,(267 + \theta) - \frac{\mathrm{N}}{a}\left(267\,\theta + \frac{\theta^2}{2}\right) + \mathrm{C}\text{---}^{w}$$

C étant la constante arbitraire attachée à toute intégrale — remarquons que la vapeur au moment de se détendre est soumise à la pression p et à température t, et qu'alors aucune puissance de détente n'est encore développée, la valeur de $\int \pi\, d\varnothing$[x] doit donc s'annuler lorsqu'on y substitue t pour θ, ainsi :

$$0 = \mathrm{N}\,(267 + t) - \frac{\mathrm{N}}{a}\left(267\,t + \frac{t^2}{2}\right) + \mathrm{C}^{y}$$

Mais d'ailleurs $\int \pi\, d\varnothing$ prend la valeur f lorsque l'expansion est terminée et alors la température est t' correspondante à la pression finale p' ainsi :

$$f = \mathrm{N}\,(267 + t') - \frac{\mathrm{N}}{a}\left(267\,t' + \frac{t'^2}{2}\right) + \mathrm{C}$$

Si l'on retranche de cette dernière équation la précédente, la constante C[z] disparaît et l'on trouve :

$$f = \frac{\mathrm{N}}{a}\left(267\,(t - t') + \frac{t^2 - t'^2}{2}\right) - \mathrm{N}\,(t - t'),$$

et substituant pour a sa valeur précédemm[t] trouvée

v) on trouve *rayé et remplacé par* elle devient.

w) t *changé en* θ *entre les premières parenthèses. Cette équation ne porte pas de numérotation.*

x) ø *changé en d, ensuite suivi par* ø.

y) (9) *écrit d'abord comme numérotation, ensuite rayé.*

z) la constante : C *changé en* l ; d *changé en* c.

$a = \dfrac{t - t'}{Lp - Lp'}$ voy (6) f devient, au moyen des réductions,

/*p. 13*/ $$f = \text{NL}\,\frac{p}{p'}\left(267 + \frac{t + t'}{2}\right) - \text{N}\,(t - t') \text{ ----- } (9)$$

Enfin si pour passer des logarithmes naturels aux log. Tabulaires on introduit comme [a] facteur le module 2,30 en mettant

2,30 Log $\dfrac{p}{p'}$ au lieu de L $\dfrac{p}{p'}$, l'équation (9) devient :

$$f = 2{,}30\,.\,\text{N Log}\,\frac{p}{p'}\left(267 + \frac{t + t'}{2}\right) - \text{N}\,(t - t') \text{ ---- } (10)$$

Nous sommes ainsi parvenus à une expression assez simple de la valeur de f, expression dans laquelle on ne trouve plus que [b] les températures et pressions initiales et finales t, t', p, p', que nous supposons connues [c].

L'équation (10) est immédiatement applicable dans les cas où la différence $t - t'$ ne surpasse par [*sic*] 10 à 15°, parce qu'alors la relation (5) est suffisamment exacte. Si la différence $t - t'$ surpasse 15°, on choisira une ou plusieurs températures intermédiaires t_1 t_2 t_3 &c. espacées entre elles de moins de 15° et l'on calculera séparément au moyen de la formule /*p.* [*14*]/ (10) la puissance motrice développée par les détentes partielles de t à t_1, de t_1 à t_2, &c. La somme des valeurs ainsi obtenues formera la puissance motrice due à la détente totale.

En essayant ces calculs pour des différences $t - t'$ considérables, atteignant même 100° on s'appercevra que malgré la proximité des températures t t_1 t_2... entre elles, la valeur obtenue pour la puissance totale diffère très peu de celle que l'on eût trouvée par la substitution immédiate des valeurs de t t' p p' dans l'équation (10). Jamais la différence n'excédera [d] 1/40ᵉ. Ainsi une seule application de la formule (10) suffit dans tous les cas où l'on n'exige pas une rigoureuse [e] exactitude dans tous les cas pratiques, par exemple, où l'incertitude des observations peut conduire à des différences supérieures à 1/40ᵉ [f].

a) le mo *rayé et remplacé par* comme.

b) aucune constante arbitraire *rayé et remplacé par* que.

c) avons supposé *changé en* supposons (avons *rayé*) ; immédiatement *rayé et remplacé par* connues.

d) excèdera *dans le manuscrit.*

e) rigoureuse : ex [?] *changé en* ri.

f) dans l'estimation de la Puiss. motrice *écrit d'abord après* 1/40ᵉ, *ensuite rayé. Le reste de la page 14 est blanc.*

/*p. 15*/ Nous n'avons plus à nous occuper que de la recherche de la quantité i' de puissance motrice nécessaire pour fouler[g] dans le condenseur la vapeur restée dans le cylindre après la communication établie de l'une à l'autre de ces capacités.

Nommons p'' la pression qui existe dans le condenseur, pression correspondante à la température t'' à laquelle la condensation s'effectue.

La vapeur au moment où le piston a terminé sa course, et où l'on est sur le point d'ouvrir la communication avec le condenseur, possède, d'après les désignations précédentes, la température t' et la tension[h] p'. Si elle fût sortie immédiatement de la chaudière avec cette tension, elle eût engendré, comme on peut s'en assurer par un raisonnement semblable à celui qui nous a conduit à l'éqⁿ[i] (3), une quantité de puissance égale à

$$N\ (267 + t').$$

Si la tension[j] dans le condenseur était p', la puissance nécessaire pour y fouler la vapeur serait évidemment égale à cette même quantité N (267 + t'). Mais la tension dans /*p.* [*16*]/ le condenseur est[k] seulement p'' : la quantité de puissance nécessaire doit donc[l] se réduire dans le rapport de p'' à p', ainsi[m] :

$$i' = N\ \frac{p''}{p'}\ (267 + t') \text{ — — — — — — } (11)$$

Nous avons évalué successivement les trois termes qui forment la valeur de

$$F = i + f - i'.$$

Nous avons trouvé

$$i = N\ (267 + t)\ ;$$

$$f = NL\ \frac{p}{p'}\left(267 + \frac{t + t'}{2}\right) - N\ (t - t')\ ;$$

$$i' = N\ \frac{p''}{p'}\ (267 + t').$$

g) refouler *écrit d'abord, ensuite* re *rayé.*
h) pres *rayé et remplacé par* tension.
i) l'éq^{n} *ajouté entre les lignes.*
j) pression d *écrit d'abord, ensuite* pression *rayé, et* d *changé en* tension.
k) étant *rayé et remplacé entre les lignes par* est.
l) être *rayé et remplacé entre les lignes par* donc.
m) donc *rayé et les deux points ajoutés.*

Par conséquent la puissance motrice totale d'un kilog. de vapeur formée sous la pression p, distendue jusqu'à la pression p' et condensée sous la pression p'', a pour valeur

$$(12)^{n} \quad F = N\left((267+t) + L\frac{p}{p'}\left(267 + \frac{t+t'}{2}\right) - (t-t') - \frac{p''}{p'}(267+t')\right)$$

Cette valeur se simplifie beaucoup lorsque l'on suppose $p' = p''$, c'est-à-dire lorsque l'on suppose la distention /*p. 17*/ poussée à son dernier terme, poussée jusqu'au point où la vapeur acquiert par le[o] seul effet de sa dilatation mécanique la pression et la température qui existent dans le condenseur. Dans ce cas la vapeur produit le plus grand effet possible eu égard à la température où elle prend naissance et à celle où elle se liquéfie.

Si dans l'équation 12 on suppose $p'' = p'$, elle devient par les réductions

$$F = NL\frac{p}{p'}\left(267 + \frac{t+t'}{2}\right) \text{ — — — — — } (13)$$

ou passant des logarithmes naturels aux Log. Tabulaires, et ayant égard à la valeur numérique de N = 48,2,

$$F = 110{,}8 \,.\, \mathrm{Log}\frac{p}{p'}\left(267 + \frac{t+t'}{2}\right) \text{ — — — — } (14)$$

Cette formule est simple et d'une application facile, — supposons par exemple

$$t = 100^{\circ}\ ; \qquad t' = 10^{\circ}.$$

La Table des tensions (Phys. de Biot, T. 1, pag. 531) fournit pour les valeurs correspondantes de p et p', exprimées en millimètres de mercure (l'unité de pression est indifférente ici, puisqu'il s'agit d'un rapport),

$$p = 760 \qquad p' = 9{,}47.$$

/*p.* [*18*]/ d'où $\quad \mathrm{Log}\dfrac{p}{p'} = 1{,}90$

Ces valeurs substituées dans l'éq[on] 14 donnent

$$F = 110{,}8 \,.\, 1{,}90 \,.\, 317 = 66728{,}5$$

n) (12) *écrit d'abord après l'équation, ensuite rayé et remplacé par* 12 *en avant.*

o) les *changé en* le. *Mot illisible barré.*

ou supprimant les [p] derniers chiffres comme n'étant pas d'une suffisante exactitude,

$$F = 66\,000 \text{ Dynames}^{4}$$

C'est-à-dire qu'un kilog. de vapeur formée à 100° et condensée à 10° est capable d'élever 66 000 kilog. à la hauteur d'un mètre [q].

/p. 19/[r] Nous avons supposé qu'avant de faire usage de nos formules, on connaissait immédiatement les quantités t, t', t'', p, p, p'', — Si l'on veut appliquer ces formules à des Machines à feu données il sera facile d'observer directement la température t[s], qui est celle de la chaudière, et la temp. t'', qui est celle du condenseur ou de l'eau qui s'en échappe. Au moyen de la table des tensions on déduira aisément de ces températures t, t'' les pressions correspondantes p, p''. Quant à la température t', et à la pression p' de la vapeur qui vient de subir l'effet de la détente, il serait difficile de les mesurer immédiatement. Mais on doit connaître au moins par la disposition de la Machine le point où cesse l'introduction de la vapeur dans le cylindre et il est possible d'en conclure le rapport $\frac{v}{v'}$ entre [t] les volumes de la vapeur avant et après la détente. Le volume v nous est */p.* [*20*]*/* donné par l'éq^{on} (2) :

$$v = N \frac{267 + t}{p}$$

On en déduira v' au moyen du rapport connu $\frac{v}{v'}$.

La table de Dalton telle qu'on la trouve ordinairement dans les traités de physique, ne donne que la suite des tensions de la vapeur d'eau aux divers degrés thermométriques, mais il est utile d'y [u] joindre la table des volumes occupés par un kilog. de vapeur à chaque degré et tension [v]. Le calcul s'en fera aisément au moyen de l'éq^{on} (2) ci dessus rapportée. En cherchant dans la table des volumes ainsi dressée la quantité v', les valeurs correspondantes de t' et p' tomberont immédiatement sous les yeux ———

p) 5 *dans le manuscrit.*
q) *Le reste de la page 18 est en blanc.*
r) 17 *changé en* 19.
s) t' *changé en* t.
t) du v *écrit d'abord, ensuite* du *rayé et* v *changé en* entre.
u) d'y utile *rayé et remplacé par* d'y.
v) tension : p *changé en* t.

— La pression p'' exercée dans le condenseur (ou la temp. correspondante t'') [w] est une des données nécessaires pour l'usage de nos formules. Dans les machine privées de condenseur, et où la vapeur est rejetée dans l'atmosphère, on devra regarder la pression p'' comme égale à la pression atmosphérique.

/p. 21/ [x] Dans le cours de notre recherche nous avons supposé la vapeur agissant dans un cylindre muni d'un piston. Mais nous ne l'avons fait que pour préciser le langage. Les raisonnements s'appliquent de la même manière à toute capacité extensible quel [y] que soit sa forme et la nature de ses parois ou limites mobiles, ce qui comprend tous les appareils ou la vapeur peut exercer l'effet de sa détente [z].

[Fin]

w) *La parenthèse mise d'abord après* correspondante, *ensuite changée en* t''.

x) 19 *changé en* 21.

y) quelle *écrit d'abord, mais ensuite* le *rayé.*

z) La seconde moitié de cette page, et les cinq autres pages restantes du cahier sont blanches.

A_1 NOTES DE L'ÉDITEUR

1. Voir Commentaire, note 63, à propos de la table de Dalton pour les pressions de la vapeur, et du *Traité de physique* de Biot (1816).

2. Sur la loi de Clément et Desormes et sur ses implications pour une vapeur saturée en expansion adiabatique, voir *Réflexions*, p. 124 (éd. 1824, p. 66), et Commentaire, note 62. Les réserves exprimées à propos de cette loi ici et dans la note jointe en bas de page sont intéressantes ; il faut comparer cette nuance de doute avec l'absence de toute restriction dans les *Réflexions*.

3. Carnot utilise la relation entre la pression de vapeur saturée et la température qui avait été pour la première fois proposée par Dalton, et adoptée ensuite par Laplace. Cette relation ne convient que pour de petites variations de température, et elle est dans les autres cas tout à fait inadéquate. On trouve un aperçu général des différentes formules utilisées à l'époque de Carnot dans P.-L. Dulong et al., « Exposé des recherches faites par ordre de l'Académie royale des sciences pour déterminer les forces élastiques de la vapeur d'eau à de hautes températures », *Annales de chimie et de physique*, XLIII (1830), 74-111 (103-110).

4. Sur les définitions très diverses du « dyname » dans l'œuvre de Charles Dupin, voir Commentaire, note 69. Challey cite l'introduction du « dyname » par Dupin en avril 1823 comme une preuve du fait que la « Recherche d'une formule... » aurait été écrite peu de temps après : j'avoue que je ne trouve pas cette preuve bien solide, puisque Dupin voyait dans le « dyname » une unité de *vitesse* de travail (à la différence de Carnot), et que bien après 1823 il continua à utiliser cette unité, et en modifia sa définition.

Le terme de « dyname » ne paraît pas avoir été généralement adopté, bien que Clément, dans ses conférences au Conservatoire dans les années 1820, se serve de ce qu'il appelle la « dynamie » comme d'une unité de travail. La « dynamie » de Clément était la force mécanique requise pour soulever un cube d'eau d'un mètre ; cf. la version donnée par Dupin en 1826 pour la définition du « dyname », Commentaire, note 69.

A_2 « Notes sur les Mathématiques, la Physique et autres sujets »

Les notes reproduites dans cette section se trouvent dans le dossier « CARNOT (Sadi) » aux archives de l'Académie des sciences. Leur publication est due à la courtoisie des secrétaires perpétuels de l'Académie et des Éditions Gauthier-Villars.

Les notes sont conservées dans un dossier intitulé «Notes sur les Mathématiques, la Physique et autres sujets», avec, au coin, la mention « à examiner » ; à l'exception de cette mention, qui semble avoir été ajoutée par Hippolyte, tout est écrit de la main de Sadi Carnot. Ces notes ont été publiées (incomplètement) dans l'édition de 1878 des *Réflexions,* puis, en entier, comme appendice à l'édition en fac-similé de Blanchard en 1953 ; elles sont intégralement transcrites et reproduites en fac-similé dans le *Sadi Carnot. Biographie et manuscrit,* Picard, édit. 1927 (sur ces publications antérieures, voir Bibliographie, Section I, items iii et vi, et Section III, item xvi.). Pour la commodité des références, j'ai conservé la pagination proposée par C. Raveau pour les différents manuscrits, dans la publication de 1927. Les quelques erreurs que l'on peut y relever ont été corrigées.

L'ordre des notes est le suivant :

- I. deux feuilles pliées, mises l'une dans l'autre.
- II. une seule feuille pliée.
- III. une seule feuille.
- IV. une seule feuille pliée.
- V. une seule feuille.
- VI. une seule feuille.
- VII. une seule feuille pliée.
- VIII. une seule feuille pliée.
- IX. quatre feuilles pliées, manifestement destinées à être lues de manière continue.

Le papier des MSS I à VI est de taille et de qualité uniformes. Celui du MS VII est légèrement plus grand et de qualité différente ; de même la qualité du papier du MS VIII n'est pas tout à fait la même que celle des MSS I à VI ; le papier du MS IX est plus petit et ne ressemble en rien au papier utilisé pour les autres notes.

Classer ces notes dans l'ordre de leur rédaction est extrêmement difficile, ne serait-ce que parce qu'elles n'ont pas été écrites selon un plan systématique, et qu'il apparaît que certaines feuilles donnent des fragments de deux dates tout à fait différentes ; voir, par exemple, la discontinuité évidente du MS VIII, f° 14 verso. Cependant Raveau a proposé un ordre de lecture qui est le suivant : VIII, IV, II, I c, VII, V, VI, III, I b (il oublie I a dans sa liste). Mendoza discute la datation des notes, notamment pour les MSS II, VII et VIII, aux pages 380-389 de ses « Contributions to the study of Sadi Carnot... », cité dans la Bibliographie, Section IV, partie c. Il conclut que toutes les notes ont dû être écrites à peu près en même temps que les *Réflexions*, ce qui semble tout à fait plausible ; je doute qu'il soit possible, ou du reste important, d'être plus précis.

Certaines affirmations de Carnot sont d'un intérêt tout particulier : celles qui disent que la chaleur consiste dans le mouvement des particules de matière pondérable ordinaire, que la chaleur et la puissance motrice sont réciproquement convertibles, et que la quantité totale de puissance motrice dans l'univers est constante (voir notamment MSS II, f° 5 recto et verso, III, f° 7 recto, V, f° 10, et VII, f° 12 recto). Il va même jusqu'à calculer une valeur remarquablement précise de ce que nous appelons maintenant l'équivalent mécanique de la chaleur (MS III, f° 7 verso).

Ces notes révèlent un très vif intérêt pour toute preuve expérimentale qui permettrait de miner la théorie du calorique, ainsi que pour les méthodes d'obtention d'une relation quantitative entre la puissance motrice et la chaleur (résumées dans le MS V, f° 10). Carnot préconise en particulier une reprise des expériences de Rumford sur la chaleur de frottement (MSS V, f° 10, et VII, f° 12 recto) et propose plusieurs expériences en relation avec l'évacuation et le remplissage du récepteur d'une pompe à air et avec le passage d'un flux d'air à travers des ouvertures étroites (MSS I b, f° 3 recto et verso, I c, f° 4 recto, II, f° 6 verso, V, f° 10, VI, f° 11, VII, f° 12 recto et verso, VIII, f° 14 recto et verso, VIII, f° 15 recto).

NOTES
SUR
LES MATHÉMATIQUES, LA PHYSIQUE ET AUTRES SUJETS

I - F°. 1 recto verso blanc

I - F°. 2 recto (I a)

Les machines à feu à simple effet [1] ne seraient-elles pas préférables aux machines doubles ? elles ont sur celles-ci les avantages suivants :

1° Elles n'exigent que deux soupapes au lieu de 4.

2° L'ouverture de la soupape d'épuisement n'aurait pas besoin d'être aussi grande parce que la vapeur a [a] plus de tems pour s'évacuer de la partie supérieure du cylindre.

3° Le tems de la condensation, pouvant durer pendant le retour du piston, est plus complètement exécuté en tems utile.

4° Une couche de liquide (huile ou autre corps gras) peut être mise sur la tête du piston, et, en faisant arriver la vapeur par le fond supérieur du cylindre, elle sera forcée de chasser le liquide devant elle avant de suinter par les côtés du piston.

5° L'action sur le balancier, sur les tiges, sur la bielle, se faisant toujours dans le même sens, ces pièces n'ont pas besoin d'être assemblées aussi juste que dans le cas de la machine double où le moindre jeu produirait des chocs très nuisibles et destructeurs de la PM et de la machine.

a) aurait *rayé et remplacé par* a.

6° Le piston n'ayant pas besoin de joindre aussi juste [b], et la cond[on] s'exécutant plus facilement, on pourrait exécuter plus de pulsations dans le même tems.

7° Les verges des pistons auraient besoin d'une épaisseur beaucoup moindre parce qu'elles n'agiraient qu'en tirant — il en serait de même de la bielle.

I - F°. 2 verso (I a)

Si l'on prend pour unité la chaleur spécifique (rapportée aux poids) de l'air atmosphérique à une température moyenne de 10°, sous la pression 0,76 m et que l'on suppose le volume de cet air changé de manière que la pression soit devenue *h*, la chaleur spécifique sera devenue [2]

$$0{,}76\sqrt{\frac{1}{h}+0{,}42}$$

L'invention des tiroirs [3] (à la Martin) [c] substitués aux soupapes est mauvaise parce qu'elle ne permet pas [d] d'inter-

b) on pourrait *rayé.*
c) (à la Martin) *inséré entre les lignes.*
d) de fermer *rayé.*

rompre la vapeur à un moment différent de celui où s'ouvre le condenseur.

Condenseur sans pompe à air[4], La condensation se faisant sans mélange avec l'eau froide par le passage de la vapeur à travers des tuyaux plongés dans cette eau, la cond[on] serait imparfaite ; on la pousserait par ex. à 1/4 d'atmosphère-air chassé du condenseur par le jeu du piston (à simple effet)

Le condenseur étant d'un petit volume, surface à donner au cond. 1/2 de celle de la chaudière.

---

quels sont[e] les moyens à employer pour empêcher le choc en retour dans les[f] machines ; dans les roues dentées surtout

I - F°. 3 recto (I b)

Lorsqu'une hypotèse ne suffit plus à l'explication des phénomènes, elle doit être abandonnée.

C'est le cas où se trouve l'hypotèse par laquelle on considère le calorique comme une matière, comme un fluide subtil.

Les faits d'expérience qui tendent à la détruire sont les suivans[5] :

1° Le[g] développement de la chaleur par la percussion ou le frottement des corps (exp[ce] de Rumford, frottement des roues sur les essieux, sur les axes[6] ; expériences à faire). ici l'élévation de la température[h] a lieu à la fois dans le corps frottant et le corps frotté ; d'ailleurs ils ne changent pas sensiblement de nature ou de forme (à Prouver). Ainsi la chaleur est créée par le mouvement. Si elle est une matière, il faut admettre que la matière est créée par le mouvement.

2° Lorsqu'on fait jouer les pompes de la Machine Pneumatique et qu'on laisse rentrer en même tems l'air dans le récipient, la temp. demeure invariable dans ce récipient[i], elle demeure la même qu'au dehors, par conséquent l'air comprimé par les pompes doit s'élever de temp au-dessus de l'air du dehors,

e) quels sont *inséré entre les lignes.*

f) des *changé en* dans les.

g) la chaleur *rayé.*

h) 2° D *rayé.*

i) cela ce *rayé et remplacé par* ce récipient. *Avant* elle demeure... *a été rayé* : et par conséquent l'air après avoir été comprimé par les.

et il est expulsé à une température supérieure [j]. L'air entre donc à une Temp. de 10° par ex, et sort à une autre [k] 10° + 90° ou 100° par exemple. Ainsi il y

I - F°. 3 verso (I b)

a eu création de chaleur par le mouvement [7].

3° Si l'on comprime de l'air dans un réservoir et [l] qu'en même tems on le laisse échapper par une petite ouverture, il y a, par la compression, élévation de Temp. par la sortie il n'y a pas abaissement (d'après MM. Gay et Welter) [8]. L'air entre donc d'un côté à une Temp. et sort par l'autre à une Temp. plus élevée, d'où suit la même conclusion que dans le cas précédent.

(exp[ce] à faire) adapter à [m] une chaudière à haute pression un robinet et un tube y faisant suite et débouchant [n] dans l'atmosphère, ouvrir un peu le Robinet, et présenter un thermomètre à la sortie de la vapeur. Voir si elle se maintient à 100°, ou au-dessus ; voir si de la vapeur se liquéfie dans le tuyau, voir si elle sort transparente ou trouble —

4° L'élévation de température qui a lieu lors de la rentrée de l'air dans le vide. Élévation que l'on ne peut pas attribuer à la compression de l'air restant (air qui peut être remplacé par de la vap. d'eau) [o], que l'on ne peut donc attribuer qu'au frottem[t] de l'air contre les parois de l'ouverture ou contre l'intérieur du récipient, ou contre lui-même [9].

5° M. GL. a fait voir (dit-on) que si l'on mettait en comm[on] entre eux deux récipients, l'un vide, l'autre plein d'air, la temp s'élevait autant dans l'un qu'elle s'abaissait dans l'autre ; si ensuite [p] on les comprime tous deux de moitié, le second doit reprendre sa température première, et le premier une température beaucoup supérieure. en les mêlant, il y aura eu échauffement dans toute la masse [10].

I - F°. 4 recto (I c)

Lors de la rentrée de l'air dans le vide, c'est son passage par une petite ouverture et le mouvement qu'il se donne dans l'intérieur qui paraît produire l'élévation de température [11].

j) par conséq *rayé.*
k) 100° *rayé.*
l) qu'on le laisse éch *rayé.*
m) adapter à *inséré entre les lignes.*
n) débouchant ouvert *rayé et remplacé par* débouchant.
o) ni a *rayé.*
p) maintenant *rayé et remplacé par* ensuite.

Qu'il nous soit permis de faire ici une hypotèse sur la nature de la chaleur.

L'on regarde aujourd'huy généralem[t] la lumière comme le résultat, d'un mouvement de vibration d'un fluide éthéré [12]. La lumière produit de la chaleur ou du moins elle accompagne la chaleur rayonnante et se meut avec la même vitesse qu'elle [q]. La chaleur [r] rayonnante est donc un mouv[t] de vibration [s] il serait ridicule de supposer que c'est une [t] émission de corps [u], tandis que la lumière qui l'accompagne ne serait qu'un mouv[t] [v].

Un mouvement (celui de la ch.[r] ray) pourrait-il produire un corps (le calorique) [w], Non sans doute, il ne peut produire qu'un mouvement. La ch. est donc le résultat d'un mouv[t]. Alors il est tout simple qu'elle puisse se produire par la consomm[on] de P. Mot. et qu'elle puisse produire cette puissance [x]. tous les autres phénomènes, composition et décomposition des corps, passage à L'état gazeux, chal spécif. équilibre de la [y] chaleur ; sa transmission plus ou moins facile, sa constance dans les expériences [z] du calorimètre pourraient s'expliquer dans cette hypotèse. Mais il serait difficile de dire pourquoi [a], dans

I - F°. 4 verso (I c)

le développ[t] de la PM par la chal. un corps froid est nécessaire, pourquoi, en consommant la chal. d'un corps échauffé on ne peut pas produire du mouvement.

II - F°. 6 recto [13]

Annales de Ph et ch. août 1821, Page 357 note de Mr Navier sur la Puissance Motrice des Combustibles [14].

exp. de MM. Gay et Welter sur le rapport entre la chaleur

q) Comment ce mouv[t] de *rayé.*
r) Calorique *rayé et remplacé par* chaleur.
s) car *rayé.*
t) véritable *rayé.*
u) de corps *inséré entre les lignes.*
v) vibratoire. Comm *rayé.*
w) (le calorique) *inséré entre les lignes.*
x) Mais *rayé.*
y) du cal *changé en* de la.
z) le Cal *changé en* les expériences.
a) un corps *rayé.*

spécifique de l'air sous pression constante et sous volume constant.

rapport $k = 1{,}3750$

Citées dans la Mécanique céleste Liv. 12 - Page 97[15].

Ann. Août 1823, page 344 Note de Mr Poisson sur la chaleur des gaz et vapeurs[16].

Annales .... février 1823, page 192:
expérience de Mr Œrsted sur la compressibilité de l'eau:
réduction de volume 0,000045 par atmosphère
suivant Perkins[17] 0,000048

Un changement d'un degré centig dans la température fait varier le volume autant qu'une pression de 3 atmosph

Il ne se fait pas de chang appréciable dans la température par une compression subite de 5 atmosph.

Ann. Avril 1823, Page 429 — Note sur les machines de Mr Perkins[18] —

Juillet 1822, Page 266 — Note de Mr De Laplace sur la vitesse du son — le[b] rapport k y est rapporté — $k = 1{,}3748$[19]

Ce rapport est à peu près constant pour toutes les pressions et pour toutes les températures — dans les intervalles de —20° à + 40° et 142 mill de Press[c] à 2300 mill. Ce rapport n'a pas varié de

II - F°. 6 verso

1/16e de sa valeur.

exp[ce] à faire: laisser échapper par une petite ouverture[d] de l'air d'un réservoir où il est comprimé[e] et le recevoir dans une capacité en communication libre avec l'atmosphère[f] où sa vitesse serait rompue par quelques corps interposés[20]. Mesurer la température

— fait d'expérience. Si l'on fait[g] agir les pompes de la machine pneumatique, et qu'on laisse en même tems l'air se

b) rés *rayé.*

c) 142 mill. de Press. *apparaît à la suite de ce qui semble être les mêmes mots, rayés.*

d) par une petite ouverture *inséré entre les lignes.*

e) par *rayé.*

f) et *rayé.*

g) le vide *rayé.*

réintroduire par un robinet[h], de manière que la pression dans l'intérieur demeure à peu prés constante, la température sera sensiblement celle de l'extérieur[21].

— est-il bien certain que la vapeur d'eau, après avoir agi dans une machine[i], et y avoir produit de la puissance motrice, soit capable d'élever l'eau de condensation comme si elle y avait été conduite immédiate^mt^[22].

Si les molécules des corps ne sont jamais en contact intime les unes avec les autres, quelque soient les forces qui les sépare [*sic*] ou les attire, il ne peut jamais y avoir ni production, nì perte de P.M. dans la nature. Cette P. serait en qu^e^ immuable comme la matière — alors le rétabliss^t^ d'équilibre immédiat du calorique ou son rétabliss^t^ d'éq avec production de PM seraient essentiellem^t^ différents l'un de l'autre[23].

Mais comment concevoir des forces agissant sur les molécules, si elles ne sont jamais en contact les unes avec les autres, si chacune d'elles est parfaitement isolée ? Supposer un fluide interposé ne serait que reculer la difficulté car ce fluide serait nécessairement composé de molécules.

II - F°. 5 recto

il paraît bien difficile de pénétrer dans l'essence intime des corps, il faudrait, pour ne pas faire des raisonn^t^ erronés, examiner attentivem^t^ les sources de nos connaissances sur la nature des corps, sur leur forme, sur les forces, voir[j] quelles sont les[k] notions primitives[l], voir de quelles sensations elles sont dérivées, voir comment on s'est élever successivement aux divers degrés d'abstraction.

La chaleur est-elle le résultat d'un mouvement vibratoire des molécules, si cela est, quantité de chaleur n'est autre chose que quantité de puissance motrice employée à produire des

h) par un robinet *inséré entre les lignes.*
i) après avo *rayé.*
j) sur *rayé.*
k) sont les *inséré entre les lignes.*
l) ces c d *rayé.*

mouv[t] vibratoires [m] ; elle doit être immuable [n] tant que la PM est employée à Produire des mouv[t] vibratoires. La q[e] de ch. doit être immuable ce qui semble résulter des exp. du calorimètre mais, lorsqu'elle passe dans des mouvements d'une amplitude sensible, la q[e] de ch. ne doit plus rester constante.

---

peut-on trouver des exemples de production de PM avec consomm[on] réelle de la chal, il semble que l'on en peut trouver de Product de chaleur avec consomm[on] de Puiss. mot. (rentrée de l'air dans le vide Par ex.).

---

quelle est la cause de la Production de chaleur dans les combinaisons des corps — quel est le Calorique Rayonnant.

La Liquéfaction des vapeurs, la solidification des liquides, La cristallisation, ne sont-elles pas des sortes de combinaisons des moléc. intég. les unes avec les autres.

---

en supposant la chaleur due à un mouv[t] vibratoire, comm[t] expliquer le passage de l'état solide ou liquide à l'état gazeux.

II - F°. 5 verso

Comm[t] expliquer la chaleur produite par la compression des gaz — Comm[t] les gaz se combinent-ils en Proportions définies relativ[t] aux volumes.

---

[24] Lorsque l'on fait naître de la PM par le passage de la [o] chaleur du corps A au corps B, la quantité de cette ch qui arrive à B (si elle n'est pas la même que celle qui a été prise à A, si une partie a réellem[t] été consommée pour produire la PM). Cette q[e] est-elle la même, quelque soit le corps employé à réaliser la [p] PM —

Y aurait-il moyen de consommer plus de chaleur à la production de la puissance motrice et d'en faire arriver moins au corps B. pourrait-on même la consommer toute entière sans en faire arriver au corps B ? Si cela était possible, on pourrait créer de la PM sans consommation de combustible, et par la simple destruction de la chaleur des corps [q].

m) employée à produire des mouv[t] vibratoires *inséré entre les lignes.*
n) à moins qu'elle tant qu'elle reste à l'état vibratoire, ce qu *rayé.*
o) du Cal *changé en* de la.
p) cette *changé en* la.
q) de *rayé.*

Que devient la chaleur émanée de la terre et des autres astres par la voie de radiation.

Si, comme la mécanique semble le prouver, il ne peut pas y avoir de véritable création de PM, il ne doit pas y avoir non plus de destruction de cette puissance —[r] car autrement[s] toute la PM de l'Univers finirait par se détruire —, il n'y a donc pas de véritable choc des corps[25].

III - F°. 7 recto

La chaleur n'est autre chose que la puissance motrice ou plutôt que le mouvement[t] qui a changé de forme, C'est un mouvem[t] dans les particules des corps[u], partout où il y a destruction de PM il y a en même tems production de chaleur en quantité précisément proportionnelle à la q[e] de PM détruite. Réciproquement partout où il y a destruction de chaleur, il y a production de PM.

On peut donc poser en Thèse générale que la PM est en quantité invariable dans la nature, qu'elle n'est jamais à proprement parler ni produite, ni détruite[v], à la vérité elle change de forme, c à d[w], elle produit tantôt un genre de mouvement, tantôt un autre[x], mais elle n'est jamais anéantie.

Ce principe se[y] déduit pour ainsi dire[z] seul de la Théorie Mécanique, en effet le raisonnem[t] nous apprend[a] qu'il ne peut jamais y avoir de perte[b] de force vive ou ce qui est la même chose, de PM[c] si les corps agissent les uns sur les autres[d] sans

r) par conséquent point *rayé.*
s) autrement *inséré entre les lignes.*
t) ou plutôt que le mouvement *inséré entre les lignes.*
u) dans les particules des corps *inséré entre les lignes.*
v) qu'elle qu' *rayé.*
w) qu' *rayé.*
x) mais qu'elle existe toujours *rayé.*
y) de *changé en* se.
z) tout *rayé.*
a) le raisonnem[t] nous apprend *inséré entre les lignes.*
b) dest *rayé.*
c) sans un changem *rayé.*
d) par des influences ex *rayé.*

se toucher immédiatement, sans véritable choc ; or Tout nous conduit à penser que les molécules des corps sont toujours séparées les unes des autres à quelque distance qu'elles ne se touchent jamais immédiatement, si elles se touchaient elles devraient rester unies et par cons. changer de forme.

III - F°. 7 verso

D'après quelques idées que je me suis formées sur la théorie de la chaleur, la production d'une Unité de puissance motrice nécessite la destruction de 2,70 unités de chaleur[26].

Une machine qui produirait 20 unités de PM par kilog. de charbon devrait anéantir $\frac{20 \,.\, 2{,}70}{7000}$ de la chaleur développée par la combustion,

$$\frac{20 \,.\, 2{,}70}{7000} = \frac{8}{1000} \text{ environ c à d moins de } \frac{1}{100}$$

---

exp^ces^ sur la tension des vapeurs.

Tube capillaire gradué rempli d'eau, de mercure ou d'huile[e] et d'air, Plonger ce tube dans un bain d'huile, de mercure ou de plomb fondu, mesurer la Temp. par un thermomètre à air.

Mêmes exp. sur l'alcool, l'éther, id. muriatique, le sulfure de carbone, l'essence de Thérébent., le Soufre, le Phosphore[27].

IV - F°. 8 recto

L'on a fort peu étudié[f] jusqu'ici les changements de température survenus dans les corps par L'effet du mouvement[28]. Cette classe de phénomènes mériterait cependant L'attention des observateurs. Lorsque les corps sont en mouvement, lorsque surtout il se consomme ou qu'il se produit de la puissance motrice, il arrive des changements remarquables dans la distribution de la chaleur, et peut-être dans sa quantité, Nous allons rappeler un

e) ou d'huile *inséré entre les lignes.*
f) observé *rayé et remplacé par* étudié.

petit nombre de faits où ce phénomène se développe avec le plus d'évidence :

1° [g] le choc des corps. On sait que, dans le choc des corps, il y a toujours consommation de puissance motrice ; Les corps parfaitement élastiques [h] pourraient seuls être exceptés, et ils n'existent pas dans la nature [i].

Or on sait aussi qu'il y a dans le choc des corps un changement de température, une élévation dans son degré. Il serait difficile d'attribuer comme l'a fait Mr Berthollet la chaleur dégagée dans ce cas à la réduction de volume du corps [j], car lorsque cette réduction est parvenue à son dernier période, le dégagement de chaleur devrait cesser [29]. Or c'est ce qui n'arrive pas. il suffit [k] que le corps puisse changer de forme par la percussion,

IV - F°. 8 verso

sans changer de volume pour qu'il y ait [m] dégagement de chaleur. Si l'on prend par exemple un cube de plomb, et qu'on le frappe successivement sur toutes ses faces, il y aura toujours dégagement de chaleur sans diminution sensible dans ce dégagement [n], tant [o] que les coups seront [p] continués avec la même force [30]. Cela n'arrive pas dans [q] l'action de frapper des médailles. ici le métal ne peut plus [r] changer de forme après les premiers coups du balancier, et l'effet [s] du choc se porte non sur la médaille, mais sur les filets de la vis, qui se déforment, et sur les supports.

il semble donc que la chaleur dégagée doive être attribuée au frottement des molécules du métal, qui changent de place les unes par rapport aux autres [t], c'est-à-dire que la chaleur se dégage précisément là où la force mouvante se consomme. une [u] remar-

g) dans *rayé.*
h) sont les seuls *rayé.*
i) *les mots* : les corps parfaitement élastiques... dans la nature *sont légèrement rayés.*
j) métal *rayé et remplacé par* corps.
k) dans *rayé et remplacé par* il suffit.
m) il a pour *rayé.*
n) dans ce dégagement *inséré entre les lignes.*
o) pourvu *rayé et remplacé par* tant.
p) soient *changé en* seront ; toujours *rayé.*
q) la compression des méd *rayé.*
r) pas *changé en* plus.
s) la force *rayé et remplacé par* l'effet.
t) c'est-à-dire par *rayé.*
u) la même *rayé et remplacé par* une.

que du même genre [v] peut se faire dans le choc de deux corps de duretés différentes, du plomb et du fer par exemple ; le 1er de ces métaux, s'échauffe beaucoup tandis que le second ne change pas sensiblement de température. Mais aussi la [w] force motrice est consommée presque entièrement à produire le changement de forme du premier de ces métaux.

IV - F°. 9 recto

On peut citer comme étant un fait du même genre l'échauffement qui se produit par la distension d'une verge métallique prête à se rompre. L'expérience a prouvé que, toutes choses égales d'ailleurs [x], plus l'allongement est grand avant la rupture et plus l'élévation de température est considérable.

2°.

VI - F°. 9 verso blanc

V - F°. 10 recto [31]

exces.

1° Répéter l'exp. de Rumford sur le forage d'un métal dans l'eau, mais mesurer la PM. consommée en même tems que la chaleur produite. Même exp. sur plusieurs métaux et sur le bois [y].

2° agiter fortement de l'eau dans barillet, ou dans un corps de pompe, à double effet, et dont le piston serait percé d'une petite ouverture.

3° traiter l'air de la même manière dans un Corps de Pompe, mesurer la PM consommée et la chaleur produite.

4° frapper un morceau de plomb en plusieurs sens. Mesurer la PM consommée et la chaleur produite ; même exp. sur d'autres métaux ——

5° exp. sur la rentrée de l'air dans la mach. pneum. en même tems qu'on ferait le vide ; id. sur de l'air com-

v) du même genre *inséré entre les lignes.*
w) puiss *rayé.*
x) toutes choses égales d'ailleurs *inséré entre les lignes.*
y) Même exp. sur plusieurs métaux et sur le bois *inséré entre les lignes.*

primé dans un vaste réservoir ; id. sur la vapeur sortant par une petite ouverture.

V - F°. 10 verso blanc

VI - F°. 11 recto [32]

S'il était reconnu que les gaz ne changent [z] pas de température lorsqu'ils [a] se dilatent sans produire de Puissance Motrice ; lorsque, par exemple [b], soumis à une pression constante, ils s'échappent par une petite ouverture dans une autre capacité où ils sont soumis à une pression moindre mais également constante, il s'ensuivrait :

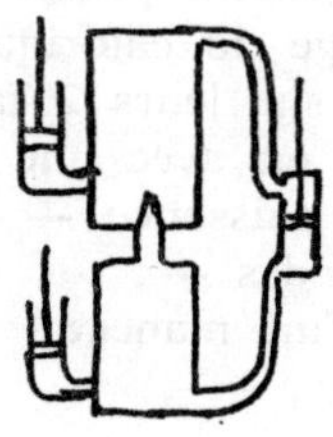

1° que la consommation de PM produit du calorique.

2° que la quantité produite est précisément celle dégagée par le gaz lors de sa réduction de volume.

en [c] effet, si l'on comprime un gaz à moitié par exemple, en maintenant sa temp. à un degré constant puis qu'on [d] le laisse échapper par une petite ouverture pour pénétrer dans un vase

z) s'abai *rayé.*
a) sont soumis à *rayé.*
b) ils sont *rayé.*
c) 3° que la *rayé.*
d) que l'on *changé en* qu'on.

où la pression soit maintenue au[e] degré où elle était d'abord, ce gaz sera ramené, à la fin de l'opération, précisément à l'état primitif ; il y aura eu une quantité de PM consommée égale à celle qui est nécessaire pour réduire le gaz à moitié de son volume.

VI - F°. 11 verso blanc

VII - F°. 12 recto

Expériences sur la Transmission du Calorique à Travers les Corps solides et à Travers les Corps liquides — immersion dans l'eau d'un corps[f] solide chauffé et observation de la marche progressive d'un Thermomètre plongé dans le liquide — Tems nécessaire pour le passage du calorique à travers des plaques métalliques[g] en contact sur leurs 2 faces avec des liquides à différentes températures, ou avec une vapeur qui se condense et une autre qui prend naissance — avec un gaz permanent, — mouvement de ces fluides —

Louage de la PM d'un manège[h] — transport rapide des lettres — Carriole de Place —

Expériences à faire sur la chaleur et la puissance Motrice.

répéter l'expérience de Rumford sur le forage en employant divers métaux, le Bois, la Pierre, &c. Estimer la puissance motrice consommée et la q[e] de chaleur produite, en faire la comparaison.

---

expériences du même genre sur l'agitation de l'eau, du mercure. de l'alcool, de l'air et d'autres gaz.

---

rentrée de l'air dans le vide, id. pour d'autres gaz ou vapeurs. examiner l'élévation de temp, au moyen du

e) à *changé en* au ; moitié *rayé.*

f) de fo *rayé.*

g) qui *rayé.*

h) d'un manège *inséré entre les lignes.*

VII - F°. 12 verso

Manomètre et du thermomètre de Bréguet.

---

faire sortir de l'air d'un vaste réservoir, où il est comprimé, et rompre sa vitesse dans un large Tuyau où se trouvent placés des corps solides [i]. Mesurer la température lorsqu'elle est devenue uniforme — Voir si elle est la même que dans le réservoir — mêmes exp. avec [j] d'autres gaz et avec de la vapeur formée sous diverses pressions.

Répéter les expériences de dalton et les pousser jusqu'à des pressions de 30 ou 40 atmosph. [33]

Mesurer la chaleur constituante [34] de la vap. [k] dans ces limites — [35].

id. sur la vapeur d'alcool, d'éther, d'essence de thérébentine, de mercure, pour vérifier si l'agent employé est indifférent quant à la Prod[on] de la PM.

id. sur l'eau chargée d'un sel déliquescent, le muriate de chaux, P. ex. La loi des tensions est-elle toujours la même ? Mesurer la chaleur spécif. de la vapeur —

Estimation de l'erreur du thermom. de Bréguet par le tems nécessaire à l'air pour varier d'un nombre de degrés déterminé.

VII - F°. 13 recto

Exp.[ce] de M[r] GL avec deux vases égaux [l], l'un vide et l'autre plein d'air et entre lesquels on établit une communication [m].

Exp.[ce] sur la tension de la vapeur avec une chaudière [n] et un tube thermométrique plein d'air [36]. Un thermomètre sera

i) destinés à rompre la vitesse *rayé.*
j) la vapeur *rayé.*
k) dep *rayé.*
l) égaux *inséré entre les lignes.*
m) abai *rayé.*
n) et un Piston chargé de *rayé.*

placé dans un tuyau plongé dans la chaudière [o], ouvert au dehors et rempli de mercure ou d'huîle.

Exp.ce au moyen d'un simple tube [p] capillaire rempli de trois couches successives : 1° d'air, 2° de mercure, 3° D'eau ou d'un autre liquide dont on veut mesurer la tension (d'alcool, d'Ether, d'essence de thérébentine, de lavande [q], de sulfure de carbone, d'éther muriatique, & c.). Le tube sera plongé [r] par une extrémité dans un bain de mercure ou d'huile dont on mesurera la température, — on pourra faire la colonne de mercure assez longue pour pouvoir comprimer d'avance ou raréfier l'air,

---

Le tube sera roûlé en spirale par une extrémité. La Partie droite sera graduée (on pourra mesurer ainsi la tension de la vapeur mercurielle) [s].

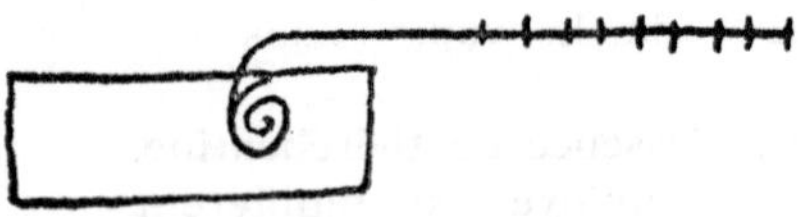

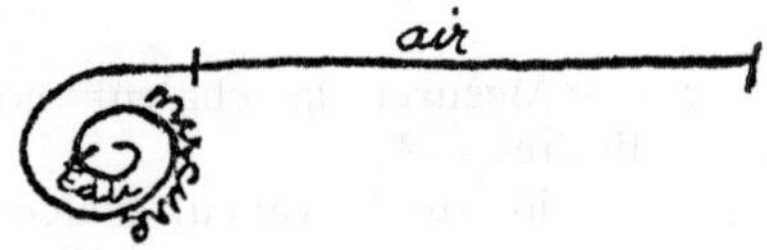

Expériences sur la Tension des vapeurs à basse température avec un Tube à thermomètre recourbé Et rempli Partie de mercure, partie d'eau ou d'alcool. Le mercure agira par son poids, La partie supérieure du Tube sera vide et scellée, ou bien ouverte dans

o) pl *rayé.*
p) Thermon *rayé.*
q) d'éther *rayé et remplacé par* de lavande.
r) dans un bain de mercure ou *rayé.*
s) *les mots entre parenthèses semblent avoir été ajoutés après coup.*

VII - F°. 13 verso

l'atmosphère.

La boule sera plongée dans de l'eau dont on mesurera la température ; si le tube est scellé, on aura soin de rafraîchir la partie supérieure.

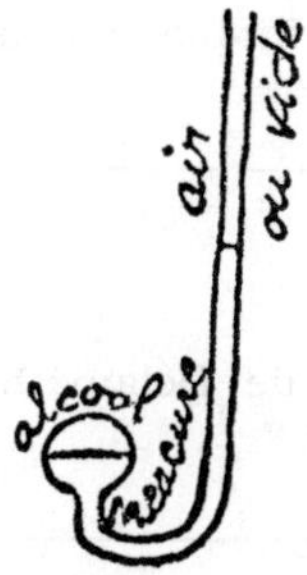

La boule pourra contenir de l'eau, de l'alcool, de l'éther, de l'essence de Th. Si le Tube est scellé, on pourra mesurer la tension de la vapeur mercurielle.

Exp. sur la chaleur constituante des vapeurs au moyen d'un Tube Barométrique muni de deux boules soufflées. L'une des boules sera plongée dans de l'eau froide et l'élévation de Temp. de cette eau indiquera la chal. constituante de la vapeur.

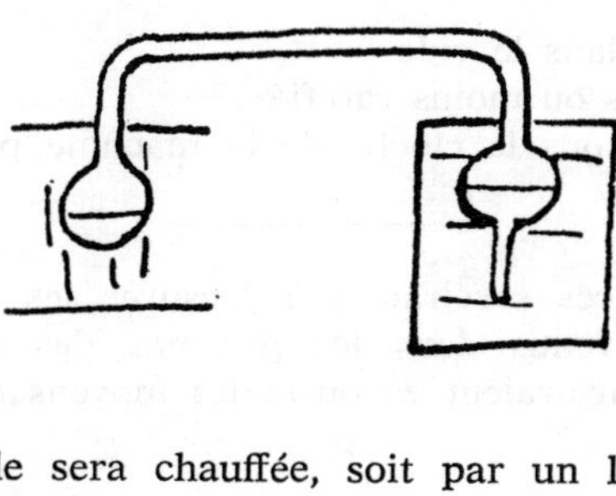

L'autre boule sera chauffée, soit par un liquide bouillant, soit par le feu nu.

Eau, alcool, essence, Ether, mercure, acide acétique, sulfure de carbone —

On peut recommencer l'opération en recohobant et ajouter les résultats.

Instruments — bon Thermomètre 1, tubes soufflés ordinaires 6 — id. plus longs 3, chalumeaux avec[t] une seconde boule soufflée 6 ; chalumeaux ordinaires 2.

Alcool, Ether, Essence, sulf. de carbone, 10 grammes[u] huile de Lin, 1 kilog[v] vase de fer-blanc pour la faire chauffer. petits fourneaux portatifs.

VIII - F°. 14 recto

Journal de physique de Delamétherie. exp. sur la chaleur dégagée par le frottement[37].

Disques de glace frottés par Davy[38].

---

pompe pneumatique dans laquelle on ménage une petite ouverture dans le piston ou à sa circonférence —

---

exp de rumford sur le forage des métaux, percussion du plomb, de l'étain, du cuivre,

---

forage du bois.
rentrée de l'air dans le vide
id. dans l'air plus ou moins raréfié
rentrée de l'air sous la cloche de la machine pneumatique

Ces expériences serviraient à mesurer les changements de température survenus dans les gaz par des changements de volume, elles fourniraient en outre les moyens de comparer ces

t) boule *rayé.*
u) 10 grammes *inséré entre les lignes.*
v) 1 kilog. *inséré entre les lignes.*

changements avec les quantités de puissance motrice produites ou consommées.

Elles pourraient se faire sur des gaz autres que l'air atmosphérique ordinaire.

VIII - F°. 14 verso [39]

L'on a fort peu observé jusqu'ici les changements de température survenus dans les corps par l'effet du mouvement ; cette classe de phénomènes mériterait pourtant la plus grande attention. Lorsque les corps sont en mouvement, lorsque surtout il se consomme ou qu'il se produit de la force motrice, il arrive des changements dans la distribution de la chaleur et peut-être dans sa quantité. Nous allons rapporter un petit nombre de faits où ce phénomène se développe avec le plus d'évidence.

1° Dans le choc des corps — on sait que les corps tels que nous les présente & c.

Diviser [40] un tube capillaire en parties égales, comme s'il devait servir à la construction d'un thermomètre, le sceller à une extrémité, y introduire une bulle de liquide, (d'huîle), le placer sous la cloche de la machine pneumatique ; dilater l'air par un ou deux coups de piston, observer la marche de la bulle dans le 1er moment d'abord, puis lorsqu'elle est devenue stationnaire.

Laisser rentrer subitement l'air par le robinet et faire les mêmes observations sur la bulle.

On peut considérer l'air contenu dans le tube

VIII - F°. 15 recto

thermométrique comme étant maintenu à une température constante par son contact avec le verre ; il n'en est pas de même de l'air de la cloche, celui-ci baisse de température par la raréfaction et s'élève par la rentrée de l'air extérieur. Ces changements seront mesurés par les mouvements de la bulle parce qu'il sera facile de distinguer par ces mouvements tous les changements d'élasticité survenus dans l'air de la cloche.

---

la même chose pourrait se faire avec un Manomètre, mais avec moins d'exactitude, parce qu'il faut un tems notable pour donner le mouvement à la colonne de mercure, que pendant ce tems la température a déjà varié. d'ailleurs le mouvement de la colonne pourrait se prolonger trop loin à cause de son inertie.

VIII - F°. 15 verso

petites-aff 17 mars. fabrication de la glace, rue Michel-le-Comte, 27 & c.

act. des mines de sel gemme et salines, J^aux du 17 mars — Du 16 id. Journal du Commerce [41].

act. de colonisation américaine (anglaise)

Chaleur mouvem^t. ouvrages où l'on trouve des renseign.
Scheele, supplément 149 (Kirwan) [42].

traité chimique de l'air et du feu, par Scheele, avec introduction par Bergmann — supplément [43],

rumford-bibliothèque Britannique.

Dictionnaire de Macquer, article feu [44].

rumford, Sur la source de la chaleur qu'excite le frottement Journal de phisique, XLVII, 24, 228, 253, année 1798 [45].

Sur la force de la poudre, Bib. britann., X, 304, n° 80 et 82.

rumford, Bib. Britann., I exp. sur la chaleur par Benjamin thompson.

id.	V	97	et suiv.
	VIII	85	et suiv.
	XIII	217	et suiv.
id.	VIII	3	et suiv.

recherches sur la source de la chaleur qu'excite le frottement.

annales de chimie XLI 177 : Moyens d'augmenter la q^e de chaleur produite par un combustible donné [46]

Landriani Table des matières du Journal.

IX - F°. 16 recto [47]

[*en marge*] 1er feuillet du sujet A.
expériences à faire sur les gaz et vapeurs.

1° mesurer la température acquise par l'air introduit dans un espace vide ou contenant de l'air déjà raréfié.

Si le vide est fait sous la cloche d'une machine pneumatique et qu'on ouvre subitement le robinet qui doit amener l'air extérieur, l'introduction de cet air fera monter un thermomètre de Bréguet jusqu'à 50 ou 60° [48].

examiner la marche de ce thermomètre lorsque la réintroduction n'a lieu que par parties, la comparer avec la marche du manomètre [a].

IX - F°. 16 verso

Construction d'un manomètre qui puisse donner presque instantanément la pression.

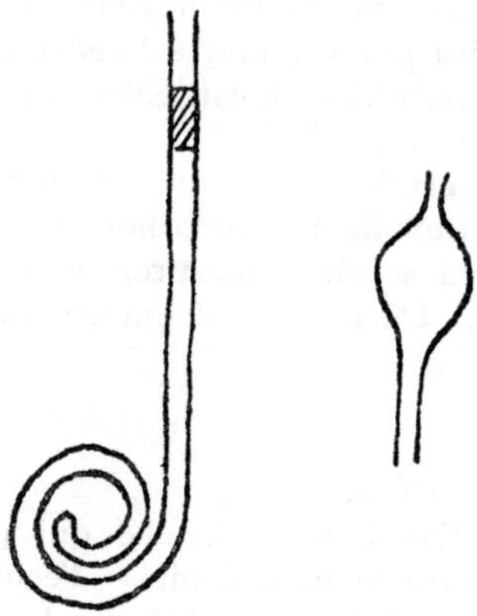

imaginons un tube capillaire roûlé en spirale [b] dans une partie de sa longeur et ayant une [c] extrémité fermée [d], l'autre extrémité [e] ouverte. Ce tube sera parfaitement desséché et l'on y introduira un petit index de mercure. le diamètre du tube devra être assez petit pour que l'air y renfermé prenne presque instan-

a) ou du barom *rayé.*
b) à un de ses bouts fermé *rayé.*
c) son *rayé et remplacé par* une.
d) soudée *changé en* fermée.
e) libre *rayé.*

tanément la température du verre. on cherchera à s'assurer du temps nécessaire pour

IX - F°. 17 recto

l'établissement de cet équilibre de température en plaçant le tube[f] sous la cloche pneum faisant une vide partiel et laissant rentrer l'air ; on examinera si, quelques instans après l'introduction, l'index change sensiblement de place, il faudra que l'index soit d'un très faible poids pour éviter autant que possible ses oscillations — par la même raison le tube capillaire devra être aussi étroit que possible.

Si la partie droite du tube est égale à la partie roûlée et que l'index soit placé à l'origine de

IX - F°. 17 verso

la partie roûlée pour une pression égale à la pression atmosphérique, il ne faudra pas soumettre l'instrument à une pression moindre de 1/2 atmosphère. C'est entre ces deux limites qu'il pourra servir de mesure.

On pourra le terminer par un[g] renflement ouvert[h] pour empêcher la projection du mercure hors du tube — disposé de cette façon il pourra servir à mesurer en général les pressions comprises entre *p* et 1/2 *p*, *p* étant quelconque.

IX - F°. 18 recto

[*en marge*] Suj. A — f. 3.

l'appareil sera fixé à une planche qui portera une échelle graduée[i] placée contre le tube droit — l'échelle sera par exemple à degrés égaux chiffrés de 5 en 5 ou de 10 en 10[j]. il faudra former une table correspondante exprimant[k] les pressions.

Plaçant l'instrument sous la cloche pneumatique et[l] faisant un vide partiel[m], l'index montera dans le renflement *a, fig.*

f) dans (*changé en* sous) une *rayé.*
g) une *changée en* un.
h) d *rayé.*
i) contre *rayé.*
j) au *rayé.*
k) exprimant *réécrit et rayé.*
l) notant *rayé.*
m) on notera la hauteur *rayé.*

ci-jointe ; laissant ensuite rentrer l'air peu à peu et très lentement on notera la correspondance entre les hauteurs

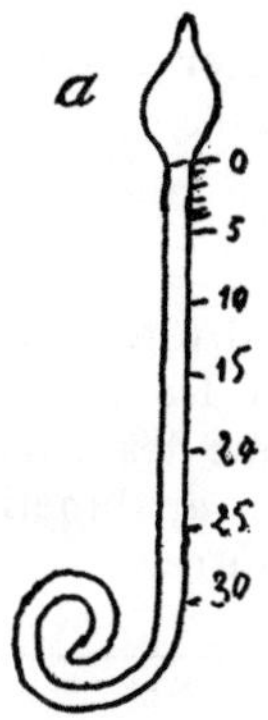

IX - F°. 18 verso

du manomètre ordinaire à mercure et les points où arrivera la face inférieure de l'index de l'instrument. Cela suffira pour former une table comparée des pressions et des chiffres de l'échelle, les pressions se trouveront exprimées par leurs rapports à la pression observée au moment du passage de l'index sur le zéro ou tout autre chiffre fixé de l'échelle. Ainsi par exemple, supposons que l'on observe sur le manomètre 400 mill. ou n millimètres [n] de mercure lorsque l'index sera sur 0

IX - F°. 19 recto

puis [o] n' lorsque l'index sera sur 1, n'' lorsqu'il sera sur 2 &c. ce seront les rapports $\frac{n'}{n}$, $\frac{n''}{n}$, &c. qu'il faudra inscrire sur la table de correspondance, on pourra ensuite faire varier n comme on le voudra et la table pourra encore servir.

en effet, d'après la loi de Mariotte, les volumes conservant les mêmes rapports, les pressions devront aussi conserver les mêmes rapports entre elles — Soit p la pression qui aura lieu lorsque l'index sera sur 0, v le volume de l'air au même instant, p' et v' les mêmes pression et volume, pris au moment où

n) ou n millimètres *inséré entre les lignes.*
o) 5 *rayé.*

l'index est sur 1[p] si l'on chasse ou si l'on introduit de l'air, les pressions pourront être au lieu de p et p', q et q' mais on aura de part et d'autre $p : p' :: v' : v$ et $q : q' :: v' : v$, donc $p : p' :: q : q'$[q].

On devra d'ailleurs opérer à une température uniforme ou tenir compte des différences.

IX - F°. 19 verso

Si le tube dans sa partie droite était parfaitement calibré, les volumes et par conséquent les pressions formeraient une progression géométrique lorsque les chiffres de l'échelle se trouveraient être en progression arithmétique et une table de log ferait connaître l'un par l'autre.

Pour augmenter au besoin[r] la masse d'air renfermée dans le tube, il suffirait de placer l'instrument sur le côté ou à plat[s] dans la machine pneumatique ; l'index de mercure se placerait dans la partie latérale du renflement[t] du tube et l'air atmosphérique s'introduirait — on pourrait aussi chauffer l'instrument dans cette position ;

IX - F°. 20 recto

[*en marge*] Suj. A — f. 5.
il faudrait avoir l' attention de ne réintroduire que de l'air très sec, ce qui pourrait se faire en plaçant sous la cloche de l'hypochlorate de chaux ou plutôt du chlorure de calcium — ou tout autre matière très avide d'humidité.

---

au lieu de roûler le tube en spirale, on pourrait se contenter de le ployer en deux en forme d'U ainsi que cela est représenté ci-joint, ou bien former 3 ou 4 branches parallèles ou davantage, en donnant au tube une grande longueur ; l'index aurait des mouvements plus étendus pour des changements de pression semblables

p) soit encore *rayé.*
q) Soit p la pression... p : p' :': q : q' *en marge.*
r) au besoin *inséré entre les lignes.*
s) ou à plat *inséré entre les lignes.*
t) du renflement *inséré entre les lignes.*

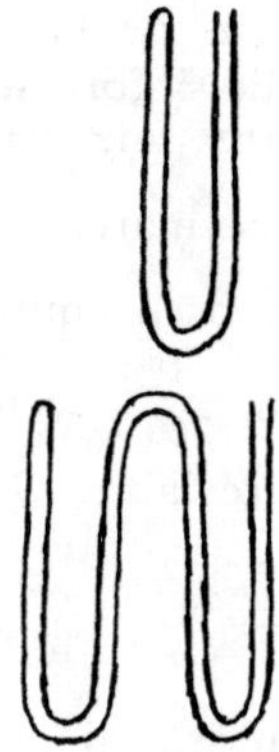

IX - F°. 20 verso

et l'on pourrait ainsi mesurer les résultats produits par un assez faible changement de densité dans l'air de la cloche.

Comparaison de la vitesse de refroidissement de l'air dans la cloche et dans le tube.

Nous supposerons, ce qui je crois s'écarte assez peu de la vérité, que la chaleur absorbée est proportionnelle à la surface des corps en contact. de là on déduira sans peine que les vitesses de refroidiss[t] de l'air dans les deux tubes [u] cilindriques seront en raison inverse de leur diamètre.

Si la cloche est considérée comme un tube de 2 déci de diamètre et l'instrument manomètre

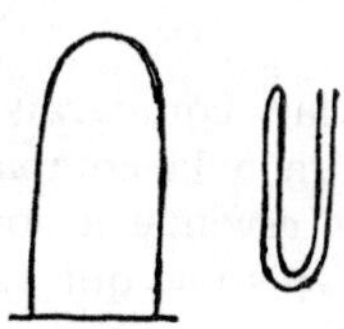

IX - F°. 21 recto

comme un tube de 1 millimètre vitesses de refroidissement de l'air seront dans le rapport de 1 à 200 environ —

u) indéfini *rayé.*

Amplitude du mouvement de l'index.

Supposons le tube replié 5 fois sur lui-même et ayant une longueur totale de 1 mètre une variation de densité égale à $\frac{1^{me}}{10}$ dans l'air donnera une marche de 1 décimètre, une variation de chaleur de 1°, supposée équivaloir à une variation de densité égale à $\frac{1}{266}$, donnera $\frac{1^{me}}{266}$ de mètre ou environ 3 mill,70, quantité suffisamment appréciable. Quant au temps nécessaire pour mouvoir l'index de

IX - F°. 21 verso

mercure eu égard à sa masse, si on le suppose long de 1^{cent} et la variation de pression $\frac{1}{100}$ d'atmosphère, il faudra environ $\frac{1^{me}}{6}$ de seconde pour lui faire parcourir 1 décimètre

IX - F°. 22 recto

emploi de l'instrument dans la mesure des variations des tensions de l'air sous la cloche pneumatique :

A chaque coup de piston qui dilate l'air sous la cloche pneum. lorsqu'on veut faire le vide [v], il se produit un abaissement de pression et sans doute un changement de température ; on peut le déterminer au moins approximativement, en observant la situation du manomètre d'abord au premier instant après la dilatation opérée, ensuite après un tems assez long pour que la température soit ramenée à son point [w] primitif celui

IX - F°. 22 verso

des corps environnants, la [x] comparaison de la force élastique dans les deux cas conduira à la comparaison des températures.

La température étant revenue à son point primitif, on donnera un second coup de piston, qui raréfiera l'air plus que la première fois et l'on fera aussi deux observations sur le manomètre avant et après le retour à la température première.

Ainsi de suite —

v) lorsqu'on veut faire le vide *inséré entre les lignes.*
w) état *changé en* point.
x) différence *rayé.*

A_2 NOTES DE L'ÉDITEUR

I - F° 2 recto

1. En suggérant que la machine à feu simple effet est peut-être préférable à la machine à double effet, Carnot rompt avec l'opinion admise en France. Voir, par exemple, les observations de Héron de Villefosse sur le gain d'économie procuré par la machine à double effet dans son *De la richesse minérale* (3 vol., Paris, 1819), III.69, et cf. la franche préférence pour la machine à double effet que manifeste Riche de Prony dans sa *Nouvelle architecture hydraulique* (cité dans le Commentaire, note 74), II (1796), 106-108. En Angleterre cependant, des réserves analogues à celles exprimées par Carnot commencent à se faire entendre dans les années 1820 ; et l'on trouve des témoignages de la préférence que l'on se met alors à accorder aux machines à simple effet, moins complexes, notamment pour servir de pompes dans les districts miniers de Cornouailles. Voir, par exemple, John Farey, *A treatise on the steam engine, historical, practical, and descriptive* (Londres, 1827), p. 429.

I - F° 2 verso

2. C'est la formule de Navier, publiée pour la première fois en juillet 1820 dans sa communication « Sur la variation de température qui accompagne les changemens de volume des gaz », *Bulletin des sciences, par la Société Philomathique de Paris,* nouv. sér. VII (1820), 97-101 ; également publiée dans *Annales de chimie et de physique,* XVII (1821), 372-379. C'est une formule empirique dérivée des résultats obtenus par Delaroche et Bérard. c est l'unité quand $h = 76$ cm de mercure.

3. Ce n'est qu'à partir de 1830 environ que les soupapes à tiroirs commencèrent à remplacer les soupapes à soulèvement utilisées par Watt ; on trouva qu'elles étaient particulièrement efficaces pour les machines locomotives et de marine. Les soupapes à tiroirs sont ici associées au nom de Louis Martin, qui les intégra à la petite machine qui lui fit gagner un prix, en collaboration avec Charles Albert, à un concours organisé par la Société d'Encouragement pour l'Industrie Nationale en 1809. Elles furent en réalité inventées et brevetées par William Murdock, qui était assistant de Watt, en 1799. Sur les soupapes à tiroirs, voir les ouvrages de Dickinson (p. 111 et 113-114) et de Daumas (p. 61-62), cités dans la Bibliographie, Section IV, partie d. Pour des descriptions commodes de la machine de Martin et Albert et de leur système de soupapes à tiroirs (descriptions que Carnot avait très facilement pu lire), voir « Rapport fait par M. de Prony... sur le concours relatif à la construction des petites machines à feu », *Bulletin de la Société d'Encouragement pour l'Industrie Nationale,* IXe année (1810), 146-152, et J.-N.-P. Hachette, *Traité élémentaire des machines* (2e éd., Paris, 1819), p. 208-210.

4. Carnot donne une description et un desssin d'un condenseur à surface du type d'abord proposé par Watt. Malgré un renouveau de l'intérêt porté à ce

genre de condenseur dans les années 1820 et 1830, lorsqu'il fut intégré à certaines machines de marine, l'usage n'en devint pas courant avant les années 1860. Voir les ouvrages de Dickinson (p. 112) et Daumas (p. 355-356) cités dans la note qui précède.

I - F° 3 recto

5. Deux des arguments de Carnot contre la théorie du calorique (le 1° et le 4°) sont des arguments couramment employés dans les années 1820. Les paragraphes 2, 3 et 5 contiennent quelques conjectures originales fondées sur des observations expérimentales bien connues.

6. Voir Introduction, note 73. On trouve des références à des traductions françaises des mémoires de Rumford sur ses expériences à propos du forage des canons dans le MS VIII, f° 15 verso ; cf. également MSS VII, f° 12 recto, et VIII, f° 14 recto, ainsi que l'Introduction, note 73. Carnot revient au problème classique de la théorie du calorique, expliquer l'échauffement par la percussion, dans le MS IV, f° 8 recto et verso.

I - F° 3 verso

7. Cf. les expériences analogues décrites dans les MSS V, f° 10 (5ᵉ expérience) et II, f° 6 verso.

8. Voir Commentaire, notes 29 et 30.

9. Comme je le signale dans la note 30 du Commentaire, l'absence d'échauffement au moment où de l'air est brutalement admis dans du vide constituait pour la théorie du calorique une difficulté majeure. William Cleghorn en 1779 et John Leslie d'Edimbourg en 1804 avaient suggéré que l'augmentation de la température résultait dans ce cas de la compression de la petite quantité d'air demeurée dans le récipient. Dans la communication citée dans la note suivante, Gay-Lussac refuta définitivement cette idée. Carnot demande que l'on recommence l'expérience : MSS VII, f° 12 recto et verso, et VIII, f° 14 recto.

10. L'expérience de Gay-Lussac est décrite dans son « Premier essai pour déterminer les variations de température qu'éprouvent les gaz en changeant de densité et considérations sur leur capacité pour le calorique », *Mémoires de physique et de chimie de la Société d'Arcueil*, I (1807), 180-203. L'expérience est mentionnée par ailleurs dans les notes de Carnot, MS VII, f° 13 recto.

J.-P. Joule refit l'expérience en 1844 avec la plus grande minutie et la cita comme une preuve très forte de la fausseté de la théorie du calorique.

I - F° 4 recto

11. Sur le renouveau d'intérêt de Carnot pour le passage d'un flux d'air à travers de petites ouvertures, voir note 32 ci-dessous.

12. L'accord général qui se fit en faveur de la théorie ondulatoire de la lumière aux environs de 1820, à la suite des travaux de Fresnel, contribua fortement à ébranler la théorie du calorique. A cet égard, les réflexions de Carnot ne sont pas isolées.

II - F° 6 recto

13. J'ai adopté la suggestion de Raveau, qui pense qu'il faut lire le f° 6 (recto et verso) avant le f° 5 (recto et verso).

Mendoza a soutenu avec des arguments très convaincants l'idée que la rédaction de la liste des références du f° 6 est postérieure au manuscrit des *Réflexions*, tout en étant antérieure à la publication de celui-ci. Il remarque que le manuscrit comporte plusieurs corrections fondées sur ces références. Voir ses articles, « Contributions to the study of Sadi Carnot... », cité dans la Bibliographie, Section IV, partie c, p. 380-384, et « The writing of the *Reflexions* and their reception » in *Sadi Carnot et l'essor de la thermodynamique*, p. 170-171.

14. Dans ce texte (voir Introduction, p. 24-25). Navier soutient contre Petit l'idée que la vapeur est un agent moteur beaucoup plus économique que l'air.

15. A la page 97 du cinquième volume du *Traité de mécanique céleste*, (Paris, 1823), Laplace donne l'estimation de Gay-Lussac et Welter $k = 1.3750$; à la page 127 il donne l'estimation correcte, 1.3748. Voir également ci-dessous, note 19.

16. Pour les références complètes à ces communications de Poisson et Oersted, voir notes 43 et 82 du Commentaire.

17. Carnot prit sans doute connaissance du travail de Perkins en lisant l'article « Sur la compressibilité de l'eau », *Annales de chimie et de physique*, XVI (1821), 321-327 — c'est-à-dire la traduction de la communication d'abord publiée dans les *Philosophical transactions of the Royal Society of London*, (1820), 324-330.

18. Pour preuve de l'intérêt porté par Carnot à la machine à haute pression de Perkins, voir *Réflexions*, p. 157-158 (éd. 1824, p. 99-100 n.) et note 85 du Commentaire.

19. Le calcul est, bien sûr, celui de Gay-Lussac et Welter, bien qu'il ait été publié pour la première fois par Laplace dans une note. Voir *réflexions*, p. 117-8 (éd. 1824, p. 59-60 n), et note 59 du Commentaire.

II - F° 6 verso

20. Carnot signale ici une expérience de marche au ralenti du type de celle qu'il discute plus complètement dans les MSS VI, f° 11 et VII, f° 12 verso.

21. Voir MS I b, f° 3 recto, où Carnot se sert de cette observation comme argument contre la théorie du calorique.

22. La suggestion limite d'une inégalité entre la quantité de chaleur rendue au condenseur et celle absorbée par la vapeur dans la chaudière est faite de nouveau sur le MS II, f° 5 verso. Clausius et William Thomson adoptèrent aux environs de 1850 cette modification importante de la théorie de Carnot, mais ce n'est pas avant le début des années 1860 que l'Alsacien G.-A. Hirn en démontra expérimentalement la vérité.

23. Comparer ce paragraphe avec celui qui commence par « Ce principe se déduit... » dans le MS III, f° 7 recto.

II - F° 5 verso

24. Les deux paragraphes suivants fournissent un certain nombre de conjectures d'un très grand intérêt qui se fondent sur l'assomption du fait que la quantité de chaleur rendue au corps froid B est moindre que celle donnée par la source chaude A à l'agent moteur.

25. Cf. les conjectures analogues qui commencent par « Si les molécules des corps... » dans le MS II, f° 6 verso. Et cf. MS III, f° 7 recto.

III - F° 7 verso

26. Il n'est nullement évident de comprendre comment Carnot est arrivé à ce calcul de 2.70 (cette valeur correspond à $\frac{1\,000}{2.70} = 370$ kgm/cal. ; cf. la valeur précise de 427).

Ulrich Hoyer a examiné la question dans deux articles importants : « How did Carnot calculate the mechanical equivalent of heat ? », *Centaurus*, XIX (1975), 207-219, et « La théorie de Carnot. Première et seconde approximation de la thermodynamique », dans *Sadi Carnot et l'essor de la thermodynamique*, p. 221-228. Ces articles donnent des références complètes aux tentatives faites antérieurement par Poincaré, Mach, Décombe et Raveau pour expliquer comment Carnot vint à bout de son raisonnement.

Dans sa propre interprétation, Hoyer adopte une version un peu modifiée d'une suggestion de Mach. Il explique l'exactitude du calcul de Carnot (qui est encore plus frappante lorsqu'on utilise pour la chaleur spécifique les données modernes) en remarquant que, du point de vue de la thermodynamique moderne, la théorie de Carnot est intégralement correcte à la condition que l'on ne considère que des processus infinitésimaux réversibles.

27. Cf. les procédures indiquées avec plus de détail dans MS VII, f° 13 recto et verso.

IV - F° 8 recto

28 Cf. les premières lignes du MS VIII, f° 14 verso, tout à fait ressemblantes.

29. Sur le rejet par Carnot de l'explication de Berthollet pour la chaleur développée par la percussion entre des solides, voir note 80 du Commentaire. Cf. le texte des *Réflexions*, p. 148-150 (éd. 1824, p. 90-92), où Carnot paraît accepter l'explication de Berthollet.

IV - F° 8 verso

30. Cf. l'expérience (4°) proposée dans le MS V, f° 10.

V - F° 10 recto

31. Dans ce folio Carnot résume les différents moyens d'obtenir une relation quantitative entre la puissance motrice et la chaleur. Les expériences 1°, 4° et 5° semblent avoir été considérées par Carnot comme particulièrement intéressantes, puisqu'il les évoque à plusieurs reprises dans ces notes.

VI - F° 11 recto

32. Dans ce folio, Carnot considère un problème qui le passionnait beaucoup au moment où il rédigeait ces notes. En langage moderne, il cherche à découvrir si l'énergie interne d'un gaz à une température quelconque est une fonction de son volume. L'expérience des deux vases faite par Gay-Lussac (et évoquée dans les MSS I b, f° 3 verso, et VII, f° 13 recto) avait montré que ce n'était pas le cas, mais de toute évidence Carnot estime que la question doit être réexaminée.

L'expérience décrite est pour l'essentiel la même que celle effectuée par J.-P. Joule et William Thomson en 1853 et 1854, bien que Joule et Thomson aient fait passer leurs gaz à travers un tampon d'ouate. Ce sont ces expériences de Joule-Thomson qui montrèrent que l'énergie interne d'un gaz n'était pas complètement indépendante de son volume (même si elle l'était en gros). Pour un exposé de ces travaux postérieurs sur le passage d'un flux de gaz à travers de petites ouvertures, voir les *Mathematical and physical papers* de Thomson cités dans le Commentaire, note 33, I, 333-400.

VII - F° 12 verso

33. Carnot fait référence, semble-t-il, aux expériences de John Dalton sur la pression de la vapeur saturée. Dalton avait mesuré la pression de la vapeur saturée pour la vapeur d'eau jusqu'à 100° C seulement ; il avait ensuite extrapolé ses résultats pour une pression allant jusqu'à presque 5 atmosphères, selon une procédure assez suspecte. Il fit des expériences et des calculs analogues pour plusieurs autres vapeurs. Il décrit ses travaux dans sa communication « On the force of steam or vapour from water... », citée dans la note 77 du Commentaire.

34. De même que dans le texte des *Réflexions*, voir p. 143, éd. 1824, p. 85), Carnot emploie le terme de « chaleur constituante » à la place de l'expression plus courante de « chaleur absolue » ou « chaleur totale », afin de désigner la quantité totale de chaleur latente et de chaleur sensible contenue dans un corps.

35. Carnot préconise ici un réexamen de la loi de Clément et Desormes, qui était sérieusement contestée dans les années 1820 ; voir Commentaire, note 62. Le MS VII, f° 13 verso, indique une possiblité de procédure expérimentale.

VII - F° 13 recto

36. Cf. la rapide référence à une expérience analogue dans le MS III, f° 7 verso.

VIII - F° 14 recto

37. La référence complète à la communication classique de Rumford sur le forage des canons est donnée dans le MS VIII, f° 14 recto.

38. Les expériences qu'évoque Carnot sont décrites dans un article publié sans bruit par Humphry Davy en 1799 ; on en trouve très commodément une reproduction dans *The collected works of Sir Humphry Davy, Bart. LL.D. F.R.S.*, éd. par John Davy (9 vol., Londres 1839-1840), II. 5-86 (surtout p. 10-23).

Dans son article Davy remarque qu'il a observé que deux blocs de glace pouvaient fondre par simple frottement de l'un sur l'autre, et cite ce fait comme argument contre la théorie du calorique. Il parla plus tard de cet article comme de l'une de ses « spéculations infantiles en chimie », et les expériences de glace frottée ont été beaucoup critiquées depuis. E. N. da C. Andrade, par exemple, a soutenu (et cela est plausible, à mon sens), que ces expériences n'avaient jamais été effectivement réalisées ; voir son article dans *Nature*, CXXXV (1935), 359-360. Mendoza m'a fait la suggestion que Davy, même s'il a tenté de réaliser les expériences, s'est lourdement appuyé sur le chapitre IX (p. 197-212) de l'*Essai sur le feu* de Marc-Auguste Pictet (Genève, 1790), dans lequel sont décrites certaines expériences similaires sur la production de chaleur par frottement (bien qu'il n'y soit pas question de glace).

VIII - F° 14 verso

39. On trouve dans le MS IV, f° 8 recto un passage très analogue à ce qui est écrit dans la partie supérieure de cette page. La discussion qui est ici interrompue à « tels que nous les présente » est poursuivie dans le MS IV.

40. Ici comme dans le MS IX, Carnot propose une méthode ingénieuse pour observer les variations de température qui accompagnent l'évacuation et le remplissage du récepteur d'une pompe à air. Cette méthode avait déjà été mise en œuvre par John Dalton et par Clément et Desormes. Voir l'exposé de Dalton dans ses « Experiments and observations on the heat and cold produced by the mechanical condensation and rarefaction of the air », *Memoirs of the Literary and Philosophical Society of Manchester*, V, Partie 2 (1802), 515-526, ainsi que le mémoire présenté par Clément et Desormes pour l'inscription au concours de prix organisé en 1812 par l'Institut sur le sujet de la chaleur spécifique, notamment les pages 323-324 de la version publiée (citée dans la note 38 du Commentaire). Pour une analyse de ces expériences antérieures, voir Fox, *Caloric theory of gases*, cité dans la note 25 du Commentaire, p. 87-88 et 144.

VIII - F° 15 verso

41. Mendoza a montré que le numéro du 17 mars 1825 du *Journal du Commerce* comportait un avis publicitaire proposant des investissements dans une compagnie anglaise engagée dans la colonisation de la Colombie ; voir ses « Contributions to the study of Sadi Carnot... », cité dans la Bibliographie, Section IV, partie c, p. 388-389. Mendoza interprète le mot « Act » comme une abréviation « d'Actions » et fait remarquer que dans les années immédiatement précédentes ou suivantes aucun numéro en date du 17 mars ne contient de publicité analogue à laquelle Carnot pourrait avoir voulu faire référence. Par suite, en dépit du décalage d'un jour entre la référence de Carnot et la date du

numéro qui y correspond, il paraît certain que cette note est à situer en mars 1825 ou peu après.

42. L'ouvrage évoqué est le *Supplément au traité chimique de l'air et du feu de M. Scheele,* trad. par M. le baron de Dietrich (Paris, 1785). La page 149 fait partie des quelque soixante pages de notes ajoutées au texte de Scheele par le chimiste irlandais Richard Kirwan. Kirwan y fait état des deux théories opposées de la chaleur, la théorie de la chaleur comme matière (fluide) et la théorie vibratoire, sans parler de ses propres préférences.

43. Référence au *Traité chimique de l'air et du feu* de Scheele, Introduction par Torbern Bergman, trad. par le baron de Dietrich (Paris, 1781). Cet ouvrage ne mentionne que la théorie de la chaleur matérielle ; voir p. 169 n.

44. L'article « Feu » auquel Carnot fait référence est soit celui de la première édition, *Dictionnaire de chimie,* (2 vol., Paris, 1786), I. 498-507, soit celui de la seconde édition, qui est très différent ; cette seconde édition fut publiée in-quarto en deux volumes (Paris, 1788), I. 481-500. Macquer intéressait naturellement Carnot par ses écrits en faveur de la théorie vibratoire de la chaleur. Voici, par exemple, un passage de la seconde édition (in-quarto) du *Dictionnaire,* I. 499-500 : « Il y a certainement une matière du feu ; c'est celle de la lumière la plus pure, substance matérielle dont l'existence est sensible, & ne peut point être révoquée en doute. Mais il n'en est pas de même de la chaleur ; les causes qui l'excitent, & les effets qu'elle produit, ne prouvent ni ne supposent même, comme on l'a vu, l'existence d'une matière particulière ; tout concourt au contraire à indiquer que ce n'est qu'un accident, une modification dont les corps quelconques sont susceptibles, & consistante uniquement dans le mouvement intestin de leurs parties agrégatives & constitutives, & qui peut être produit, non-seulement par l'impulsion & le choc de la lumière, mais en général par tous les frottemens et percussions des corps quelconques. »

45. Pour les lecteurs français, les sources principales concernant l'œuvre de Rumford étaient la *Bibliothèque Britannique* genevoise (Section « Sciences et Arts ») et le *Journal de physique* de Delamétherie. La *Bibliothèque Britannique* publia entre 1796 et 1800 des extraits de tous les ouvrages les plus importants de Rumford sur la chaleur, traduits par Marc-Auguste Pictet. Ces articles comprennent, outre la description des expériences sur le forage des canons, les études de Rumford sur la propagation de la chaleur dans les fluides ainsi que son essai (infructueux) pour peser la chaleur.

46. Référence à un article de C.-L. Berthollet intitulé « Extrait du Journal Britannique », qui fut publié dans les *Annales de chimie,* XLI (an X [1802], 177. Berthollet fait le compte rendu du numéro de décembre 1801 de la *Bibliothèque Britannique,* et reprend la démonstration de Rumford sur « l'avantage qu'on peut tirer du calorique rayonnant qui est renvoyé par de petites boules d'argile cuites qu'on mêle aux combustibles ».

IX - F° 16 recto

47. La totalité du MS IX est consacrée à la discussion des procédures expérimentales de mesure des variations de température qui accompagnent le remplissage et l'évacuation du récepteur d'une pompe à air. Carnot donne ici le détail des procédures expérimentales qu'il recommande dans le MS VIII, f° 14 verso et 15 recto.

Cette mesure était connue pour être difficile au début du dix-neuvième siècle, du fait de l'échange calorique entre le récepteur et ce qui l'environne, d'une part, et, d'autre part, du fait que la capacité calorique du thermomètre est tellement plus grande que celle de l'air dans le récepteur. Lorsque Carnot met au point son dispositif, il a ces problèmes tout naturellement dans l'esprit, de même que Dalton, Clément et Desormes, et que ceux qui avaient tenté avant lui de faire cette mesure.

48. Sur l'œuvre des Breguets, voir note 25 du Commentaire. En fait les Breguets étaient arrivés au calcul approximatif de 70° C pour l'augmentation de température. L'étude théorique, assez suspecte, qu'avaient fait Clément et Desormes en 1819 les avait menés à prédire une augmentation de 114° C ; voir leur communication « Détermination expérimentale du zéro absolu... », cité dans le Commentaire, note 38, p. 330-334.

APPENDICE B

B_1, B_2, B_3

Notes sur l'économie politique et sur des sujets voisins

Les notes des Appendices B_1 et B_2, qui sont toutes de la main de Sadi Carnot, sont rassemblées dans un dossier de la collection de Monsieur Pierre-Sadi Carnot, sous l'étiquette de « Notes sur l'économie politique et autres sujets de morale, politique, etc. ». Les mots « Notes sur l'économie politique » sont de l'écriture de Sadi, le reste de celle d'Hippolyte.

Dans sa « Notice biographique sur Sadi Carnot » (voir Bibliographie, Section I, item iii et Section III, item xvi), Hippolyte reproduit ce qu'il appelle « un fragment sur l'économie politique ». En réalité le « fragment » en question semble être une paraphrase assez lâche, et incomplète, des pages 1-7 de l'item B_1. On trouve une reproduction intégrale de B_1 dans *Sadi Carnot et l'essor de la thermodynamique*, p. 389-395 ; et Jacques Grinevald en fait le commentaire dans sa « Présentation d'un manuscrit inédit de Sadi Carnot », p. 383-387. Les autres papiers reproduits ci-dessous étaient jusqu'à présent inédits.

Rien dans ces notes ne permet de les dater ou de reconstituer les circonstances de leur rédaction. On n'y trouve pas la cohérence et la minutie nécessaires à un travail destiné à la publication, et de ce fait elles donnent l'impression d'être des remarques jetées sur le papier au hasard, inspirées par une conférence ou par la lecture de l'un des nombreux essais d'économie politique qui circulaient en France sous la Restauration. Elles ne donnent ainsi qu'un témoignage assez faible d'un intérêt pour l'économie politique qui a été, semble-t-il, à la fois très vif et durable.

Malgré les relations étroites entre Sadi Carnot et le Conservatoire des arts et métiers, où Jean-Baptiste Say occupait depuis 1819 la chaire d'économie industrielle qu'il conserva jusqu'à sa mort en 1832, les principes économiques que préconise Carnot paraissent refléter l'influence de J.-C.-L. Sismonde de Sismondi, dont les idées sur quantité de questions discutées dans les notes différaient sensiblement des idées de Say. L'intérêt porté par Carnot à un système d'impôts qui encouragerait la culture des terres par leurs propriétaires est, tout particulièrement, une réminiscence de Sismondi. Voir, par exemple, l'opinion de celui-ci sur le manque d'idées des « propriétaires non-cultivateurs », dans ses *Nouveaux Principes d'économie politique, ou de la richesse dans ses rapports avec la population* (2 vol., Paris 1819) I, 217-251 — opinions qui contrastent tout à fait avec celles des physiocrates, notamment de Quesnay, très favorables à ces propriétaires terriens. Et il faut comparer le projet nouveau de Carnot d'un impôt sur les outils agricoles avec la discussion par Sismondi du problème économique classique posé par l'établissement d'un impôt équitable sur les terres ; voir *Nouveaux Principes*, II, 180-191. Autre réminiscence de Sismondi, l'intérêt porté par Carnot aux avantages de l'intervention du gouvernement par le biais de l'impôt (cf. *Nouveaux Principes*, I, 385-437, et II, 335-344) ; du reste même les tenants du classique *laisser-faire*, par exemple Ricardo et Say, ne négligeaient nullement les bienfaits d'une telle intervention.

Il est clair que les prises de position de Carnot en économie étaient liées étroitement à ses opinions politiques et sociales très humanitaires et libérales. Lorsqu'il expose les moyens par lesquels l'impôt pourrait servir à réduire la consommation des biens de luxe, par exemple, il semble être principalement préoccupé par les effets sociaux d'une telle consommation. Et bien qu'il convienne que les richesses ne pourront jamais être également réparties dans la population, il est vivement conscient des maux que peuvent entraîner les inégalités excessives.

L'allégeance de Carnot à l'idéal d'une société hiérarchisée mais libre se manifeste très clairement dans les dernières notes. « Quel doit être le but des institutions sociales », demande-t-il (MS XI, f° 17 recto) : « sans doute de contribuer au bonheur des hommes pour qui elles sont faites, elles doivent assurer à chacun le fruit de son travail, protéger le plus faible contre le plus fort, et établir ainsi autant qu'il est en elles la liberté et l'indépendance de chaque membre de la société ». Le despotisme est, inversement, le plus grand des malheurs politiques, comme ne le prouve que trop la dégradation de la Grèce moderne : « (le despotisme) abrutit enfin les hommes, corrompt les mœurs et fait fuir le génie des sciences et arts » (MS XI, f° 18 recto).

Il y a une abondante bibliographie sur les analogies de nature logique entre la thermodynamique et la théorie économique, et cette question continue de susciter un grand intérêt, comme cela apparaît avec évidence à la lecture des communications publiées dans la Section IV de *Sadi Carnot et l'essor de la thermodynamique* (voir notamment « l'exposé introductif » de Thierry de Montbrial, p. 321-338), et de l'intéressant article de Jacques Grinevald, « La révolution carnotienne : thermodynamique, économie et idéologie », in *Revue européenne des sciences sociales et cahiers Vilfredo Pareto*, XIV (1976), 39-79.

Les manuscrits reproduits ici ne sont pas paginés ; le système de numérotation est donc celui que j'ai adopté pour ma part, par analogie avec celui de Raveau pour les notes scientifiques. En ce qui concerne B_1 il s'agit d'un cahier cousu de 16 pages (18 × 23 cm). Le texte ci-après, sans titre, occupe les quinze premières pages, la dernière étant vierge.

B_1

/*p. 1*/ Quoique d'après le système des économistes modernes, il serait désirable que le gouvernement intervienne le moins possible dans l'industrie et le commerce du pays, l'on ne peut pas nier cependant que dans plusieurs circonstances cette intervention ne puisse être utile.

Les impôts sont regardés par les économistes comme un mal par eux-mêmes mais comme un mal nécessaire pour subvenir aux dépenses publiques, ils pensent d'après cela que si le gouvernement avait (hors les impôts) des revenus suffisants, des domaines par exemple, il devrait supprimer toutes les taxes — Ces taxes sont [a] un moyen d'influencer la production et le commerce d'un pays, de leur faire prendre souvent une direction qu'ils n'eussent pas prise naturellement, sans doute cela peut avoir des conséquences facheuses si les taxes sont établies sans discernement (ou bien dans le seul but d'avoir de l'argent) mais on conçoit fort bien que l'influence du gouvernement par le moyen des taxes peut être utile si elle est habilement employée.
/*p. 2*/ Certains impôts pourraient par exemple mettre un frein à la prodigalité ou au moins sauver du naufrage une partie des richesses qu'elle dévore [b] en pure perte —

Les amendes ne sont-elles pas des impôts à la société [c] puisqu'elles sont des moyens de réprimer certains actes qui la troublent, à la vérité l'on pourrait employer d'autres punitions. La prison par exemple, mais qui ne voit que celle-ci est une véritable consommation de richesse tandis que l'autre n'en est que le

a) pourtant *rayé.*
b) consomme *au-dessus de la ligne.*
c) au public *rayé et remplacé par* à la société.

partage d'une main à une autre. Celui que vous mettez en prison eût peut-être mieux aimé payer l'amende, La prison lui faire perdre son tems et force le gouv[t] à le nourrir — un impôt mis sur les consommations inutiles ou de luxe serait une espèce d'amende.

/p. 3/ L'impôt foncier a plusieurs inconvénients graves, 1° il exige un cadastre, une estimation de la valeur des [d] revenus fonciers pour établir la répartition de cet impôt, répartition qui est quoiqu'on fasse toujours inégale à cause des changements que la culture [e] apporte dans le produit, 2° Cet impôt étant direct oblige le gouvernement à des mesures quelquefois rigoureuses pour en obtenir le payement [f]. Ne pourrait-on pas substituer à l'impôt foncier une taxe sur les charrues, Celle-ci serait plus facile à établir [g]. A la vérité elle pèserait à peu près [h] également sur les mauvaises terres et sur les bonnes [i] et pourrait peut-être faire abandonner la culture de celles qui sont très mauvaises, mais n'est-ce pas là un bien plutôt qu'un mal [j] ? il est arrivé souvent qu'après avoir défriché des bois ou des pâturages qui couvraient de mauvais terrains, ceux-ci se sont bien vite dégradés par la culture et ne pourraient reprendre quelque valeur qu'en renonçant à continuer.

(Ceci demanderait d'ailleurs à être examiné sous d'autres rapports, sous celui de l'usufruit du travail, */p. 4/* de la population, & c.) —

Un autre moyen à substituer à l'impôt foncier [k] (et à l'impôt sur les ventes de fonds) serait un impôt sur les fermages, celui-ci tomberait sur des propriétaires qui pourraient s'y soustraire en cultivant eux-mêmes leurs biens. Ceux qui ne le feraient pas auraient à coup sûr du superflu et pourraient acquiter l'impôt [l] et l'impôt serait pris sur ce superflu qui est presque toujours employé par les propriétaires à une consommation improductive tandis que chez les propriétaires cultivateurs il est souvent employé à l'amélioration du fonds — il résulterait aussi de l'impôt sur les fermages d'autres effets,

d) fonds, pour être établi convenablement *rayé. A la ligne suivante :* répartir et *rayé.*

e) l'ouverture des débouchés & c. *au-dessus.*

f) Ce qui *rayé.*

g) répartir *changé en* établir.

h) à peu près *ajouté entre les lignes.*

i) mais il n'est p *rayé.*

j) L'on sait qu'après *rayé.*

k) serait un impôt mis sur *rayé.*

l) et pourraient acquitter l'impôt *ajouté au-dessus de la ligne.*

1° il tendrait à faire cultiver les terres par leur propriétaire et il résulterait de là une meilleure culture et des améliorations qui ne peuvent porter leurs fruits que dans un laps de tems trop long pour qu'un fermier puisse les entreprendre. 2° il tendrait à la division en propriétés foncières parceque les petits propriétaires, les cultivateurs pourraient entrer avec avantage en concurrence[m] pour les achats avec ceux qui ne veulent acheter que pour affermer[n] */p. 5/* que tirer le loyer de la terre — 3° Les grands capitalistes ne pouvant pas cultiver par eux-mêmes de très grandes étendues de terrains, seraient[o] engagés à porter leur fonds dans les entreprises industrielles et commerciales — L'on verrait diminuer le nombre des grandes propriétés foncières qui sont souvent mal administrées et les grandes fortunes changeraient plus facilement de mains et viendraient naturellement dans celles qui seraient les plus capables de les faire valoir[p] — Des[q] propriétaires venant se fixer dans la campagne, contribueraient à y répandre l'aisance, en y faisant une demande de main d'œuvre pour l'amélioration de leurs biens, des revenus dépensés précédemment d'une manière futile seraient employés utilement —

L'établissement d'un pareil impôt trouverait à coup sûr bien des opposants parmi les propriétaires fonciers non cultivateurs et[r] ces personnes sont précisément les plus influentes de l'état. Ce sont elles presque seules qui font les lois. Mais il serait possible d'atténuer beaucoup le dommage que l'établissement */p. 6/* d'un impôt sur les fermages pourrait leur faire. Ce serait de ne point l'établir[s] sur les propriétaires actuels, mais de l'établir lors d'une mutation de propriété, soit par vente, soit par héritage, en diminuant en même tems l'impôt sur les mutations (ou droits d'enregistrement). De cette manière on ne[t] diminuerait pas le revenu du propriétaire actuel[u], et l'on ne nuirait même pas à la vente — en général, il serait à désirer

m) en concurrence *placé sous* avantage.
n) acheter que pour affermer *ajouté au-dessous de la ligne.*
o) obligés de *rayé.*
p) Les gens riches *rayé.*
q) riches *rayé.*
r) ce sont précisément *rayé.*
s) que lors d'une mutation *rayé.*
t) nuirait pas au propriétaire *première version corrigée.*
u) mais seul ni même *rayé.*

que l'établissement d'une nouvelle Taxe [v], que tout changement dans les impôts se fît graduellement, pour éviter [w] les changements brusques de fortune, pour observer les effets du nouvel impôt et le point où il convient de s'arrêter — Ainsi une taxe serait d'abord faible et s'augmenterait ensuite d'année en année jusqu'au tarif convenable.

L'on peut considérer la location d'un bien pour plusieurs années comme la vente de l'usufruit pendant ces années */p. 7/* et il semble raisonnable d'appliquer à cette vente les lois qui régissent les ventes de fonds, et par conséquent les droits d'enregistrement. Si une personne ne peut ou ne veut [x] pas cultiver elle-même son bien, au lieu de vendre entièrement [y], elle en vend seulement l'usufruit pour un tems, C'est là le fermage. Le prix au lieu d'être payé tout d'un coup l'est à des termes désignés.

L'impôt sur les mutations de fonds empêche que les biens n'aillent à ceux qui sont les plus capables d'en tirer un bon produit, Cela n'arriverait pas pour les fermages car ordinairement [z] nul n'est en mesure de tirer un meilleur produit de la terre que le propriétaire.

Un impôt sur le fermage ne tomberait pas sur le propriétaire de bois. il faudrait pour le lui faire partager établir un impôt sur la vente du bois [a] sur pied et cela semble être assez juste car le bois sur pied est un bien [b] fonds — vendre le bois sur pied, c'est souvent vendre une plus grande valeur que celle du terrain qui le porte —
/p. 8/ Tous ces impôts devraient être payés par le vendeur et non par l'acheteur, Si l'on fait payer celui-ci c'est une chose de pure forme, dans la réalité c'est le vendeur qui souffre la perte car l'acheteur compare toujours l'argent qu'il débourse avec l'avantage qu'il acquiert et c'est d'après cette comparaison qu'il se détermine. Si le droit d'enregistrement n'existait

v) et en général et *rayé.*
w) les changements *rayé.*
x) on ne veut *inséré entre les lignes.*
y) entièrement *ajouté entre les lignes.*
z) ordinairement *ajouté entre les lignes.*
a) *on peut lire aussi* : la vente des coupes de bois *au-dessus.*
b) fon *changé en* bien.

pas, l'acheteur serait toujours disposé à donner la même somme pour le même avantage et cette somme entrerait toute entière dans les coffres du vendeur — Si l'on augmente les droits de mutation c'est une perte que l'on fait supporter aux propriétaires des biens et non à ceux qui sont disposés à les acquérir —

(Distinction entre les impôts qui tombent sur les propriétaires des fonds, sur les propriétaires de denrées ou entrepreneurs d'industrie ou sur les consommateurs ou partie sur les uns, partie sur les autres [c] ;)

sur qui tomberait l'impôt foncier, l'impôt sur le fermage, sur la mouture, sur les transports des marchandises, sur la vente au marché, &c. sur leurs manipulations etc.

/p. 9/ Lorsqu'un impôt augmente les frais de production d'une marchandise, il augmente ordinairement d'autant le prix de cette marchandise.

(Effets de l'impôt établi 1° sur la superficie, 2° sur le produit brut, 3° sur le produit net, 4° sur le transport de la marchandise, sur sa préparation, dîme [d], impôt sur la mouture du grain, sur le battage &c. sur le blé [e].)

---

de l'influence des impôts sur l'agriculture, sur l'industrie manufacturière et commerciale —

Nécessité [f] d'affecter le produit d'un impôt à un objet spécial, et utile principalement à ceux qui acquittent cet impôt — Ceux-ci doivent choisir s'il est possible les administrateurs chargés d'employer leur argent pour leur utilité commune.

Dépenses départementales, communales, &c. — Dépenses [g] d'une route, d'un canal, d'un port de mer, des gardes champêtres, forestiers &c de la Troupe chargée de veiller à la sûreté

c) *Tout ce paragraphe est mis entre parenthèses.*
d) *ce terme est écrit* dixme.
e) *Tout ce paragraphe est mis entre parenthèses.*
f) *Mot à moitié formé. Suit le terme* utilité *rayé.*
g) utiles aux *rayé.*

des routes, des villes, des côtes, de la mer[h], dépenses pour rendre la justice — par qui doivent-elles être supportées — qui doit faire la dépense d'un monument public, d'une nouvelle route, du curage d'une rivière[i], du défrichement d'un marais, d'un port, &c. de la force publique, places fortes, arsenaux, &c.

Le gouvernement devrait autoriser toute association de particuliers qui veulent entreprendre un objet d'utilité commune à disposer de la propriété d'autrui en remboursant préalablement d'une valeur au-dessus de la valeur réelle. /*p. 10*/ Dans le cas où de semblables associations ne se formeraient pas dans le pays, le gouvernement qui peut être considéré comme le chef de la grande association de tous les citoyens peut[j], faire l'entreprise s'il la juge utile, mais pour qu'elle le soit véritablement, il faut qu'elle rembourse par elle-même et au-delà les frais qu'elle aura coûtés[k].

Un impôt est toujours assis soit sur l'outil ou l'un des outils[l] (ou capital) qui produisent une marchandise ou valeur, soit sur[m] Les personnes qui se livrent à cette production, soit sur la marchandise lorsqu'elle vient d'être produite[n] ou lorsqu'elle vient de subir une certaine préparation soit sur son transport d'un lieu à un autre, soit sur la boutique ou le lieu[o] où elle est exploitée en vente, soit enfin sur le prix de cette vente elle-même.

Impôt sur les locations et sur les ventes[p]

Cas où l'impôt ne peut pas[q] diminuer la production et où il retombe sur le producteur ou le propriétaire des capitaux employés à la production, Cas où il retombe entièrement sur le consommateur, Cas où il retombe en partie sur l'un, en partie sur l'autre, Cas où il retombe sur le pays ou sur l'étranger — /*p. 11*/[r]

h) de la *rayé*.
i) de l'assainissement *rayé*.
j) doit *changé en* peut.
k) *Les quatre derniers paragraphes* (*depuis* de l'influence des impôts, p. 9) *sont accompagnés dans la marge d'un trait ondulé.*
l) ou l'un des outils *ajouté au-dessus de* capital.
m) une portion *rayé*.
n) soit sur son transport d'un lieu à un autre *rayé*.
o) ou le lieu *ajouté entre les lignes*.
p) *Sous-titre ajouté entre les lignes et souligné.*
q) ne peut pas *ajouté entre les lignes*.
r) *La page 11 commence par un paragraphe barré dans les deux sens :* Lorsqu'un impôt augmente les frais de production d'une marchandise, il en

L'impôt foncier ou territorial est un surcroît ajouté aux frais de production, des végétaux que fournit le sol, on peut le comparer à Tout autre impôt mis sur la production d'une marchandise quelconque. Lorsque les frais de production de cette marchandise ne sont qu'un peu au-dessous de son prix vénal (ce qui arrive le plus communément) un nouvel [s] impôt doit augmenter ce prix de [t] et retombe en totalité [u] sur les consommateurs [v]. il arrive en effet que tant que le prix de la marchandise n'est pas capable de payer les frais de production et l'impôt qui y est attaché, les personnes qui se livraient à cette production, la */p. 12/* trouvant désavantageuse, transporteront leurs capitaux et leur industrie à d'autres emplois jusqu'à [w] alors la marchandise deviendra de plus en [x] plus rare et la demande [y] en élèvera bientôt [z] le prix au taux convenable — Ceci est pourtant sujet à quelques exceptions, si les capitaux une fois engagés dans un genre de production ne peuvent pas en être aisément tirés. Si par exemple ce sont des outils qui ne peuvent servir qu'à un seul usage, et qui hors de là n'ont presqu'aucune [a] valeur, alors [b] malgré l'impôt il y aura toujours autant de marchandise produite, autant de mise en vente, et par conséquent le prix ne changera pas, l'impôt est alors payé par le propriétaire de l'outil et est pris sur la vente annuelle que celui-ci [c] fournissait.

/p. 13/ On pourrait substituer à l'impôt foncier un impôt sur les outils d'agriculture ou sur les bêtes de trait [d] Celui-ci tomberait en partie sur le labourage, en partie sur le transport des récoltes [e] ou sur celui des bois — au moins sur les transports qui se font par terre — en général sur tous les transports soit

augmente ordinairement le prix et en voici la raison : peut influer de plusieurs façons sur son prix — Si ce prix est peu (*phrase inachevée*). *Suit* : examinons quelle sera l'influence d'un nouvel impôt mis sur la production d'une certaine marchandise, les frais de production en (*phrase inachevée*).

s) un nouvel *remplace* L'.

t) toute sa *rayé.*

u) en totalité *ajouté entre les lignes.*

v) *Suit une ligne barrée* : du moins au bout d'un certain tems.

w) ce que la demande *rayé.*

x) de plus en *ajouté entre les lignes.*

y) qui *rayé.*

z) bientôt *ajouté entre les lignes.*

a) presqu' *ajouté entre les lignes.*

b) comme *rayé.*

c) lui donnait *rayé.*

d) par exemple *rayé.*

e) soit du transp de grains *rayé.*

des produits d'agriculture, ou des bois ou des mines, ou des carrières, ou des marchandises de toute espèce.

---

effet d'un impôt sur les charrues, id. sur les voitures de transport, sur les bêtes de trait, sur qui tomberaient ces impôts, comment se distribueraient-ils — quels sont ceux qui seraient les plus faciles à percevoir, et les moins aisés à frauder [f].

Nombre des chevaux employés [g] au labourage, et de ceux qui sont employés au transport.

Inconvénients de fonder la richesse d'un pays sur le commerce extérieur.

Moyens de juger si la création d'une nouvelle route, d'un nouveau canal, d'un nouveau port, d'un nouvel édifice est une chose utile, — il faut qu'il rapporte plus qu'il n'a coûté — L'ouverture d'un canal qui serait destiné seulement au transport du charbon d'une seule [h] mine de houille sera avantageuse si l'accroissement de profit de la mine compense et au-delà les frais du canal.
/*p.* 14/ La société est comparable en somme [i] à celle d'un groupe de citoyens elle s'accroît lorsque la somme des économies [j] qu'une partie d'entre eux fait sur son revenu est plus grande que la sommation que les autres font au-delà du leur [k].
/*p.* 15/ Il serait [l] convenable que les personnes qui jouissent plus particulièrement d'une certaine dépense publique, payassent les impôts destinés à la faire, ainsi les voitures payeraient l'entretien d'une route comme les bateaux celui d'un canal, les voitures qui roulent dans une ville payeraient l'impôt (ou du moins en partie) destiné à entretenir le pavé de cette ville.

f) *Ces deux paragraphes (depuis* On pourrait substituer) *sont accompagnés dans la marge d'un trait ondulé.*

g) dans l'agriculture, ou bien au tr *rayé.*

h) seule *ajouté entre les lignes.*

i) *Ajouté au-dessus* : La richesse de la société est comparable au fond.

j) qu'ils font sur leur *rayé.*

k) *Suit un long trait achevant la ligne. La page ne contient que ce paragraphe.*

l) assez *rayé.*

B_2

Les notes qui suivent sont contenues dans des feuilles conservées dans le même dossier que le cahier reproduit ci-dessus avec la mention B_1. Ces feuilles sont du même format que l'item B_1, et la qualité du papier est identique. Elles se suivent sans ordre apparent, et le classement que j'en propose est tout à fait conjectural.

Les notes sont disposées comme suit :

I. Une feuille simple, écrite des deux côtés.

II. Une feuille simple pliée, écrite des quatre côtés.

III. Une feuille simple pliée, écrite des quatre côtés.

IV. Une feuille simple pliée, écrite des quatre côtés.

V. Une feuille simple pliée, écrite des quatre côtés. Le texte de cette feuille est la suite directe de celui de MS IV.

VI. Une feuille simple pliée, écrite des quatre côtés.

VII. Une feuille simple, écrite des deux côtés.

VIII. Une feuille simple, écrite d'un seul côté.

IX. Une feuille simple pliée, écrite des quatre côtés.

X. Une feuille simple pliée, écrite seulement de deux côtés.

XI. Deux feuilles pliées, mises l'une dans l'autre.

XII. Une feuille simple, écrite des deux côtés. Le texte de cette feuille est la suite directe de celui de MS XI.

XIII. Une feuille simple pliée, écrite de trois côtés.

XIV. Une feuille simple pliée, écrite des quatre côtés.

XV. Une feuille simple pliée, écrite seulement d'un côté.

B_2 *I - F° 1 recto*

Quelle est en France le rapport entre les valeurs consommées en objets nécessaires et celles qui sont consommées en objets superflus.

serait-il avantageux que les richesses fussent distribuées assez également pour qu'il s'y consommât très peu d'objets superflus —

quel serait le rapport le plus avantageux entre l'étendue du territoire et le nombre des habitants qu'il doit nourrir —

quelle est le revenu total d'un pays. est-ce la somme des revenus particuliers. [a] se mesure-t-il par la valeur totale des choses consommées —

qu'est-ce qui fait le bien être d'un peuple, est-ce sa richesse totale, est-ce la manière dont celle-ci est distribuée, est-ce la liberté dont chacun peut jouir —

quels sont les avantages de la division du travail, quels sont ses inconvénients

ne serait-il pas bon de faire en sorte que toutes les familles, que touts les individus fussent propriétaires d'un certain fonds inaliénable //

B_2 *I - F° 1 verso*

quelle influence un gouvernement peut-il avoir sur la manière d'être des gouvernés — est-il avantageux d'affaiblir les impôts ou d'en lever de considérables —

quels moyens peut-on employer pour empêcher le trop grand accroissement de sa population ou pour en détruire les inconvénients — utilité des tables de population comparées avec l'état du successif du pays —

quels sont les perfectionnements de culture les plus à souhaiter, sont-ce ceux qui épargnent la main d'œuvre ou ceux qui augmentent les produits sur une étendue donnée de terrain —

a) est *rayé.*

B_2 *II - F° 2 recto*

il est ce me semble des [b] cas où le gouvernement doit intervenir dans les affaires commerciales [c]. il doit [d] influencer dans certaines circonstances les exportations et les importations. N'est-il pas par exemple utile d'empêcher l'importation de choses qui seraient consommées sans profit et même [e] qui seraient plus nuisibles qu'utiles. telles sont pour la plupart des nations le Tabac et l'eau de vie. J'y ajouterais les vins délicats, les draps fins, les étoffes précieuses (la soie, le cachemire, &c.) même les épices [f], le sucre [g]. Ces choses sont véritablement sans utilité bien réelle [h]. C'est ainsi qu'un père de famille ne doit point laisser consommer à ses enfants leur argent à se procurer des jouissances peu réelles et qui peuvent même ensuite leur causer de véritables maux et des regrets — C'est une [i] dissipation. Le gouvernement doit en cela remplir les devoirs d'un père de famille. //

B_2 *II - F° 2 verso*

il faut cependant faire attention à ce que les substances dont vous empêchez l'introduction ne soient pas produites chez vous à frais plus considérables que ceux que vous auraient [j] occasionnés les achats à l'étranger. Ce serait alors une véritable perte, encore, si la consommation était fort diminuée le bien pourrait compenser le mal.

Quel bien [k] nous a produit l'introduction des moutons mérinos en France. Je suppose qu'avant [l] leur introduction [m], la laine de ces moutons ou les tissus fabriqués avec elle eussent été prohibés ou que l'on eût mis un droit considérable sur leur entrée [n] de manière à en rendre la consommation très faible [o]. depuis leur introduction, l'on a fabriqué des étoffes de laine

b) des *remplace* certains *rayé.*
c) Quoique le *rayé.*
d) avoir *rayé.*
e) sans plais *rayé.*
f) même *ajouté entre les lignes et rayé.*
g) le café *rayé.*
h) La plupart ne savent qu'à contenter la vanité *rayé.*
i) véritable *rayé.*
j) coûté *rayé.*
k) par exemple *rayé.*
l) l'intro *rayé.*
m) les tissus *rayé.*
n) importation *rayé et remplacé par* entrée.
o) alors *écrit deux fois et rayé.*

fine qui ont pu être données à un prix assez modique, il est arrivé de là que la consommation est devenue énorme que ceux qui se contentaient de laine grossière ont voulu se vêtir en laine fine. //

B_2 *II - F° 3 recto*

Ces nouveaux vêtements leur coûtent plus cher que les anciens, diminuent par conséquent l'aisance des consommateurs et leur vanité en a-t-elle été bien satisfaite — non car leurs égaux se sont mis sur le même pied qu'eux, ce qui était superflu est devenu nécessaire, la vanité de ceux qui ne pouvaient pas atteindre à cette espèce de luxe a été blessée, plusieurs d'entre eux se sont privés de choses presqu'indispensables pour se procurer celles Là ils ont le superflu et [p] n'ont pas le nécessaire — Les mérinos fournissent la laine en bien moins grande masse, en moindre poids, que les moutons ordinaires. ils exigent plus de soins, la fabrication des étoffes fines exige plus de travail, plus de dépenses et tout cela est une pûre perte —

A la vérité les étoffes fines que l'on fabriquerait pour les exporter et obtenir en retour des choses véritablement utiles serait avantageuse de tout point, mais les deux choses peuvent s'accorder en mettant un impôt sur les fabriques de draps fins et rendant cet impôt par une prime d'exportation. Le gouv. doit donc se mêler des //

B_2 *II - F° 3 verso*

affaires manufacturières et commerciales. les principes d'économie d'un peuple sont les mêmes que ceux d'un particulier. le luxe [q], la consommation d'objets peu utiles diminue l'aisance de celui-ci comme de celui-là — qu'il achète ces objets de son argent — ou qu'il emploie un tems précieux pour les produire et les consommer ensuite, cela revient au même — ainsi les [r], les Hollandais, se sont enrichis en fabricant, en vendant à d'autres des objets de luxe mais non en les consommant eux-mêmes —

autre cas où l'on doit empêcher l'importation. L'exportation doit presque toujours être favorisée cependant pas celle des

p) se sont pri *rayé.*
q) ne fai *rayé.*
r) Suisses *rayé.*

objets de première nécessité [s]. fabriquez pour les autres nations, profitez de leurs folies mais n'en faites pas vous même. les sauvages veulent des bijoux, de l'eau de vie, les orientaux de la soie — donnez les leur en échange de choses plus utiles —

de la balance du commerce, comment on doit l'entendre

B_2 *III - F° 4 recto*

La consommation de tabac que font quelques peuples est énorme, elle appauvrit le pays soit que les habitants cultivent eux-mêmes cette plante, soit qu'ils la tirent de l'étranger, s'ils la cultivent eux-mêmes les terrains employés à cet objet, les bras occupés à cette culture [t] auraient pu être employés à produire des choses de 1re nécessité et augmenter par là l'aisance générale [u] ou des choses que l'on eût pu vendre à l'étranger pour s'en procurer d'autres véritablement utiles.

Voici donc un cas où les prohibitions peuvent être bonnes. C'est celui où l'on voudrait empêcher la nation de consommer des choses sans utilité réelle et que pourtant elle paye fort cher quoique ces choses produisent plus de maux que de biens et qu'elles ne soient consommées que pour contenter des habitudes vicieuses ou la vanité. Je mets au rang de ces choses l'eau de vie, le Tabac, les vins fins [v], la soie, la laine fine, les étoffes précieuses, en général toutes les choses superflues. //

B_2 *III - F° 4 verso*

[w] il faut en cela traiter les peuples un peu en enfans et voir pour eux ce qui leur convient le mieux, ne pas leur laisser sacrifier enfin le nécessaire pour le superflu

il est un autre cas où vous devez gêner l'importation, C'est celui où vous voulez créer [x] chez vous une certaine branche d'industrie que vous croyez devoir être avantageuse mais qui ne se serait peut-être pas établie sans [y] un encouragement : une mesure de ce genre ne doit être que temporaire, si elle devait

s) profite *rayé.*

t) sont des choses consommées en pure perte *rayé.*

u) plus utiles *rayé et remplacé par* de 1re nécessité... aisance générale.

v) les étoffes *rayé.*

w) ou de luxe. Celles qui ne causent pas de Celles qui ne servent pas à contenter des besoins réels mais seulement la vanité ou quelques habitudes vicieuses *rayé.*

x) établir ou encourager *rayé et remplacé par* créer.

y) cet *rayé.*

durer toujours, elle occasionnerait une perte plutôt qu'un gain [z]. S'il vous est impossible [a] de produire un objet quelconque [b] à aussi bon marché que l'étranger vous le fournit, cette fabrication vous sera onéreuse

Ces cas mis à part, on doit ce me semble permettre l'importation de toutes les choses qui ont une utilité réelle ou celles qui comme l'argent et les métaux précieux [c] ne se détruisent pas. //

B_2 *III - F° 5 recto*

Avec cet argent vous pourrez acquérir des choses véritablement utiles, C'est alors comme si elles vous appartenaient et que l'étranger n'en fût que dépositaire.

La balance du commerce si on la mesure seulement par le numéraire acquis ou perdu est une chose chimérique mais le commerce peut être considéré comme avantageux pour une nation si elle [d] acquiert plus de choses véritablement utiles qu'elle [e] n'en livre à l'étranger. il faut ajouter aux choses utiles, celles qui ne se consomment pas et qui conservent leur valeur [f]

On objectera peut-être que si vous [g] refusez à votre pays l'entrée de certaines choses superflues les familles riches dissiperont leur fortune d'une manière aussi peu profitable pour l'état. au lieu de consommer les choses [h] que vous leur ôtez ils en consommeront d'autres, ils auront ou des logements et des ameublements plus chers, entretiendront plus de chevaux [i], plus de domestiques. peut-être cela aurait-il lieu en effet au moins en partie, mais il //

B_2 *III - F° 5 verso*

faut remarquer que je ne suppose point qu'il y ait de prohibitions absolues, mais seulement que l'on ait imposé [j] certaines marchandises pour en diminuer la consommation. alors il est

z) Car *rayé.*
a) à cause des localités *ajouté entre les lignes* ; après plusieurs essais *rayé.*
b) votre *rayé.*
c) par exemple *rayé et remplacé par* et les métaux précieux.
d) si l'on en *changé en* si elle.
e) que l'on n'en a livré *changé en* qu'elle.
f) telles *rayé.*
g) empêchez *rayé.*
h) des marchandises étrangères *changé en* les choses.
i) payeront *rayé.*
j) un impôt considérable destiné *rayé et remplacé par* que l'on ait imposé.

probable que le luxe et la vanité détermineront les riches à acheter encore de ces marchandises quoiqu'à un prix élevé, ils en consommeront beaucoup moins à la vérité mais ils y employeront peut-être presqu'autant de leurs revenus, la seule différence sera qu'une bonne portion [k] de cet argent entrera dans les coffres de l'état qui pourra soulager d'autant le peuple d'impôts beaucoup plus nuisibles [l] qui dévorent les peuples et leur font faire le sacrifice des choses les plus nécessaires.

C'est par un motif bien entendu que les Anglais mettent un impôt considérable sur les vins [m] de France, La consommation de ces vins est par là considérablement réduite chez eux, cependant les gens riches se les procurent toujours et les payent cher mais la plus grande partie de cet argent est donné au profit de l'état — C'est un impôt mis pour les pauvres sur les riches, et que cependant ceux-ci payent volontairement

B_2 *IV - F° 6 recto*

il est certaines circonstances où il est utile à une nation de mettre un droit sur l'exportation — si par exemple le pays produit exclusivement certain objet, ou que par des causes particulières, il le produise plus aisément et à meilleur marché que tous les autres, il peut être utile de mettre un droit sur l'exportation, sans ce droit, la concurrence des négocians de votre pays ferait bientôt baisser le prix de la marchandise chez l'étranger, jusqu'à ce que vos négocians seraient réduits au profit médiocre et proportionné seulement aux fonds qu'ils y employent, aux peines qu'ils y donnent et aux risques qu'ils y courent — si le gouvernement fait payer un droit d'exportation alors le prix de la marchandise s'élève chez l'étranger [n], la consommation qu'il en fera peut à la vérité diminuer en même tems. mais il [o] peut très bien se faire qu'au total, l'étranger débourse //

B_2 *IV - F° 6 verso*

plus d'argent qu'il n'en déboursait avant — Ce surplus est un gain évident pour votre nation. pour faire sentir ceci plus évi-

k) entre *rayé.*

l) et qui soulè enlèvent *rayé.*

m) et les *ajouté entre les lignes et rayé.*

n) et il est très possible qu'au total *rayé.*

o) est possible qu'au total *rayé.*

demment, je suppose que le gouvernement achète aux négo. de son pays la marchandise qu'ils voudraient exporter, au prix auquel ils la donnent à l'étranger, puis qu'il en fasse le monopole, et ne la vende à l'étranger qu'à [p] un prix supérieur, il fera un profit évident sans avoir fait de tort [q] si ce n'est à l'étranger. Ainsi par exemple la France produit du vin renommé qui ne vient pas ailleurs et l'angleterre met un droit [r] énorme à sa douane sur l'entrée de ce vin [s]. si elle supprimait ou réduisait ce droit, il serait peut-être de l'intérêt de la France d'en mettre un à la sortie.

Le fer [t] se fabrique [u] en angleterre à meilleur marché qu'ailleurs — je suppose que cela provienne des localités, de l'abondance des mines, de la proximité du combustible, il peut être alors utile aux anglais de mettre //

B_2 *IV - F° 7 recto*

un droit à la sortie de ces métaux afin d'empêcher le prix de tomber chez l'étranger presqu'aussi bas qu'en angleterre même — il faudra cependant que le droit ne soit pas assez fort pour augmenter la valeur du fer jusqu'au prix où l'étranger [v] pourrait [w] le fabriquer lui-même. il faut que le droit reste [x] au dessous de ce point mais il peut être plus ou moins au dessous selon que l'on y trouvera plus ou moins d'avantage — il faut [y] s'arrêter au point où le droit rapporte le plus possible ou même un peu au dessous afin d'augmenter le profit des négociants [z]. C'est l'expérience qui doit faire connaître ce point, cependant on peut se procurer quelques données à ce sujet

Si les gouvernements étrangers mettent un droit sur l'importation [a] de la marchandise chez eux, alors il s'engage un combat de douanes qui mérite d'être examiné. dans ce cas là le gouvernement étranger nuit à la fois à vos intérêts et aux siens

p) au *changé en* à.
q) que personne ne s'en soit *rayé et remplacé par* avoir fait de tort.
r) à sa douane pour *rayé.*
s) elle en consomme néanm *rayé.*
t) le plomb et l'étain *ajouté entre les lignes, rayé et réinséré.*
u) fabriquent *changé en* fabrique.
v) aurait de l'avantage *rayé.*
w) à *changé en* pourrait.
x) Le droit doit rester *changé en* il faut que le droit reste.
y) que ce droit *rayé.*
z) anglais *rayé.*
a) chez *rayé.*

surtout si la marchandise est d'une [b] utilité réelle, telle que le fer. //

B_2 *IV - F° 7 verso*

Les hollandais agissaient d'après ces principes lorsqu'ils faisaient le commerce exclusif des épices, ils se liguaient entre eux pour empêcher le prix de ces marchandises de baisser chez l'étranger, il faut presque nécessairement que le gouv^t organise cette ligue, les droits payés aux douanes sont presque le seul moyen qu'il puisse employer pour cela, à moins de donner un privilège exclusif à une compagnie ce qui est plus injuste et moins avantageux

Les hollandais en usaient de même, pour le Thé et la marchandise qu'ils vouaient à la Chine ou au japon dont ils faisaient le commerce exclusif. Cela n'est pas trop philanthropique mais cela est lucratif —

---

lorsque les espagnols ont conquis le perou, ils y ont trouvé des mines abondantes d'or et d'argent, par l'exploitation de ces mines on était en état de donner les métaux à un prix égal au 5e du prix ancien, si le gouv^t avait mis un droit considérable sur l'exploitation de ces mines de manière à faire revenir aux exploitans le métal à quelque chose de (2)

B_2 *V - F° 8 recto*

moins que le prix courant d'alors, le prix n'aurait baissé que graduellement et les profits de l'espagne eussent été inf^t plus grands — il est vrai que le portugal aurait pu entrer en concurrence [c] puisqu'il possédait le brésil, mais un accord entre ces deux puissances n'eût pas été impossible

---

Si elles avaient pris en effet ce parti, il eût été évidemment de l'intérêt des autres peuples de prohiber à leurs douanes l'or et l'arg^t [d], ou du moins de mettre sur eux un droit très fort,

b) aussi gran *rayé.*

c) rivalité *rayé et remplacé par* concurrence.

d) car ce sont des métaux peu utiles et l'un d' tandis que (ou à mettre sur eux un droit très fort, égal à peu près à ce *ajouté entre les lignes et rayé*) ce que l'on donnait en échange pouvait l'être beaucoup auraient par là forcé *rayé.*

égal à peu près à la différence du prix ancien au prix auquel il revenait par l'exploitation des mines du perou — alors l'espagne pour introduire son or eût été obligé d'en baisser le prix mais elle aurait eu néanmoins beaucoup d'avantages pour elle
1° il était difficile aux autres gouv[ts] de s'entendre tous entre eux pour prohiber l'or et l'arg //

B_2 *V - F° 8 verso*

2°, il est assez facile de lever un impôt sur l'exploitation des mines, et il ne l'est pas d'empêcher les choses précieuses et de peu de volume de s'introduire en France. Il est donc à croire que par une bonne administration l'espagne eût pu prolonger bien plus loin ses profits, et les faire beaucoup plus grands —

il y a dit-on en angleterre deux mines de plomb très abondantes et facilement exploitables mais les propriétaires sont convenus entre eux de ne pas livrer le plomb à beaucoup meilleur marché que le prix ordinaire, cela est tout à fait dans leurs intérêts

---

[e] il faut observer que par les mesures que nous venons de décrire, on ne sert pas son pays sans nuire à d'autres et que si on voulait être utile à toutes les nations, il faudrait ne pas gêner l'exportation surtout, d'objets utiles tels que le fer, le plomb et l'étain ; quant aux objets //

B_2 *V - F° 9 recto*

de luxe, de caprice, à ceux qui ne servent qu'à satisfaire des besoins factices, et dont on se passerait aisément, quoiqu'ils soient obtenus souvent avec grand travail (l'or et l'arg[t] par ex) (non pas le plat), je crois qu'il est de l'intérêt de tous les peuples de diminuer par des impôts leur production, leur circulation et leur consommation.

on dira peut-être que [f] ces mesures tendant à la diminution du [g] luxe, les riches [h] ne dépensant plus leur fortune, l'accumulent et que cela augmentera l'inégalité déjà existante, Je répondrai, que les prohibitions d'objets de luxe ne doivent pas

e) Par *rayé.*
f) par ces mesures les riches diminuant leur luxe *rayé.*
g) d'un *changé en* du ; certain genre *rayé.*
h) se porteront sur un autre *rayé.*

être absolues mais tendra seulement à hausser leur prix. dira-t-on alors qu'un homme riche se trouvera dans le cas d'accumuler parce que les objets [i] pour lesquels il sacrifie la presque totalité de ses revenus viendront à hausser de prix, Cela serait ridicule. il est plus que probable, que l'homme riche //

B_2 *V - F° 9 verso*

se procurera les objets de luxe à moindre quantité mais à un prix plus haut et qu'il dépensera de même ses revenus, seulement sa situation sera changée, et il se trouvera à peu près dans le même cas que si les divers objets fussent restés au même prix. sa fortune eût été diminuée — il serait plutôt à croire que certaines personnes s'étant accoutumées par leur fortune à consommer beaucoup d'objets de luxe, la dissiperont en ne voulant pas faire les réductions nécessaires dans leur dépense — pour prouver que si les objets de luxe augmentaient de prix ce ne serait pas pour [j] les hommes riches [k] un motif d'accumuler, je citerai l'époque où la plupart des machines n'étant pas [l] inventés les [m] objets de luxe, les belles étoffes par ex. étaient beaucoup plus chères, alors on les consommait de même, mais en moindre quantité, ou les payait plus cher et cela revenait au même, on se réglait sur ces moyens comme on le fait aujourd'hui

B_2 *VI - F° 10 recto*

Comment une nation s'appauvrit-elle d'après le système de Mr S. Cela ne devrait jamais arriver — Example de l'espagne

Quelle est la source des richesses, est-ce toujours le travail — non Exemples —

Comment la population d'un pays lorsqu'elle est trop forte consomme-t-elle plus qu'elle ne produit

Le gouvernement [n] s'il [o] identifie son intérêt avec celui de la nation et s'il est éclairé peut prendre des mesures beaucoup meilleures que de laisser le commerce libre — analogie des loix commerciales avec toutes les autres qui sont regardées

i) qu'il *rayé.*
j) ce ne serait pas pour *ajouté entre les lignes.*
k) n'accumuleraient *rayé.*
l) procédés nouveaux de fab[on] *ajouté entre les lignes.*
m) objets de luxe belles *rayé.*
n) d'une nation *rayé.*
o) si celui *changé en* s'il.

comme utiles — difficultés d'avoir un gouvernement qui identifie son intérêt avec celui du pays, C'est là le seul bon, il est toujours légitime

des effets du [p] perfectionnement des procédés employés dans les arts — des machines par ex. Leur effet est de diminuer le travail nécessaire pour obtenir certaines choses mais leur effet indirect n'est-il pas d'augmenter la consommation de choses de luxe, de choses plus nuisibles qu'utiles, d'augmenter l'inégalité //

B2 *VI - F° 10 verso*

des fortunes — [q]

Les lois somptuaires pourraient-elles être bonnes à quelque chose — Les impôts mis sur la consommation des choses de luxe ne rempliraient-ils pas le même but d'une manière préférable — ces mesures tendraient-elles à augmenter l'inégalité des fortunes — quel emploi les riches feraient-ils de leurs revenus [r]. si les richesses étaient distribuées à peu près également toutes les mesures tendant à diminuer le luxe deviendraient à peu près inutiles. Cependant certaines prohibitions seraient encore avantageuses car les hommes ne jugent pas bien d'eux mêmes de ce qui leur est le plus utile et prennent souvent des habitudes pernicieuses que les gouvernements doivent chercher à diminuer en employant leur influence sur les choses qui en sont susceptibles —

L'inégalité des fortunes a un certain avantage. C'est que par là certaines opérations sont entreprises en grand et se font avec [s] moins de travail qu'en petit — mais l'esprit //

B2 *VI - F° 11 recto*

d'association pourrait peut-être suppléer cet avantage dans un pays où les fortunes se rapprocheraient de l'égalité —

il ne faudrait cependant pas que l'égalité de fortune allât jusqu'à rendre tous les hommes dans une situation [t] où ils

p) des *changé en* du.

q) L'inégalité des fortunes est un *rayé.*

r) L'inégalité des fortunes est toujours défavorable à l'accroissement de population — Comment *rayé.*

s) à moi *changé en* avec.

t) au-dessous du médiocre *rayé.*

seraient forcés d'employer tout leur tems au travail de nécessité, cela serait peu favorable au progrès des lumières et à la perfectibilité de l'espèce —[u]
L'égalité de fortune ne peut pas avoir lieu d'une manière absolue pas plus que l'égalité de forces phisiques, de facultés intellectuelles &c. Mais il serait à désirer au moins que les hommes les moins bien partagés des dons de la fortune pussent être sans un travail excessif, à l'abri des premiers besoins —

Pour cela il serait nécessaire que la population d'un pays ne dépassât pas de certaines limites —

on croit vulgairement qu'une grande //

B_2 *VI - F° 11 verso*

fortune[v] entre les mains d'un seul[w] homme en alimente beaucoup d'autres et que le possesseur ne consomme en définitif pas beaucoup plus que les autres personnes — il consomme beaucoup plus, il consomme un[x] et détruit des choses de valeur qui suffiraient pour alimenter beaucoup de familles — Ce ne serait que par des dons gratuits que[y] sa fortune ne se consommerait pas inutilement pour les autres et c'est là le cas le plus rare — (Cependant le jeu, l'escroquerie, ou des pertes dues au hasard pourraient encore consommer cette fortune mais il y a autant de motifs pour croire que ces causes l'augmenteront que pour croire qu'elles la diminueront)

[z] le travail employé pour fabriquer, les hôtels, les châteaux, les ameublements, les habits, les diners d'un homme riche, avec le travail employé autour de lui pour le servir, pour le divertir[a] avec ce travail on aurait pu produire des valeurs capables d'acheter[b] au dehors les choses de 1re nécessité pour plusieurs familles

B_2 *VII - F° 12 recto*

pour qu'il règne une aisance générale il faut absolument que

u) il faudrait au moins que tous les hommes fussent au-dessus *rayé.*

v) sert à *rayé.*

w) homme alimente plusieurs familles, point du tout. Cela ne pourrait arriver que par des dons gratuits *rayé.*

x) travail *rayé.*

y) qu'il ne *changé en* que.

z) avec le drap *rayé.*

a) avec celui qui est employé par les hommes et les animaux, pour le traîner, le *rayé.*

b) chez *rayé.*

la population ne soit pas très nombreuse, qu'elle soit en un certain rapport avec les ressources du pays, à moins que cette population ne vise du produit d'un travail qu'elle exécute sur des objets transportables et que par le moyen d'échange elle se procure les objets de nécessité — objets qui par leur nature ne vienne guère que sur le sol —

Calcul du travail d'un peuple pour se procurer les objets de 1re nécessité, 1° par la chasse, 2° par la pêche, 3° par le soin des bestiaux, 4° par l'agriculture — Combien le travail d'une famille peut-il nourrir de familles — genre de culture qui serait le plus profitable si l'étendue de terrain était indéfinie, et que l'on ne cultivât que les [*mot illisible*] les plus fertiles — difficultés des transports dans un pays trop étendu

---

Calcul de ce qui se consomme en valeur dans un pays comme la France en objets de 1re nécessité pour quelle valeur se consomme-t-il de choses superflues ou nuisibles //

B_2 *VII - F° 12 verso*

la source des richesses est-elle uniquement dans le travail — non [c], les richesses se trouvent toutes faites, dans plusieurs circonstances, une coupe de bois vendue sur pied [d], une mine de métal, de combustible [e] où les frais d'extraction ne sont pas comparables à la valeur de la chose [f] le blé même doit une portion de sa valeur au travail, une portion au sol où il a cru, Ce sol est un outil direz vous, oui mais cet outil est donné par la nature et non par le travail. Cet outil a une valeur parce qu'il est utile —

Si toute valeur venait du travail un objet quelconque devrait toujours coûter le même prix lors qu'on y a employé la même quantité de travail, et de travail du même genre. Cela n'est pas — un terrain défriché, ici n'a pas la même valeur que là, une maison ne conserve pas toujours la même valeur si le quartier où elle est vient à se peupler, elle augmente de prix — La mode [g] l'usage font changer la valeur d'une foule de choses

c) elle se trouve *rayé.*
d) une moisson même en sont des exemples *rayé.*
e) ou de *rayé.*
f) une moisson même *rayé.*
g) fait *rayé.*

B_2 *VIII - F° 13*

[h] il faut faire cependant ici quelque distinction entre le loyer des terres et le loyer des maisons. un impôt mis sur les terres tombe sur les propriétaires et diminue d'autant son profit [i] parce que le fermier ne donne des terres qu'un loyer proportionné aux fruits qu'il espère recueillir — il n'en est pas de même d'un loyer de maison, il faut bien que tout le monde se loge. d'ailleurs le prix des loyers s'établit sur celui des bâtisses, si donc on met un impôt sur les loyers l'on bâtira moins et la concurrence des locataires les forcera bientôt de payer l'impôt. l'impôt sur les loyers de maisons atteindra donc plutôt la classe peu aisée que les riches

B_2 *IX - F° 14 recto*

le gouvernement doit-il être institué pour l'avantage de la masse des citoyens ou seulement de quelques-uns d'entre-eux.

Cette question semble ne devoir plus être agitée [j], maintenant presque tous les hommes paraissent tomber d'accord sur ce point [k] que le gouvernement doit être institué pour la masse des gouvernés [l], ceux même qui ont parlé pour le despotisme complet [m], pour de l'abaissement et de la servitude des classes les plus nombreuses [n] ont prétendu que le bien même de ces classes le demandait, on a vu soutenir l'esclavage des noirs [o] par des arguments de cette nature, c'était disait-t-on le bonheur même de ces [p] nègres [q] que l'on avait //

h) *A la tête de ce folio se trouve le passage suivant rayé :* « non pas le nécessaire du peuple mais seulement son superflu — il faut surtout qu'il évite d'assurer la substance des classes peu aisées pour la dégorger dans celle des riches. il doit chercher tout le contraire. »

i) tandis qu'un impôt sur les maisons *rayé.*

j) Les hommes semblent être *rayé.*

k) que pour dire *rayé et remplacé par* sur ce point.

l) mais on n'est pas d'accord sur les conséquences *rayé.*

m) maintenant de la servitude de certaines *rayé et remplacé par* despotisme complet.

n) de la nation *ajouté entre les lignes et rayé.*

o) nègres *changé en* noirs.

p) des *changé en* de ces.

q) (outre les avantages qu'on *rayé.*

B$_2$ *IX - F° 14 verso*

en vue en les maintenant dans les fers [r], par ce moyen on les délivrait du soin de leur subsistance et du fléau de l'oisiveté [s], à la vérité l'avantage des colons s'y rencontrait aussi mais il n'était en quelque sorte que secondaire et l'esclavage devait être maintenu pour le bien général — C'est ainsi qu'en s'accordant sur le principe, on ne s'accorde pas sur les conséquences [t]

S'il est vrai que le gouvernement doive être institué pour [u] le bien des gouvernés, il semble [v] naturel [w] que ce soit à eux-mêmes à juger [x] de ce qui leur est le plus convenable et à instituer leur propre gouvernement. à la vérité [y] il est difficile [z] qu'une nation nombreuse puisse exercer ce droit par elle-même, la plupart des hommes //

B$_2$ *IX - F° 15 recto*

étant [a] hors d'état de juger sainement des intérêts communs [b]

mais si ces hommes sont parvenus à un certain degré de civilisation, si les passions ne les aveuglent [c] pas ils seront en état de choisir parmi eux des citoyens [d] capables de leur offrir de bonnes institutions. Si l'on méconnaît [e] ce principe [f] à qui attribuera-t-on le pouvoir de faire des loix, chacun pourra y prétendre et l'on ne sera plus en droit de réclamer contre celles

r) par ce moyen on les délivrait *rayé* ; (outre les avantages qu'on en retirait d'ailleurs *ajouté entre les lignes et rayé.*

s) à laquelle ils sont naturellement trop enclins *rayé.*

t) Cependant le principe lui-même n'a pas toujours été admis, &c. &c. *rayé.*

u) la masse *rayé.*

v) assez *rayé.*

w) qu'il s *rayé.*

x) à l'instituer *ajouté entre les lignes et rayé.*

y) Mais *rayé et remplacé par* à la vérité.

z) sans doute *ajouté entre les lignes et rayé.*

a) *Carnot a d'abord écrit :* ...il est difficile sans doute que ce principe puisse être mis partout en pratique parce que la plupart des hommes sont...

b) de leurs propres intérêts *changé en* des intérêts communs ; cependant lorsqu'une nation (*remplace* les hommes peuples *rayé*) est parvenue jusqu'à un certain degré de civilisation. Si une nation n'est pas en état de faire elle-même ses loix, au moins lorsqu'elle (*remplace* si elle *rayé*) est parvenue à un certain degré de civilisation elle peut choisir parmi elle des hommes capables de *légèrement rayé.*

c) s'ils ne sont pas aveuglés par les passions *changé en* si les passions ne les aveuglent pas.

d) législateurs auxquels ils s'en rapporteront *rayé et remplacé par* citoyens.

e) ne reconnaît pas *rayé et remplacé par* méconnaît.

f) alors *rayé.*

qui auront été imposées par la force ou par quelque moyen que ce soit quand même elles //

B_2 *IX - F° 15 verso*

seraient [g] faites à [h] l'avantage de quelques-uns [i] pour opprimer la multitude.

il serait absurde de vouloir ôter à une réunion d'hommes le pouvoir de régler [j] des intérêts qui ne regardent qu'eux même sous prétexte qu'ils n'entendent pas assez bien leurs propres [k] la sagesse veut sans doute qu'alors [l] dans ce cas ils s'en rapportent à d'autres hommes plus éclairés, mais au moins le choix [m] appartient au [n] peuple [o] qui demande les institutions nouvelles. [p] C'est ainsi que des nations [q] de l'antiquité et des tems modernes ont choisi leurs législateurs, on peut citer [r] les athéniens, les français et les Espagnols

B_2 *X - F° 16 recto*

lorsqu'un peuple après avoir gémi longtems sous le joug d'un gouvernement oppresseur [s] parvient enfin à recouvrer ses droits et manifeste le désir de se voir régi par de bonnes institutions [t] il paraît donc qu'il ne peut faire mieux que de désigner les hommes qu'il croit les plus capables d'établir un code des lois fondamentales de l'état.

Sans doute il peut arriver que des loix constitutionnelles formées [u] de cette manière ne soient pas parfaites, qu'elles soient même vicieuses et peu solides, mais par quel autre moyen sera-t-on assuré d'en avoir de bonnes, Si l'on consulte l'expé-

g) vicieuses ou même (*remplace* et) *rayé*.
h) dans *changé en* à.
i) et *rayé*.
j) entre eux *rayé*.
k) affaires intérêts, s'ils ne croyent ne pas les entendre *rayé*.
l) que le premier conseil de ceux *rayé et remplacé par* alors.
m) de ceux-ci *ajouté entre les lignes et rayé*.
n) à *changé en* au ; la nation *rayé*.
o) pour qui les institutions doivent régir *rayé*.
p) Sans doute il peut arriver que *rayé*.
q) plusieurs peuples *rayé et remplacé par* des nations.
r) Athènes *rayé*.
s) d'institutions vicieuses *rayé et remplacé par* d'un gouvernement oppresseur.
t) bonnes Loix *rayé et remplacé par* bonnes institutions ; la seule marche qu'il doive suivre nous paraît être celle de désigner des hommes *rayé*.
u) par suivant la m *rayé*.

rience on verra que la constitution des états unis d'amérique, plusieurs de celles qui se sont succédées en France, celle de l'espagne moderne //

B2 *X - F° 16 verso*

ont été faites par des [v] réunions d'hommes choisis par les peuples tandis que tous les gouvernements oppresseurs sous lesquels ont gémi ou gémissent encore la plupart des nations [w] de l'univers ont été établis par des moyens fort différents

une erreur dans laquelle

B2 *XI - F° 19 verso*

qu'importe que dans l'enfance de la société, les hommes aient été régis par telles ou telles institutions, celles qu'ils avaient alors peuvent bien ne pas [x] être celles qui nous sont maintenant convenables. Ce sont celles-ci qui nous intéressent, ce sont elles que l'on doit [y] //

B2 *XI - F° 17 recto*

s'efforcer de découvrir par tous les moyens que fournissent la raison la connaissance des hommes [z] celle des mœurs et [a] des leçons de l'expérience.

Quel doit être le but des institutions sociales ? sans doute [b] de contribuer au bonheur des hommes pour qui elles sont faites, elles doivent [c] assurer à chacun le fruit de son travail [d], protéger le plus faible contre le plus fort, et établir ainsi autant qu'il est en elles la liberté et l'indépendance de chaque membre de la société [e]. cependant combien de nations [f] se gouvernent par des principes tout opposés, chez elles tout semble fait pour l'avantage [g] d'un seul ou [h] de quelques-uns, tout semble fait //

v) assemblées *rayé*.
w) peuples *rayé et remplacé par* nations.
x) nous *rayé*.
y) s'appliquer *rayé*.
z) des mœurs *rayé*.
a) en profitant *rayé*.
b) c'est celui *rayé*.
c) d' *rayé et remplacé par* elles doivent.
d) de *rayé*.
e) ôserait-on prétendre que des institutions seraient bonnes fondées sur d'autres bases. La chose parle d'elle-même, *rayé*.
f) qui *rayé*.
g) affermir l'usurpation *rayé et remplacé par* l'avantage.
h) pour *rayé*.

B_2 *XI - F° 17 verso*

pour empêcher la plupart des hommes de [i] recouvrer jamais leurs droits les plus naturels [j] tout semble fait enfin non pour établir la liberté mais pour consolider l'esclavage. Le gouvernement féodal sous lequel l'europe a gémi tant de siècles et tous les gouvernements despotiques [k] ont-ils jamais eu d'autres fins — non sans doute, et l'on ne prétendra pas que [l] vexations accablantes des institutions de ce genre fussent faites pour l'avantage du peuple, ce serait presque dire que le fouet dont on déchire un nègre est fait pour son bien. Convenons-en, la plupart des gouvernements //

B_2 *XI - F° 20 recto*

ont été établis par la force et ont été faits uniquement pour ceux qui se trouvaient les plus forts, ceux-ci [m] ont cherché à se servir des autres hommes comme on le fait des animaux c'est à dire à leur plus grand profit, ils ont cru être plus heureux en réduisant leurs semblables à l'esclavage et en profitant de leur travail. ils les [n] rendent ainsi misérables, et n'ont pas trouvé pour eux-mêmes le bonheur qu'ils cherchaient [o]. L'oisiveté, l'ambition et le peu de sécurité dont ils jouissaient leur ont fait mener une vie inquiète et malheureuse.

dans les gouvernements despotiques les lois au lieu de servir d'appui au plus faible donnent au plus fort les moyens de l'opprimer. les peuples sont foulés aux pieds, les grands sont eux-même un peuple pour ceux qui sont plus grands qu'eux //

B_2 *XI - F° 20 verso*

personne ne jouit de la sécurité ni pour sa vie ni pour sa fortune [p], moins encore les grands que les petits. L'homme revêtu

i) reprendre jamais *rayé.*

j) qui leur ont été arrachés *rayé.*

k) ou aristocratiques *rayé.*

l) les droits les plus accablants et les plus vexations accablantes du peuple auxquelles la féodalité avait soumis le peuple fussent à l'avantage de celui-ci ni que *rayé.*

m) ils *rayé et remplacé par* ceux-ci.

n) et en les rendant *changé en* ils les.

o) car où peut-on mieux le trouver que dans la médiocrité, le Travail et l'indépendance *rayé.*

p) L'homme qui jouit du pouvoir souverain *rayé.*

de la puissance souveraine [q] exposé à des dangers sans cesse renaissants voit son existence [r] menacée de toutes parts et après avoir passé une [s] vie sans cesse agitée d'inquiétude et de soupçons il la termine enfin par une mort violente. on doute, en les voyant [t], quels sont les plus à plaindre ou des opresseurs ou des opprimés.

Combien sont aveugles les souverains qui veulent se mettre au dessus des loix. Combien de malheurs ils préparent à eux-mêmes, à leur postérité et au peuple qu'ils gouvernent, ils regardent les lois comme des liens qui enchaînent //

B_2 *XI - F° 18 recto*

leur volonté, et ce sont pour eux les sauves-gardes les plus précieuses ce sont elles qui leur assurent un règne paisible, le repos et la stabilité [u].

Le despotisme [v] tarissant toutes les sources de [w] prospérité, semblable aux fléaux les plus destructeurs, il dépeuple le pays qu'il frappe [x] de stérilité les régions les mieux partagées par la nature, il abrutit enfin les hommes, corrompt leurs mœurs et fait fuir le génie des sciences et des arts. Ces vérités sont écrites sur toutes les pages de l'histoire tandis qu'elle nous montre [y] ailleurs la liberté et le règne des lois faisant la prospérité des nations, défrichant les sables les plus ingrats, [z] //

B_2 *XI - F° 18 verso*

créant pour ainsi dire des générations nouvelles d'hommes généreux et de génies puissants qui reculent les bornes de l'esprit humain et créent des chefs d'œuvre admirés de tous les siècles

Qu'on lise l'histoire des anciens peuples grecs et qu'on les compare aux hommes qui foulent maintenant cette terre jadis

q) est plus que tout autre celui qui se trouve peut-être dans la position la plus périlleuse *rayé*.

r) est *rayé* .

s) la *changé en* une.

t) dans un pareil état de choses *rayé et remplacé par* en les voyant.

u) Les lois gouvernent et les rois jouissent de l'éclat du premier rang sans avoir les *rayé*.

v) et l'arbitraire *rayé*.

w) la *rayé*.

x) les pays qui en sont frappés *changé en* qu'il frappe.

y) elles nous montrent *changé en* elle nous montre.

z) créant des arts nouveaux *rayé*.

autrefois si féconde en héros et grands hommes. [a] la bassesse, la cupidité ont remplacé l'élévation de l'âme et l'amour de la patrie [b].

Tous les moyens sont bons [c] aux Grecs modernes pour amasser de l'or qui seul a le don de fléchir leurs opresseurs, on ne voit plus

(*Le folio 19 recto est blanc*) [à la suite la feuille XII]

B_2 *XII - F° 21 recto*

parmi eux de trace de leur ancienne origine [d], tant les institutions changent les hommes, tant le despotisme abrutit [e] leurs facultés.

tous les peuples [f] qui ont vu croître rapidement leur prospérité l'ont due à la liberté et au règne des loix tandis que leur décadence a été accompagnée du despotisme [g], la grèce et rome [h] l'ont montré [i] chez les anciens et parmi les modernes la suisse [j], la batavie et la république américaine ont daté l'époque de leur prospérité publique de l'époque [k] de leur liberté

Les plus belles et les plus riches des contrées de l'europe [l] l'italie, l'espagne, la Turquie //

B_2 *XII - F° 21 verso*

ont [m] été depuis [n] plusieurs siècles la proie de tous les genres de despotisme [o]. ils se sont dépeuplés, ils n'ont pu soutenir le parallèle avec [p] d'autres états plus petits bien moins favorisés

a) de génie. Les grecs modernes sont cependant les enfants des Solon, des Socrate, des Epaminondas, ils se *rayé.*

b) les enfans de Solon, de Socrate et d'Epaminondas se livrent à de honteux trafics et l'amour du gain a remplacé l'amour de la patrie qu'il est aujourd'hui leur est aujourd'huy intérêt de servir *rayé.*

c) aujourd'hui *rayé.*

d) Ce sont les enfants de Solon *rayé.*

e) toutes *rayé.*

f) dont la prospérité a été en croissant, l'ont dû en *rayé.*

g) l'empire des perses *rayé.*

h) et parmi les modernes *rayé.*

i) fait voir *rayé et remplacé par* montré.

j) et *rayé.*

k) celle *rayé et remplacé par* l'époque.

l) celles qui sont le plus favorisées par la position, n'ont pas l'espagne *rayé.*

m) toujours *rayé.*

n) un grand *rayé.*

o) et malgré tous les dons de la nature *rayé.*

p) balancer en gloire, en force et en richesse *rayé.*

par la nature mais qui ont joui du bien inestimable de la liberté.
peut être pensera-t-on que la véritable source de la prospérité de ces peuples se trouvait dans leur [q] caractère actif, dans leurs mœurs [r] plutôt que dans leurs institutions et qu'il eût été impossible

B_2 *XIII - F° 22 recto*

Il est rare qu'un gouvernement soit assez mauvais pour forcer une partie notable de la population à s'expatrier. Le malheur de vivre sous un mauvais gouvernement est ordinairement moindre surtout pour les classes infér que ceux qui peuvent résulter du changement d'habitation, lorsqu'un gouv[t]. n'est pas tout à fait mauvais, il se fait peu sentir aux hommes qui ne se trouvent pas par rapport à lui dans une position spéciale et exceptionnelle, à ceux par exemple qui possèdent ou ambitionnent les emplois. Dans les gouvernements modernes [s], la grandeur des impôts est le plus grand fardeau que le peuple ait à supporter. il se sent peu des injustices particulières, mais il se sent beaucoup des mauvaises mesures, des guerres inutiles, des entraves mises à l'industrie ou au commerce [t], pourvu que l'on ait un certain respect pour les propriétés, que les impôts ne soient pas exhorbitans, et la masse des individus soient libres de leurs actions, l'état pourra prospérer rapidement malgré nombre de mauvaises lois. il faut cependant joindre encore à ces conditions, une administration passable de la justice —

La noblesse en tant qu'elle ne consiste qu'en des titres, si ces titres ne sont pas un motif de faveur près du gouvernement, n'aura d'importance que celle que le peuple voudra bien lui donner. en quoi pourra-t-elle être nuisible aux hommes qui n'en feront pas partie. elle ne pourra blesser que leur vanité [u], et il faut bien que cette vanité soit blessée par quelqu'endroit car il existera toujours [v] des supériorités de [w] quelqu'espèce. //

q) leurs *changé en* leur ; mœurs *rayé.*
r) qu'il leur devaient même leurs institutions *rayé.*
s) c'est en général *rayé.*
t) mais *rayé.*
u) et il ne tiendra qu'à eux de guérir de la blessure n'atteindra *rayé.*
v) est *rayé et remplacé par* existera toujours.
w) ce *changé en* de ; sont *rayé.*

B_2 *XIII - F° 22 verso*

Le gouvernement qui voudrait la noblesse serait-il fort blâmable, non ce me semble, Ce serait en quelque sorte lever sur les hommes une contribution volontaire [x], elle serait à coup sûr prise sur le superflu et diminuerait d'autant celles qui sont prises sur le nécessaire. Quant à la vénalité de certaines charges elle n'aurait pas non plus autant d'inconvénients qu'on pourrait le croire surtout si [y] l'on [z] en [a] écartait les gens tout à fait incapables. J'aimerais mieux voir les juges acheter leurs emplois, que de voir le gouvernement disposer de ces emplois à son gré. Les hommes capables d'acheter des charges de judicature ne le feraient que pour y jouir d'un certain pouvoir et de considération, ils se mettront par là même dans l'indépendance du gouvernement — La plus mauvaise manière de distribuer les emplois est d'en laisser la disposition à l'autorité supérieure. La meilleure manière de les distribuer serait peut-être d'en laisser la nomination aux inférieurs, aux hommes qui doivent être sous la dépendance du fonctionnaire que l'on veut créer, qu'il soit juge administrateur ou chef militaire.

Le hasard seul ferait de meilleurs choix que l'autorité exemple du jury — mais il faudrait d'abord s'assurer de la capacité des concurrents pour la place à remplir, il faudrait que les conditions en fussent parfaitement déterminées par les lois, que l'examen du candidat fût public — l'emploi pourrait ensuite être donné par le sort, ou bien il pourrait être vendu aux enchères, ou bien il pourrait être donné par les concurrents eux-mêmes. L'on dira peut-être //

B_2 *XIII - F° 23 recto*

que s'il était vendu, on ne l'achèterait que comme un moyen de fortune, mais pourquoi ne serait-ce pas pour acquérir du pouvoir et de la considération. D'ailleurs n'est-ce pas avec les mêmes vues que l'on met en usage [b] l'intrigue, la faveur et la corruption pour obtenir un emploi de l'autorité. il est encore maintenant certaines charges qui se vendent, celles de notaire, d'avoué, d'huissier, de courtiers de commerce et beaucoup d'autres. Croit-

x) qui diminuerait d'autant celles qui sont prises sur *rayé.*
y) pourvu que *rayé et remplacé par* surtout si.
z) s'assure, ne *rayé.*
a) pût *rayé.*
b) emploie *rayé et remplacé par* met en usage.

on qu'elles fussent mieux remplies si le gouvernement les donnait pour rien ?

(*Le folio 23 verso est blanc*)

B$_2$ *XIV - F° 24 recto*

Mr Hume dans son Essai de morale donne pour principe essentiel de toutes les vertus ou bonnes qualités, les services qu'elles peuvent rendre au genre humain en général ou en particulier à [c] la personne qui les possède [d]. Toute personne clairvoyante sur ses intérêts cherchera à acquérir les qualités qui lui sont utiles à lui-même dès que cette utilité lui sera prouvée mais qu'elle pourra être la raison qui le [e] déterminera à pratiquer les vertus utiles à la société en général plutôt qu'à lui-même —

les hommes forment une grande association où l'on a cherché les moyens d' [f] améliorer le sort de chaque individu en particulier et [g] de la masse entière en faisant certaines conventions qui tendent évidemment à ce but [h], C'est leur exacte observation que l'on a appelé vertu — mais on doit distinguer ici les qualités qui comme la patience, l'activité, la modération sont utiles à l'homme qui les possède et qui le seraient quand même cet homme serait isolé, de celles qui ne sont relatives qu'à l'homme en société — de ce nombre sont la Bonne foi, la Justice, l'humanité &c. L'inobservation des premières produit le malheur d'un Individu, l'inobservation des autres produirait le malheur //

B$_2$ *XIV - F° 24 verso*

et la dissolution de la société

Si chaque homme entrait de bonne foi dans cette grande association et eût la connaissance exacte des devoirs qu'elle impose ainsi que la volonté de les observer les lois, et les gouvernements deviendraient injustices mais un grand nombre d'entre les hommes sont disposés à sacrifier à leur intérêt personnel l'intérêt de ceux [i] avec lesquels [j] ils sont en relation. C'est

c) celui *rayé.*
d) Cela étant les qualités utiles à la personne qui les possède *rayé.*
e) persua *changé en* déterm *et rayé.*
f) se procurer la masse *rayé.*
g) en *changé en* et ; faisant certa *rayé.*
h) C'est l'exacte observation *rayé.*
i) des personnes *changé en* de ceux.
j) lesquelles *changé en* lesquels.

pour retenir ces hommes dans les devoirs imposés par la société que sont ou que devraient être établies les loix, les religions, la considération que l'on cherche à attacher à la vertu — mais il s'en faut bien que ces institutions soient portées à leur perfection, les loix ne tendent pas toutes à la sureté et au bien de la masse des hommes, plusieurs d'entre-elles, même dans les pays les plus civilisés tendent à favoriser quelques hommes au dépend d'un grand nombre [k] dans d'autres lieux règne l'esclavage qui n'a certainement pas été établi pour le bien de la masse des hommes — les loix sont d'ailleurs différentes d'un état à un autre et les gouvernements de ces différents états n'en ont pas entre eux et sont presque dans la position d'hommes sans institutions parmi les quels règnerait certainem[t] l'abus de la force, le manque de foi & //

B_2 *XIV - F° 25 recto*

Le respect que l'on doit avoir pour la vertu et le mépris attaché au vice sont presque sans effet. on parvient à tromper le plus grand nombre des hommes sur les motifs de la plupart des actions, la vérité ne se trouve presque nulle part. la vertu est même quelquefois tournée en ridicule et le vice qualifié d'adresse d'esprit — les institutions religieuses ont [l] toutes les principes nuisibles mêlés avec ceux qui pourraient être utiles, il est même arrivé [m] dans certains tems que les premiers ont emporté la balance et que la religion à causé plus de désordres qu'elle n'en a empêchés [n].

on élèvera sans doute ces questions, est-il possible de faire mieux — ? la solidité des gouvernements n'exige-t-elle pas de la partialité dans les loix. //

B_2 *XIV - F° 25 verso*

pourrait-on étendre les mêmes lois à des peuples différents, un [o] même gouvernement serait-il passable à établir dans les pays

k) en autre *rayé.*

l) presque *rayé.*

m) que les premiers *rayé.*

n) Le gouvernement qui paraîtrait offrir le plus grand avantage aux hommes et contribuer puissamment à leur bien être serait donc celui [où tous les ho seraient traités d'une manière semblable par les lois *rayé*] où les lois étant établies avec le plus de discernement possible pour favoriser la sûreté et l'industrie des hommes, les traiteraient tous également.

Les loix pour contribuer le plus puissamt possible au bien être des hommes devraient tous les traiter d'une manière égale *légèrement rayé.*

o) gouvernement très *rayé.*

fort étendus ou pourrait-on lier les gouvernements entre eux par des conventions qu'ils seraient forcés d'observer [p]. on peut douter si les mœurs d'un pays permettent d'en changer les institutions, et si d'après leur manière de voir les peuples en préfereraient de nouvelles [q], si l'esclavage n'est pas nécessaire à certains peuples, enfin des changements étant supposés bons on peut demander s'ils sont praticables, si on peut les faire tout à coup ou pas à pas, quels seraient les moyens d'y parvenir et [r] quels sont ceux qui y pourraient parvenir — Il est facile de faire voir le mal mais il ne l'est pas autant d'indiquer le remède

Je me propose d'examiner ces différentes questions non pas dans tous leurs détails car on a écrit des volumes sur chacune d'elles sans l'avoir éclaircie mais seulement en quelques

B_2 *XV - F° 26 recto*

parties ou j'ai dirigé particulièrement mes réflexions. Ce sujet a été traité par bien des hommes instruits mais il est si étendu que c'est presque une source intarissable — D'ailleurs si ce que je vais dire mérite peu de considération ce dont le lecteur pourra juger [s], on remarquera que qu'aucun homme ne peut être blâmé d'avoir (p) transmis ses réflexions s'il les a cru bonnes car que ce n'est que par ce moyen que l'on peut arriver à la découverte de la vérité

(*Les folios 26 verso et 27 recto et verso sont blancs*)

p) pourrait-on faire de pareils changements tout à coup ou pas à pas. Qui serait en état de les faire enfin *rayé.*

q) si en touchant une pierre de l'édifice on ne risq *rayé.*

r) que pourrait-on *rayé.*

s) *Ici suivent plusieurs lignes où Carnot a rayé toutes les différentes versions primitives* : je ne pourrai être blâmé de l'avoir écrit car je l'ai fait en Bonne Intention, et c'est parmi la foule des Choses Inutiles que l'on ne trouve — chaque homme ne peut être blâmé d'avoir transmis ses réflexions s'il — chaque homme s'il l'a fait en Bonne Intention ne peut être blâmé d'avoir transmis ses réflexions qu'il a cru bonnes.

B_3

Les fragments qui suivent viennent de manuscrits écrits de la main d'Hippolyte et conservés dans la collection de Monsieur Pierre-Sadi Carnot. Ils traitent pour une grande part de questions abordées dans les manuscrits reproduits ci-dessus sous la mention B_1 et B_2. Les notes ont manifestement été recopiées des papiers de Sadi après sa mort, bien qu'une comparaison avec les fragments conservés des originaux laisse à penser qu'Hippolyte a paraphrasé assez librement la rédaction de Sadi. Toutefois on peut estimer qu'il a, dans ces cas, recopié des papiers qui ont disparu.

Je n'ai pas jugé nécessaire de donner pour ces notes des indications de pagination, ni de signaler les ratures et les corrections.

L'impôt foncier a plusieurs inconvénients graves.

1° Il exige de grandes opérations cadastrales pour établir sa répartition, et quoiqu'on fasse cette répartition n'est jamais équitable à cause des changemens apportés par les progrès des cultures et l'ouverture des nouveaux débouchés.

2° Cet impôt étant direct oblige le gouvernement à employer des mesures souvent rigoureuses pour en obtenir le payement.

Ne pourrait-on pas lui substituer une taxe sur les charrues ? C'est à dire sur les outils d'agriculture, les bêtes de trait et les voitures de transport ? Cette taxe serait facile à percevoir. A la vérité elle pèserait à peu près également sur les mauvaises terres et sur les bonnes, et elle ferait peut-être abandonner la culture des très mauvaises. Mais ne serait-ce pas un bien plutôt qu'un mal ? Il arrive souvent qu'àprès avoir défriché des bois ou des pâturages qui couvraient de mauvais terrains, ceux-ci se dégradent par la culture et ne reprennent quelque valeur que par un long repos. Si les meilleures terres étaient seules en culture par les méthodes perfectionnées, le reste en bois et pâturages, la population vivrait dans l'aisance au moyen d'un travail médiocre. — au reste cette question a besoin d'être examinée à d'autres points de vue, sous celui de l'accroissement de la population par exemple.

Les peuples manufacturiers qui comptent sur la consommation de l'étranger pour se procurer par des échanges les objets de première nécessité, sont dans une situation précaire. Un état de gêne ou une mesure prohibitive peuvent amener la stagnation de leur travail ; tandis que les peuples qui produisent les choses de première nécessité n'ont jamais à redouter de telles crises.

En outre les grands progrès de l'industrie ont pour résultat inévitable la concentration des richesses dans un petit nombre de mains, les vastes entreprises permettant certaines économies qui les rendent plus lucratives que les petites ; ces entreprises favorisent l'emploi des machines et des méthodes perfectionnées ; elles développent le crédit, exigent proportionnellement moins d'argent et en rapportent davantage. Elles tendent à augmenter le luxe en produisant les objets qu'il consomme ; le luxe augmenté, l'aisance ne l'est pas pour cela. La formation des fortunes médiocres y est difficile, et quant aux ouvriers, ils manquent d'indépendance dans leur travail et de moyens de conquérir leur éternelle pauvreté.

Le principal remède à ces maux est dans le développement de l'esprit d'association — un impôt sur les productions du superflu serait désirable, ainsi que des lois sur les fermages et les successions. — ne pourrait-on pas aussi combattre la concentration des richesses en autorisant chaque propriétaire à rendre inaliénable une portion déterminée de son bien qui passerait à ses héritiers aux mêmes conditions ?

Les lois et la forme du gouv^t doivent-elles avoir pour bases les droits contestés des peuples et des souverains ou les moyens les plus propres à faire prospérer l'état ?

En Angleterre les gens riches prennent un vif intérêt au gouvernement ; en France ils ne songent qu'à jouir de leur fortune.

Combien de causes perdues parce que les bons arguments ne sont pas venus à l'esprit du défenseur ou parce qu'il n'a pas su les développer ?

Les fabricants ne pourraient-ils établir une garantie volontaire qui serait la sûreté de l'acheteur ?

La décadence des grecs et des romains sans changement de race prouve l'influence des institutions sur les mœurs.

Il faut que tous les honnêtes gens soient aux galeries. Car partout ailleurs on ne rencontre que des fripons.

Les états unis d'amérique prouvent qu'une grande république est possible, et fût-elle moins solide qu'un gouv^{t} monarchique, un bonheur chancelant est préférable à un malheur assuré. Les gouv^{ts} de Constantinople, de Maroc, d'Espagne, durent depuis des siècles. Sont-ce pour cela des exemples à imiter ? Sont-ils d'ailleurs exempts de troubles ?

La fondation définitive du gouv^{t} républicain en France a tenu au hasard. Si Bonaparte eût été un Washington, la républ aurait subsisté et aurait entraîné les peuples voisins.

Les gouvernements doivent-ils être institués pour l'avantage de la masse ou pour celui de quelques-uns ?

Cette question semble n'en être pas une. Ceux là même qui [*mot illisible*] le despotisme prétendent que les classes nombreuses le désirent : on a soutenu l'esclavage des nègres par des arguments de même nature. C'est disait-on leur propre bonheur que l'on avait en vue en les préservant du soin de leur subsistance et du fléau de l'oisiveté. A la vérité l'avantage des colons s'y rencontrait aussi, mais il n'était que secondaire, et l'esclavage devait être maintenu pour le bien général.

Ainsi en s'accordant sur le principe on ne s'accordait pas sur les conséquences.

S'il est vrai que le gouvernement doit être institué pour le bien des gouvernés, n'appartient-il pas à ceux-ci de juger celui qui leur convient le mieux ? Il est difficile, à la vérité, qu'une nation nombreuse exerce ce droit par elle même. Mais, parvenu à un certain degré de civilisation, elle peut choisir dans son sein des citoyens capables de devenir ses législateurs. Il serait absurde de refuser à une réunion d'hommes le pouvoir de régler ou de faire régler par leurs mandataires des intérêts qui ne regardent qu'eux-mêmes.

Si l'on méconnaît ce principe et ce droit, à qui attribuer le droit de faire des lois ? Chacun se croira autorisé à protester contre celles qui le gêneront et à en imposer d'autres s'il se trouve le plus fort.

La plus mauvaise manière de distribuer les emplois c'est d'en laisser la disposition à l'autorité supérieure. La meilleure serait peut-être d'en laisser la nomination aux inférieurs, à ceux qui doivent vivre sous la dépendance du fonctionnaire futur, juge, administrateur ou chef militaire. Le hasard seul ferait de meilleurs choix que l'autorité : témoin le jury.

Mais pourquoi, après s'être assuré par des examens publics et des concours, de la capacité des candidats, la place ne serait-elle pas donnée par l'ensemble des concurrents ? Pourquoi ne serait-elle pas mise aux enchères entre eux ? On dira peut-être que celui qui achète un emploi veut en faire un moyen de fortune. Peut-être ne songeait-il qu'au pouvoir et à la considération. Quel mal y a-t-il ? — d'ailleurs n'est-ce pas dans les mêmes vues que l'on brigue les emplois auprès de l'autorité ? Heureux si l'on n'use pas d'intrigue et de corruption pour les obtenir ! — Il y a des charges qui se vendent : celles de notaires, d'avoués, d'agents de change, d'huissiers, en seraient-elles mieux remplies si le gouvernement les donnait pour rien ?

APPENDICE C

C_1, C_2, C_3, C_4, C_5

Notes personnelles et autres notes sur la religion, la morale, etc...

Les items C_1, C_2 et C_3 sont transcrits de papiers qui sont de la main de Carnot ; l'item C_4 est publié dans la « Notice biographique sur Sadi Carnot » d'Hippolyte, d'après un document original maintenant perdu ; l'item C_5 reproduit une transcription par Hippolyte de certains papiers de son frère. Tous ces papiers appartiennent à la collection de M. Pierre-Sadi Carnot. Dans le cas des manuscrits écrits de la main d'Hippolyte, je n'ai pas jugé nécessaire d'indiquer pagination, ratures, etc...

Une bonne partie du contenu de cet Appendice, notamment l'item C_5, se trouve reproduite dans la « Notice biographique sur Sadi Carnot », d'Hippolyte (voir Bibliographie, Section I, réf. iii, et Section III, réf. xvi) ; mais il est évident que le texte imprimé est une transcription assez libre. Il y a même de nombreuses variations entre la version imprimée et la copie d'Hippolyte ; lorsque de telles variations se présentent, j'ai utilisé le texte de la copie de préférence au texte imprimé (quoique ni l'un ni l'autre, sans doute, ne corresponde précisément à ce que Sadi avait écrit).

Les notes abordent des sujets très variés, mais sans un plan systématique. Elles traitent, par exemple, de questions relatives à la science, à la littérature, à la tactique militaire, et signalent la propension de la guerre, de la médecine, et des « secours de l'état social », à préserver le faible et le peu doué aux dépens de l'élite d'une population. Elles contiennent également des réflexions très développées sur la religion et les faiblessses des hommes.

A propos des idées religieuses de son frère, Hippolyte souligne (dans la « Notice biographique ») l'admiration toute particulière que portait Sadi à Pascal. Admiration partagée par nombre des jeunes représentants de la génération romantique, qui se ressentaient (c'était manifestement le cas de Sadi) des pratiques réactionnaires de l'Église catholique dans la France de la Restauration. De Pascal, on respectait plus que tout, le combat héroïque contre les jésuites (un combat dont la plupart des libéraux pensaient qu'il faudrait le livrer à nouveau dans les années 1820). Mais l'aspect fragmentaire des notes conservées rend impossible une reconstruction précise des idées religieuses de Carnot, même si les sujets abordés, le style, et l'orientation morale de la pensée sont en accord avec l'admiration profonde vouée aux *Provinciales* et aux *Pensées*. Les réflexions sur le comportement des hommes sont aussi d'une forme littéraire proche de bien des *Pensées*, quoique le modèle le plus évident en soit, en l'occurrence, les *Maximes* de La Rochefoucauld. Car non seulement Carnot exprime ses idées par des jugements à l'emporte-pièce comme ceux de La Rochefoucauld, mais de plus il y a, dans le regard qu'il porte sur ses semblables, le même lucide réalisme qui caractérise les *Maximes*. Comme La Rochefoucauld, Carnot est vivement conscient des faiblesses des hommes, même si ses observations sont plutôt plus charitables que celles de La Rochefoucauld.

Ces notes sont un témoignage sur Sadi Carnot : il y apparaît comme un jeune homme modeste, bon, mais très attaché à ses principes et doué d'une grande force de caractère.

C_1

Une feuille écrite des deux côtés par Carnot.
Le verso a été complètement raturé par un trait vertical

C_1 *recto*

Vous remplirez un rôle, — s'il y a un ours à faire, un lion, je m'en charge, j'excelle dans cette partie et puis j'ai toujours ma peau de Bête sur moi.

Mr Crédule croit que lorsqu'on est 13 à table il y en a toujours un qui mourra le premier. il est de fait qu'il vaut mieux à tout hasard ne pas se mettre 13 à table — je suis bien persuadé qu'il n'y a aucun risque à courir mais c'est toujours plus sûr —

C'est Mr Crédule qui prétend que lorsqu'on plaide[a] le vendredi l'on perd toujours son procès — si on lui fait remarquer que la partie adverse le gagne il dit que c'est un pur hasard — il s'est laissé dire que depuis 20 ans, c'est toujours le même enfant qui tire les billets à la loterie — il vous dit J'ai habité 20 ans Paris je demeurais sous le Quai des morfondus, la rivière coulait sous mes fenêtres, je voyais passer les bateaux et j'entendais tous les jours sonner l'horloge de la Samaritaine. Quant on a joui longtems de plaisirs aussi vifs, il est bien dur de se voir relégué dans une ville de province //

C_1 *verso*

pourquoi ne veut-on plus maintenant de comédies en prose, la contrainte des vers gêne le dialogue, empêche souvent de placer des reparties vives[b], quel besoin d'aller versifier un dia-

a) son procès *rayé.*
b) d'ailleurs lorsqu' *rayé.*

logue animé ou l'un commence le vers, le second dit un mot et le 3e l'achève — dans une pièce bien jouée on ne doit pas s'appercevoir de la versification. Molière a fait d'excellentes pièces en prose, l'avare, george dandin, le Bourgeois gentilhomme — on a cru avoir fait une belle amélioration en ne versifiant pas les lettres. autrefois il fallait le faire et votre humble serviteur un tel commençait un vers — sans doute il est dans la comédie des morceaux soutenus qui gagnent à être versifiés comme le [c] discours du frère dans le tartuffe (il est de faux dévôts ainsi que de faux braves &c), mais pourquoi ne souffrirait-on pas un mélange de prose et de vers, pourquoi gêner un auteur et lui imposer d'autres règles que d'intéresser, de bien peindre, et de plaire à l'oreille ; Qu'il employe prose, petits vers, grands vers, rimes mêlées &c. s'il remplit ce but que m'importe

c) sermon *rayé.*

C_2

Une feuille écrite des deux côtés par Carnot.

C_2 *recto*

Les hommes attribuent au hasard les évènements dont ils ne connaissent pas les causes, s'ils viennent à appercevoir ces causes [d], le hasard disparaît [e]. dire qu'une chose est arrivée par hasard, c'est dire que nous n'avions pas pu la prévoir, je ne crois même pas que l'on puisse donner à ce mot une autre acception [f]. ce qui est [g] hasard pour un homme peut ne pas l'être pour l'autre qui sera mieux instruit [h] //

C_2 *verso*

lorsque l'on dit, ceci a eu lieu par hasard on ne peut vouloir dire autre chose sinon, Je ne connais pas les causes de cet évènement que peut-on entendre par le mot hasard qui ne autre chose que cela ?

d) ce n'est plus *rayé.*

e) le hasard n'est que l'impossibilité où nous sommes de prévoir les choses *rayé.*

f) il peut arriver que ce qui est hasard pour *rayé.*

g) a *changé en* est ; paru autrefois un hasard *rayé.*

h) *A ce point se trouve un passage raturé qui se prolonge au verso :*
(Je renco *rayé*) Un ami qui voulait me voir (*remplace* me cherchait *rayé*) pour quelqu'affaire, (s'informe où je suis alle *barré*) me cherche quelque tems (et me ren *rayé*) dans divers lieux et me rencontre enfin dans un endroit écarté.

Deux amis se rencontrent, l'un d'eux s'en étonne et l'attribue au hasard, l'autre lui répond je savais que vous étiez ici et je suis venu vous y chercher.

Tel homme a echoue dans une entreprise, et l'attribue au hasard (tandis qu'un autre *rayé*) tandis que d'autres voyaient ce qui lui manquait pour réussir, en disant qu'une chose.

C_3

Une feuille écrite de la main de Carnot.
Elle commence par un passage raturé :

C_3 *recto*

Je le ferai avec votre permission, hé bien je le ferai sans votre permission —

Je vous reconnais pour roi si vous exécutez les loix, sinon non

Il vient ensuite le texte ci-dessous, sans ratures :

pourquoi dieu qui est souverainement bon punirait-il le pécheur pendant l'éternité, Ces tourments ne peuvent avoir aucun fruit aucun but parcequ'il ne s'agit ni de ramener le Coupable au Bien ni de faire un exemple — ne pourrait-il pas en récompensant les bons ne pas infliger aux autres des punitions éternelles au moins inutiles puisqu'il ne veut point changer leur âme ni la replacer sur la Terre

pourquoi dieu* souverainement Bon et Juste a-t-il crée un monde où il se commet tant d'injustices. pourquoi créer des pervers et les affliger ensuite d'éternels châtiments ; Que ne créait-il un monde Juste. il n'aurait eu qu'à récompenser — (raisonnements des sceptiques) —

l'église attribue à dieu toutes les passions humaines, la colère, le désir de la vengeance, la curiosité, la Tyrannie, la partialité, la paresse &c.

Dieu a placé dans ce monde des créatures qu'il a environnées de tentations et auquelles créat. il n'a pas donné assez de force pour résister puisque presque toutes succombent

on dit ordinairement que le monde doit être comparé à un char dont la roue peut écraser un Insecte //

C_3 *verso*

mais dont la marche reste uniforme, si dieu n'avait qu'une puissance limitée cette comparaison pourrait être juste, mais il peut bien faire marcher son monde et n'écraser personne —

Si la Raison humaine n'est pas assez forte pour démêler les mystères de la divinité pourquoi l'a-t-il formée telle qu'elle se trouve portée à conclure d'une manière plutôt que d'une autre. pourquoi ne l'a-t-il pas formée plus clairvoyante ou ne l'a-t-il pas éclairée —

d'après la doctrine de l'église dieu ressemblerait au sphinx qui proposait les enigmes et qui dévorait ceux à qui il était impossible de les deviner —

Dieu punirait-il de n'avoir pas cru, lorsqu'il aurait pu si aisément convaincre et éclairer

il faut dit-on ne pas se servir de la raison. Telle qu'elle est elle induit en erreur, mais pourquoi la donner telle — C'est par la raison que doivent se conduire les actions humaines, supprimer la et l'homme ne sera plus qu'une machine.

Les vertus et les vices d'un homme proviennent de son caractère inné, de son éducation, et des circonstances où il s'est trouvé depuis sa naissance — telle femme vertueuse ne l'aurait pas été si elle avait pris naissance dans une autre classe —.

Dans quel moment dieu a-t-il formé le monde, pourquoi plutôt dans un instant que dans l'autre, est-ce par caprice

C_4

Le passage ci-dessous concerne les opinions religieuses de Carnot. Il figure dans la « Notice biographique sur Sadi Carnot » d'Hippolyte, mais il est absent aussi bien des manuscrits de Sadi que des transcriptions d'Hippolyte.

Si l'on élaguait du christianisme tout ce qui n'est pas de Jésus-Christ, cette religion serait la plus simple du monde.

Quels motifs ont guidé les écrivains qui repoussent tout système religieux ? Est-ce la conviction que les idées qu'ils combattaient sont toutes nuisibles à la société ? N'ont-ils pas plutôt enveloppé dans une même proscription la religion et l'abus qu'on en a fait ?

La croyance en un être *tout-puissant,* qui nous *aime* et qui veille sur nous, donne à l'âme de grandes forces pour supporter le malheur.

Une religion appropriée aux esprits et prêchée par des hommes respectables exercerait l'influence la plus salutaire sur la société et sur les mœurs.

C_5

Transcription, de la main d'Hippolyte, de notes laissées par son frère, sous une forme de toute évidence fragmentaire. Les notes originales de Sadi sont maintenant perdues.

L'espérance étant le plus grand des biens, il faut, pour être heureux, sacrifier le présent à l'avenir.
L'indifférence a ses avantages et ses inconvénients : elle anéantit à la fois les plaisirs et les peines.
L'éducation des femmes est en général meilleure que celle des hommes.
Pourquoi ?
De l'indulgence, de l'indulgence.
La manie de briller ne rend pas heureux. La bonté, la douceur, le bon sens, qualités modestes sont les plus universellement goûtées.
Les plaisirs recherchés font perdre aux plaisirs simples tout leur prix.
Le Temps qu'on passe à rire est le mieux employé.
C'est se manquer à soi-même que de laisser échapper les plaisirs innocens lorsqu'ils se présentent. C'est agir en dissipateur.
On dit que l'homme est égoïste, et pourtant ses plus doux plaisirs lui viennent des autres, il ne les goûte qu'à condition de les partager.
L'amour est presque la seule passion que l'honnête homme puisse avouer ; C'est la seule qui s'accorde avec la délicatesse.
Plus un objet approche de la perfection et plus on s'apperçoit de ses légers défauts.
Pourquoi ne pas dire plus souvent : je ne sais pas ?
Ne faire aucune action que le monde ne puisse connaître.
Il faut se garder de fronder les opinions religieuses. Le doute est le parti le plus sage sur un objet qui paraît couvert d'un voile

impénétrable. Si la croyance était un devoir elle dépendrait de nous. On n'est donc point coupable pour n'être point convaincu.
On ne doit jamais feindre un caractère que l'on n'a pas et afficher un personnage que l'on ne pourrait pas soutenir.
On tient les hommes dans sa dépendance lorsqu'ayant le moyen de leur nuire ou de leur être utile, on s'abstient d'en user.
Les hommes ne désirent rien tant que de se faire des envieux.
Point de discours inutiles. Tout entretien qui ne sert pas à vous éclairer et à éclairer les autres, à intéresser le cœur ou amuser l'esprit, est nuisible.
De l'aplomb sans suffisance, de la hardiesse sans affronterie.
S'interroger soi-même pour apprendre ce qui peut plaire aux autres.
Prendre de bonnes habitudes dès que l'on commence un nouveau train de vie.
Ne faire qu'avec beaucoup de circonspection des connaissances intimes. Abandon complet avec ceux que l'on a bien éprouvés ; peu [point ?] de relations avec les autres.
Les hommes aiment que l'on montre de l'intérêt et de la considération pour ce qui les touche. Ils aiment à parler d'eux mêmes.
Ne soyons pas exigeans ; la perfection est si rare !
A quoi bon se faire remarquer ? A donner de l'embarras et à exciter l'envie.
Varier très souvent, les multiplier, les exercices du corps, et de l'esprit, grande sobriété — Tour, menuiserie : danse, escrime de l'épée et du sabre ; tir du fusil et du pistolet, équitation, natation, exercices de la fronde, des échasses, de la paume, des boules, patin, sauts à cloche-pied, croisement des bras, tourner sur un pied appuyé contre le mur, renversement des reins, sauts en hauteur et en longueur, jardinage, taille d'arbres, changer souvent de posture, lire en marchant, déclamation, chant, violon, exercice de versification, composition musicale.
S'exercer le soir en chemise p^{r} favoriser la transpiration avant d'entrer au lit. huit heures de sommeil, promenades au réveil, avant et après les repas, manger lentement, peu et souvent, éviter l'oisiveté et les méditations inutiles.
Jamais de retour sur le passé si ce n'est pour éclairer l'avenir ; les regrets sont inutiles.
La froideur déplaît aux hommes liants, le défaut contraire aux hommes réservés ; évitons ces deux extrêmes.
Ne pas se hâter de faire paraître ses avantages, mais en profiter, quelques petits qu'ils soient.

Prendre ses résolutions d'avance, afin de n'avoir pas à réfléchir pendant l'action ; s'obéir alors aveuglement à soi-même.
Parler à chacun de ce qu'il connaît le mieux ; c'est le mettre à son aise et en tirer profit.
Pourquoi vouloir absolument faire de l'esprit ? j'aime mieux être cru bête et modeste que spirituel et prétentieux.
S'abstenir de toute plaisanterie qui pourrait blesser quelqu'un.
Se garder d'ouvrir la bouche quand on n'est pas sûr d'avoir quelque chose d'utile à dire et de pouvoir achever sa phrase.
N'employer que des expressions de la plus rigoureuse décence.
L'Égoïsme est le plus commun et le plus haï de tous les vices. C'est à proprement parler le seul qui soit haï.
Souffrons de légers désagrémens sans avoir l'air de nous en apercevoir, mais repoussons avec énergie quiconque marquerait l'intention de nous humilier ou de nous nuire.
Écoutez attentivement votre interlocuteur, c'est le préparer à bien écouter votre réponse et le disposer en faveur de vos argumens.
Point d'emportement ni de découragement dans la discussion. Point d'argumens dirigés contre la personne.
Si vous connaissez quelques particularités sur votre adversaire, vous avez bien le droit de les lui faire sentir pour le tenir en bride ; mais procédez avec ménagement et ne blessez pas devant l'auditoire.
La plupart des jugemens portés dans le monde le sont avec une si grande légèreté qu'il faut en tenir peu de compte.
Quand une discussion dégénère en dispute, prenez la parti du silence ; ce n'est pas vous avouer battu.
Régler le matin l'emploi de sa journée et réfléchir le soir à ce qu'on a fait.
Porter à la promenade un livre et un carnet pour finir ses idées, plus un morceau de pain p^r^ la prolonger au besoin.
Combien la modestie ajoute au mérite ! Un homme de talent qui cache son savoir semble une branche courbée sous le poids de ses fruits.
Obéissez souvent à la première inspiration. Trop de méditations sur un même objet finissent par suggérer le plus mauvais parti ou du moins à faire perdre un temps précieux.
Condenser en trop peu de mots sa pensée a quelquefois des inconvénients ; elle devient obscure pour les esprits distraits et quelquefois pour l'auteur lui-même lorsqu'il a laissé s'écouler une certain temps. Les embarras qui ne touchent pas à des intérêts majeurs ne sont que des réservations.

L'homme véritablement sage est celui qui aime la vertu pour la vertu même.
Les jouissances de l'amour propre sont les seules que l'on puisse réellement tourner en ridicule.
L'âme se flétrit à force de souffrir.
Les premiers biens de l'homme sont la santé et la liberté.
Pouvoir sans cesse contenter ses désirs, est-ce le bonheur ? Non. Il faut pour aiguiser la jouissance avoir passé un certain temps à désirer. Atteindre un but ardemment désiré, c'est le suprême bonheur. Le bonheur se compose donc nécessairement d'alternatives ; il ne saurait être un niveau constant.
On peut dire à chaque conquérant lorsqu'il a fini de tourmenter notre pauvre globe : n'auriez-vous pas pu en faire autant sur un petit globe de carton ?
Les lois de la guerre, dit-on, comme si la guerre n'était pas la destruction de toutes les lois.
Je ne sais pas pourquoi l'on confond le bon sens avec le sens commun, car il n'y a rien de moins commun que le bon sens.
Il y a des qualités utiles surtout à nous-mêmes, d'autres qualités avantageuses à la société dans laquelle nous vivons ; au nombre des premières sont les bonnes mœurs, la sobriété, la fermeté, l'activité, la discrétion. Il suffit de décrire leurs effets pour engager à les acquérir ; les autres ont besoin d'être favorisées par l'opinion et par les institutions.
Il faut quelquefois abandonner sa raison, mais comment la retrouver ensuite quand on en a besoin ?
La promptitude des résolutions s'accorde le plus souvent avec leur justesse.
Si l'on pouvait sans cesse contenter ses désirs on n'aurait jamais le temps de désirer. Le Bonheur se compose donc nécessairement d'alternatives ; il ne saurait être un niveau constant.
Il faut peu parler de ce qu'on sait et point du tout de ce qu'on ne sait pas.
La vie est un passage assez court. Je suis à la moitié du chemin ; j'achèverai le reste comme je pourrai.
Je me réjouis de tous les malheurs qui auraient pu m'advenir et que j'ai évités.

Un écho qui, lorsqu'on lui demande : comment vous portez-vous ? répond : fort bien.

Château de Lunéville, où l'on a oublié l'escalier. Pierres qui se soutiennent en escalier. La série est $1 + 1/2 + 1/3 + 1/4 +$ — elle est sans limite.

Heureusement un de ces coquins était un honnête homme.

Intrépide à l'église et dévôt au combat.

Rien ne peut calmer mon ardeur ; en vain je poursuis les bêtes de cette forêt, celle qui vit dans mon cœur est sans cesse sous mes yeux, la cruelle me poursuit.

Vous me reconnaîtrez... à ma veste brodée.

S'il ne tua Pompée, il en tua bien d'autres.

Il est mort d'amour compliqué d'une fluxion de poitrine.

Voilà une leurre pareille à celle de Vesoul.

Ce coquin là est bien heureux, et a faim.

Je ne m'ennuie jamais, disait une dame ; lorsque je n'ai rien à faire, je prends un livre, je me mets à la fenêtre et je regarde les passans.

Le chef d'œuvre de l'équitation est de rester en l'air quand le cheval s'abat.

Le chef d'œuvre de l'éducat. serait de faire chanter des romances à une huître.

Elle ne laissait pas sa trace sur le sable, premièrement parce-qu'elle courait sur le pavé.

La Tour de Malines est l'édifice le plus élevé de l'univers ; elle a 600 p. de hauteur, ou du moins elle les aurait eu si on l'avait achevée. Malheureusement on n'en a construit qu'une partie.

Commode se battait à coups de pierre contre des gens armés d'éponges.

Un fonctionnaire public, employé sur les galeries du roi, décoré d'un ordre qui se portait sur l'épaule.

Je me serais jeté par la fenêtre si je n'avais eu peur de me faire mal.

Plusieurs savans de premier ordre, Lagrange, Laplace, Monge, moi-même, messieurs, nous avons suivi ce genre de recherches.

Voici l'instant de nous montrer — Cachons-nous.

Comme on s'amuse à Paris quand on veut y dépenser de l'argent ! Je m'en suis donné aujourd'hui. Il est vrai que la pièce de 20 sous y a passé.

Embarrassé de son dénoûment, il fait venir une troupe d'ours qui dévorent les traîtres et ménagent les innocens.

Voilà un coup impayable, dit-il ; aussi ne le paya-t-il pas.

Je suis de première force. j'entends par 1re force celle par où l'on commence ; celle-là mérite naturellement d'être nommée la première.

des poissons cuits au clair de lune.

on a dit sans doute en vous voyant à cheval : quelle bête superbe ! cela flatte l'amour propre.

Ils évoquent une foule d'ombres ; mais je ne vois pas parmi elles l'ombre du sens commun.

quelle différence y a-t-il, demandait Bobèche entre une grille et un miroir. regardez dans un miroir, vous ne voyez qu'un sot, dans une grille vous en voyez mille.

On peut dire ce qu'on veut au public ; chacun croit que cela regarde le voisin.

des croix et autres menues breloques.

Une poire passe toute entière par sa queue.

J'attends le dîner, j'attends l'heure de coucher, et on passe sa vie à attendre,

Un œil égaré. — louche.

On ne peut pas dire précisément qu'elle soit jolie, mais on peut dire qu'elle est fort laide.

On a présenté les guerres comme indispensables pour arrêter le trop rapide accroissement de la population. Mais les guerres moissonnent la fleur de la population, tandis qu'elles épargnent les hommes disgraciés par la nature. Elles contribuent évidemment à la dégénération de l'espèce humaine.

Sous quelques rapports la médecine va directement contre le vœu de la nature qui tend à conserver et perpétuer les êtres les mieux constitués de l'espèce et abandonne les êtres délicats à mille causes de destruction. C'est ce qui arrive aux animaux et aux hommes à l'état sauvage : les plus robustes arrivent seuls à l'âge adulte et seuls reproduisent l'espèce. Les secours de l'état social et de la médecine prolongent la vie de l'être faible et il se reproduit ; mais sa postérité est ordinairement débile comme lui. Chez les Spartiates de barbares prescriptions privaient de l'existence les enfants mal conformés afin de maintenir la force et la beauté de la race.

De telles prescriptions sont antipathiques à nos mœurs. Pourtant il serait à souhaiter que l'on s'attachât à préserver la race humaine des causes d'affaiblissement et d'abâtardissement.

Ne pourrait-on pas en faisant bouillir la betterave en extraire une plus grande quantité de sucre ? — le principe sucré des pommes de terre se développe par la chaleur. — Si ce sucre est d'une autre espèce, au moins pourrait-il être transformé en eau de vie.

Le sucre d'amidon est-il susceptible de fermentation ?
id. des Éthers ?

Le calorique développé par le frottement vient-il du corps même ou de la terre comme l'électricité ? Pourrait-on en développer indéfiniment en frottant deux corps isolés ?

Les fleurs d'asters, d'abricotiers, et toutes les fleurs du printemps et de la fin de l'automne sont propres aux abeilles.

Architecture gothique — fondation en terrain compressible en le chargeant pendant longtemps d'un poids égal à celui du bâtiment.

Récréations mathématiques de Montucla. Ouvrage d'un esprit juste, propre à stimuler les imaginations et à les pousser aux recherches.

Aérostats placés à des hauteurs différentes, joints entre eux. Études des courants d'air qui pourraient les emporter dans des directions choisies.

Instrument de musique composé d'une corde que l'on tend à volonté avec un levier dont les degrés sont marqués et les notes déterminées.

Syst. de Lamarck sur la transformation des espèces.

Peut-on faire des sabots élastiques propres à accélérer la marche et la course ?

Machine de M. Niepce p[r] diriger les ballons.

Pour la défense du territoire il serait à désirer que toutes les villes fussent environnées d'une enceinte capable de les mettre à l'abri d'une attaque de vive force, ce qui obligerait l'ennemi à conduire un équipage de siège pour s'en emparer.

En cas d'invasion on dépouillerait la campagne, dont les habitans seraient forcés de se retirer dans l'enceinte des villes avec leurs provisions.

Il suffirait pour les défendre de quelques soldats de ligne avec des canonniers. La ville serait entourée d'un mur non terrassé et couvert des vues de l'ennemi de manière à l'obliger de faire des approches dans les règles. Il y aurait d'espace en espace des cavaliers en terre armés de pièces en fer coulé.

L'ennemi se verrait donc forcé : 1° de prendre des routes de traverses, que l'on aurait soin de rendre aussi peu praticable que possible ; 2° d'amener avec lui tous ses vivres ; 3° il ne pourrait faire aucune requisition, lever aucune contribution ; tandis que l'armée défensive ne manquerait de rien et que les citoyens s'aguerriraient en gardant leur foyers.

APPENDICE D

L'ÉCOLE POLYTECHNIQUE ET L'ÉCOLE DE METZ

Après sa préparation au lycée Charlemagne, dans la classe de L.-P.-M. Bourdon, Sadi Carnot commença ses études à l'École polytechnique le 2 novembre 1812. Les registres de l'École témoignent qu'il fut un élève particulièrement discipliné et appliqué ; sans être exceptionnel, il faisait certainement partie des élèves les plus doués de sa promotion. Entré 24ᵉ sur les 179 étudiants reçus en 1812, il était 20ᵉ à la fin de la première année. Durant sa seconde année ses études, comme celles de tous les polytechniciens, furent très désorganisées par la guerre, surtout pendant l'hiver 1813-1814 : c'est à cette époque que beaucoup d'élèves furent admis par anticipation à l'École de Metz pour servir dans l'artillerie ; les exercices militaires eurent priorité sur les cours, et pendant un temps tout enseignement cessa complètement à l'École polytechnique. Le patriotisme de Carnot pendant cette période est très évident. En octobre 1813 il sollicita son admission à Metz dans l'esprit d'être rapidement versé dans l'artillerie ; mais son trop jeune âge le fit refuser, et il dut se contenter d'une active participation à la glorieuse mais inutile défense de Paris en mars 1814.

A l'automne 1814, il quitta l'École polytechnique, dont il sortait 10ᵉ sur la liste, très tronquée, des 55 candidats admis dans les services publics (en 1814 seuls 65 élèves s'étaient présentés, soit environ le tiers de la promotion). Parmi les dix candidats reçus au Génie militaire, Sadi était classé 5ᵉ. Il fut admis à l'École d'artillerie et du génie de Metz avec le rang d'élève sous-lieutenant le 1ᵉʳ décembre 1814, et il en sortit en mars 1817 pour entrer au premier régiment de sapeurs (régiment de Metz) le 2 avril 1817.

On trouvera une étude détaillée de la carrière de Carnot à l'École polytechnique et à l'École de Metz dans l'étude de R. Taton, « La formation de Sadi Carnot... », citée dans la Bibliographie, Section IV, partie b.

Tous les documents reproduits ou résumés dans cet Appendice appartiennent à la collection de M. Pierre-Sadi Carnot, à l'exception des items D_4 et D_9, qui se trouvent dans le dossier « Sadi Carnot. Promotion 1812 » de la Bibliothèque centrale de l'École polytechnique, et de l'item D_6 qui vient du registre matricule de l'École polytechnique.

D_1. Avis officiel, en date du 29 septembre 1812 et signé par E.-P.-H. Durivau, directeur des études de l'École polytechnique, d'admission de Carnot à l'École (numéro d'admission 24). Carnot doit se présenter le 2 novembre.

D_2. Lettre de Durivau qui, en tant que directeur des études de l'École polytechnique, écrit à Lazare Carnot en date du 3 octobre 1813.

Durivau informe Lazare que Sadi « vient de s'inscrire sur la liste de ceux qui désirent entrer dès ce moment dans le corps de l'artillerie », et il ajoute que « son rang lui donne la certitude d'être admis ». Durivau souhaite avoir la certitude que Lazare approuve le désir de Sadi.

En octobre 1813, 44 élèves de la promotion de Sadi Carnot, ainsi que 26 de la promotion de 1811, furent admis à l'École de Metz (section d'artillerie). De toute évidence c'est l'âge de Sadi qui fit obstacle à son admission — il était l'un des plus jeunes polytechniciens de sa promotion —, et il fit donc une année de plus à l'École polytechnique.

D_3. Copie sur feuille simple d'une adresse des élèves de l'École polytechnique à l'Empereur pour lui offrir leurs services dans la défense de Paris. L'original, daté du 29 décembre 1813, se trouve aux archives nationales (A.F. IV, 1153).
Un décret impérial du 24 janvier 1814 créa trois compagnies d'artillerie de 120 hommes chacune, tous polytechniciens. Carnot était caporal dans la 3e compagnie.

Sire,

La Patrie a Besoin de Tous ses défenseurs. Les Élèves de l'école polytechnique, fidèles à leur devise, demandent de voler aux frontières pour partager la gloire des braves qui se dévouent au salut de la france. Le bataillon sous ses braves Officiers fiers d'avoir contribué à la Défaite des Ennemis Reviendra dans cette enceinte cultiver les sciences, Et se Préparer à de nouveaux services

Adresse faite à l'empereur Par les Élèves de l'école le 29 décembre —

Le document original est signé par quatre camarades de Carnot à l'École polytechnique : J.-J. Petit, Duvivier, Cornely et Coignet. Le carnet d'adresses de Carnot contient les noms de Duvivier et de Coignet, (item F_6), ce qui suggère que peut-être Carnot a contribué à l'élaboration du texte.

D_4. Lettre à Carnot de son père, qui le félicite de sa participation à la défense de Paris en mars 1814 (voir Introduction, p. 30). Cette lettre a déjà été publiée (mais pas de manière intégrale et avec une datation fausse) dans la « Notice biographique sur Sadi Carnot » d'Hippolyte (voir Bibliographie, Section I, réf. iii, et Section III, réf. xvi). J'ai utilisé l'original de la lettre qui se trouve à la Bibliothèque centrale de l'École polytechnique, mais il en existe une copie, de la main d'Hippolyte, dans la collection de M. Pierre-Sadi Carnot.

C'est une feuille simple, dont l'un des côtés porte l'adresse :

A Monsieur
Monsieur Sadi Carnot
élève de l'École polytechnique
rue grange-batelière n° 13
à Paris

Anvers le 18 avril 1814,

Mon cher Sadi, j'ai appris avec un plaisir extrême, que le bataillon de l'école polytechnique s'étoit distingué et que tu avois fait tes premières armes d'une manière honorable. lorsque je serai rappelé, je serai fort aise que le ministre de la guerre t'accorde la permission de venir me chercher. tu apprendras à connoître un beau pays et une belle ville où j'ai eu la satisfaction de me maintenir tranquillement pendant les désastres qui ont accablé tant d'autres endroits.

Adieu, mon cher Sadi, je t'embrasse de tout mon cœur : écris moi le plutôt et le plus souvent possible.

D_5. Passeport délivré à Carnot par le baron Pasquier, préfet de Police, préfecture de Paris : une seule grande feuille.

Le passeport porte la date du 23 avril 1814, et indique pour l'adresse de Carnot le 13, rue Grange-Batelière (voir item D_4). Le passeport a été délivré spécialement pour un voyage à Anvers, où Carnot va voir son père.

D_6. Fiche matricule de Carnot en tant qu'élève de l'École polytechnique (reproduite à la page 29). La fiche se trouve au verso du f° 58 d'un registre qui porte la mention « Contrôle des Élèves de l'École polytechnique, Depuis et y compris l'année 1810, Jusques et compris l'année 1819. 4e Volume » ; ce registre est l'item X 2c/2 dans la Bibliothèque centrale de l'École polytechnique.

D_7. Lettre manuscrite de Durivau (voir items D_1 et D_2), en date du 7 octobre 1814, informant Carnot de son admission dans le service public. Il est classé 10e sur la liste des 65 Polytechniciens admis dans les divers services, et se retrouve 6e sur les 10 admis au Génie militaire. L'avis officiel doit arriver un peu plus tard.

Par la suite, des modifications apportées à la liste font que Carnot sera finalement classé 5e des reçus au Génie militaire.

D_8. Lettre du comte Pierre Dupont de l'Étang, ministre, secrétaire d'État à la Guerre, à Carnot, en date du 22 octobre 1814.

« ...d'après le compte qui m'a été rendu du résultat de l'examen que vous avez subi sur la théorie des connaissances exigées pour entrer dans le corps Royal du génie, j'ai approuvé, par décision de ce jour, votre admission à l'École Spéciale d'Artillerie et du Génie ». Carnot doit se présenter à Metz le 1er décembre, mais il percevra son traitement d'élève de l'École de Metz à partir du 1er octobre.

D_9. Le dossier « Sadi Carnot. Promotion 1812 » de la Bibliothèque centrale de l'École polytechnique contient un grand nombre de documents relatifs à la période des études de Carnot à l'École de l'artillerie et du génie à Metz. Ce qui suit en est un rapide aperçu :

I) Notes de cours prises en février et mars 1815, à 17 séances du « Cours de fortification passagère », et accompagnées de quelques schémas dessinés par Carnot.

II) Notes sur 12 conférences sur « La balistique », en juillet et août 1815.

III) Notes de 14 séances du « Cours de chimie appliquée aux arts militaires », de janvier à mars 1816.

IV) Notes de 16 séances du « Cours d'attaque et de défense des places », prises entre février et avril 1816, avec une quantité de tables établies par Carnot.

V) Notes prises à un cours qui semble tout à fait distinct de celui cité ci-dessus en III. Ce sont des groupes de notes sur 5 conférences, les deux premiers portant en haut la mention « Chimie appliquée » tandis que les autres sont intitulés « Pyrotechnie militaire ». Toutes ces notes ont été prises en mars 1816.

VI) Notes d'une séance du « Cours de géodésie », datées du 15 avril 1816.

VII) Notes de deux séances du « Cours d'artifices de guerre » datées des 23 et 28 septembre 1816.

VIII) Notes d'une séance du « Cours de construction » datée du 28 septembre 1816.

IX) Divers exercices, portant principalement sur des questions de levés de plans et accompagnés de schémas.

« Mémoire sur le problème de géométrie descriptive — trouver les ombres portées par un écrou de vis à filets triangulaires, cet écrou étant supposé coupé par le milieu », 1815.

« Lever d'usines. Mémoire sur la sonnette à déclic », 1815-1816.

« Mémoire sur la machine à tirer des tuyaux de lunettes », 1815-1816.

« Mémoire sur le projet de fortification passagère n° 9 », 1815.

« Projet de bâtiment militaire. École régimentaire de cavalerie », 1815-1816.

« Mémoire sur le projet de construction hydraulique », 1816.

« Lever trigonométrique. Procès verbal des observations faites sur la mesure de la base dans l'île Chambière, 23 7bre 1816. » 27 octobre 1816.

« Projet de fortification permanente », 1816.

« Lever d'usines. Mémoire sur la buanderie militaire », 1817.

D_{10}. Lettre de Cerbal à Lazare Carnot, datée du 26 avril 1815. Le nom de Cerbal figure dans le document D_{12}. Bien que n'ayant pas appris la mort de la mère de Sadi, survenue en 1813, Cerbal était à l'évidence un ami de la famille. Cette lettre révèle parfaitement la timidité de Sadi Carnot en société.

Mon General

Monsieur votre fils m'a remis il y a trois jours, a mon retour d'une tournée, la lettre que vous m'avez fait l'honneur de m'ecrire. Le hazard m'a appris qu'il etoit ici, j'étois réellement peiné de ne pas l'avoir su plutôt, car je crois que personne ne pouvoit lui porter un intérêt plus franc que moy. Le jeune homme est fort doux, se conduit bien, il est un peu timide, qualité bien rare aujourd'hui dans la jeunesse, il est lié avec un camarade qui m'a été recommandé, Ce choix lui fait honneur, et me fait le plus grand plaisir sous tous les rapports. ils ont diné avant hier avec moy, ils vont dans quelques maisons de mes amis, Le moment est ingrat pour les plaisirs, mais ce sera un vrai bonheur pour moy, de trouver occasion de vous prouver toute la reconnaissance que je vous ai voué. je suis tres heureux depuis longtemps grace a vos bontés et amitiés pour moy. Dimanche dernier, M^r. votre fils a dansé et il s'en tire fort bien ; vous pouvez compter sur moy, pour tout ce qui pourra le concerner, je l'aime, parcequ'il est vraiment doux et intéressant, et qu'il me témoigne de l'attachement ; je l'ai recommandé a des dames fort aimables de mes amis, ou il gagnera pour la société, je ne le presse pas, hier j'ai voulu le mener dans une maison, ou il n'a pas été encore, il m'a prié de remettre cela a la semaine prochaine, j'y ai acquiescé avec plaisir, il ne faut pas perdre sa confiance ; je le trouverai ce soir avec son camarade Dosque [1], dans une maison, ou ils font plaisir, il y a quelques jeunes demoiselles fort aimables, on joue au 21 ou a la lotterie. je me trouve toujours bien dans ce pays cy. j'y jouis de l'estime et de l'amitié des honnêtes gens, mes services vont bien, a l'argent près.

M^r. le lieutenant general, Bouvier [2], m'avoit promis de vous assurer de mon respect, c'est un de mes bons amis, et qui vous est bien attaché depuis longtemps —

1. Luc Marcellin Dosque Mora (X 1811), entré à l'École de Metz en 1813.

2. Il s'agit probablement d'Urbain-Mathurin-Marie Bouvier-Destouches, ancien combattant et héros de la campagne de Russie. Il devint Préfet du département de Seine-et-Oise après la seconde restauration.

oserai je vous prier d'offrir a Madame mon respectueux homage, et de l'assurer de touts mes soins et amitiés pour Mr. son fils, vous devez etre sur de tout mon devouement, j'ose me flatter qu'il est sincere, —

J'ai l'honneur d'etre avec respect

Mon General

votre tres humble et tres
obeissant serviteur.

Cerbal

Metz le 26 avril 1815.

D_{11}. Lettre à Lazare Carnot, datée du 6 mai [1815], où il est fait une brève allusion à Sadi. Cette lettre n'est pas signée, mais le nom de « Degérando » inscrit dans l'angle supérieur gauche laisse entendre qu'elle émane de l'idéologue Joseph-Marie Degérando.

En 1811 Napoléon I fit de Degérando un baron et le nomma conseiller d'état. Pendant les Cent Jours Degérando fut commissaire impérial dans les départements de l'Est. Comme cette lettre le montre, Degérando partageait l'enthousiasme de Lazare Carnot pour l'enseignement mutuel (méthode inaugurée en Angleterre par Bell et Lancaster). Après la parution d'un rapport de Lazare Carnot, un décret du 27 avril 1815 autorisa la fondation, à Paris, d'une école normale élémentaire, dans le dessein d'intégrer cette méthode dans le système français d'éducation.

Au verso, adresse

Particulière

Son Excellence Monsieur le Comte Carnot
Minre de l'Interieur
Membre de l'Institut

Metz 6 mai.

Mon très cher & très honoré confrere,

Je me suis échappé un moment pour aller voir Mr votre fils dans sa caserne, & je l'ai trouvé dans sa cellule, bien portant ; je vous porterai de ses nouvelles plus fraiches encore ; j'ai été fort content de lui. je l'ai vivement recommandé à l'un de ses professeurs qui est mon ami.

au milieu de la vie la plus active que j'aye jamais connue, j'ai cependant pu lire votre rapport & votre décret sur les écoles de *Bell & Lancaster*. je vous en rends grace.

l'humanité a besoin d'etre consolée par un tel bienfait de la barbarie de ceux qui veulent ensanglanter toute l'europe.

Je pars demain pour aller vous rendre compte. j'ai fait tout ce qui étoit humainement possible pour remplir vos vœux ; j'ai la confiance d'avoir fait le moins mal, & le plus vite, qu'il etoit en moi. cependant, en si peu de temps, & dans les moments si difficiles, j'aurai bien besoin de votre indulgence.

La forme de redaction de l'acte additionnel, & sa forme d'acceptation ont un peu refroidi ici l'esprit public. On aimerait la liberte avec chaleur. j'ai employé tous mes moyens pour soutenir l'opinion. Mais, je vous ai promis la vérité, & je vous la dis.

tous mes rapports de la frontière m'annoncent de l'incoherence, de la division, de l'indecision des étrangers — j'ai bien a me louer du General en chef Gerard [1].

adieu, sans ceremonie — à mardi

D_{12}. Une feuille pliée en deux, écrite de la main d'Hippolyte, sur laquelle figurent les noms de quatre amis de Sadi à Metz. Ce document a déjà été publié dans l'article d'Arthur Birembaut « Sadi Carnot en son temps... », cité dans la Bibliographie, Section IV, partie b, p. 80. Page 68, ce dernier identifie ces quatre amis.

« Anciens camarades de Sadi, élève S. Lieut. du génie
au quartier Haute Seille à Metz »

Ducros [2], était à Belfort en mai-août 1815 et écrivait à Sadi à Metz. Sadi lui avait prêté de l'argent 300 f.
Tilly [3] partant de Metz pour la basse bretagne, lui écrivait dans cette même ville p^r lui dire adieu.
Henry Goupilleau [4]. Sadi lui avait prêté 150 f, pour partir de Metz, allant rejoindre l'armée à Mont St Jean, puis il était retourné dans la Vendée, son pays, et écrivait de Chateaudun le 18 août 1815.

1. Le baron F.-J. Gérard, Lieutenant général, Commandant supérieur à Landau, 5e division militaire (région de Strasbourg).
2. Jean-Sébastien-Victoire-Jemmappes Ducros (X 1811), capitaine du génie, membre de l'Association polytechnique en 1832.
3. Alexandre-Étienne Tilly-Kerveno (X 1811), capitaine du génie.
4. Paul-Henri Goupilleau (X 1811), capitaine du génie.

Ducros écrit de Castres en X^{bre} 1815 pour faire des complimens à Descharrière[5], Duvivier[6], Creuilly[7], etc... Cerbal[8], invite à dîner chez sa sœur à Metz.

5. Charles-Saint-Amand Couillerot, dit Descharières (X 1812), capitaine du génie.

6. Voir document F_6, note 36.

7. Casimir Creuilly, ou Creuly (X 1812), capitaine du génie, membre de l'Association polytechnique en 1832.

8. Cerbal n'a pas été identifié, mais il était certainement un ami de Lazare Carnot (voir document D_{10}).

APPENDICE E

LA CARRIÈRE MILITAIRE DE SADI CARNOT

La plupart des documents de cet Appendice se trouvent dans le dossier « CARNOT Sadi, Capitaine au Corps royal du génie », au Service historique de l'armée de terre, Château de Vincennes. Font exception les items E_4 et E_{30}, qui appartiennent à la collection de M. Pierre-Sadi Carnot, et les items E_{24} et E_{25}, qui viennent du dossier « Sadi Carnot. Promotion 1812 » de la Bibliothèque centrale de l'École polytechnique. A l'exception de l'item E_{25}, j'ai donné intégralement tout ce qui était de la main de Carnot ; les autres documents sont résumés.

La fréquence des demandes de permission est un signe très clair du peu d'enthousiasme de Carnot pour la vie militaire ; et de fait il semble que Carnot n'ait accompli que très peu de service actif en-dehors des exercices annuels requis de tout officier du Corps royal d'État major (exercices dont témoignent les items E_{24} et E_{25}). Il exprime à plusieurs reprises le désir que son ancienneté de lieutenant au Corps royal d'État major soit calculée en fonction de son service commencé le 1er octobre 1814, lors de son admission à l'École de l'artillerie et du génie à Metz, plutôt qu'à compter du 2 avril 1817, date à laquelle il avait été versé au Corps royal du génie. Le ministère commença par entériner cette procédure, en faisant jouer l'analogie avec les diplômés de Metz qui choisissaient d'entrer dans l'artillerie, mais il revint rapidement sur sa décision, et Carnot dut achever sa carrière dans l'arme du génie avant d'obtenir sa promotion au rang de capitaine (en 1827). Il est intéressant de remarquer l'intervention dans cette affaire du frère cadet de Lazare Carnot, Claude-Marie Carnot de Feulins, ou Carnot-Feulins (1755-1836), lui-même ancien officier du génie, vétéran des guerres révolutionnaires, qui se trouvait alors à la retraite avec le rang de lieutenant général.

Voici un aperçu de la carrière militaire de Carnot, d'après des états de service dont deux se trouvent dans son dossier à Vincennes, et un autre dans la collection de M. Pierre-Sadi Carnot :

1er octobre 1814	Élève sous-lieutenant du génie à l'École de l'artillerie et du génie de Metz.
2 avril 1817	Lieutenant en second de sapeurs au Corps royal du génie (régiment de Metz).

6 février 1818	Lieutenant en premier de sapeurs au Corps royal du génie (régiment de Montpellier).
20 janvier 1819	Lieutenant en disponibilité au Corps royal d'État major.
31 octobre 1826	Lieutenant en premier au 7e régiment d'infanterie de ligne (le régiment de la région de Strasbourg).
25 mars 1827	Lieutenant en premier au Corps royal du génie.
1er octobre 1827	Capitaine en second au Corps royal du génie.
21 avril 1828	Offre de démission.
19 mai 1828	Démission acceptée.

(Cf. la liste des dates reproduites dans l'item F_2.)

E_1. Rapport du Vte de Caux, conseiller d'État, maréchal de camp, chef de la 7e division (i.e. du Bureau du génie), au ministre de la Guerre, en date du 6 juin 1817.

Carnot a demandé une prolongation de la permission accordée à tous les nouveaux diplômés de l'École de l'artillerie et du génie de Metz, « afin de terminer ses affaires de famille ». De Caux propose que la permission, qui devait expirer le 1er juillet, soit prolongée jusqu'au 1er octobre.

E_2. Minute d'un document avec en-tête du « Ministère de la Guerre, 7e division », en date du 19 septembre 1817, et signé du Vte de Caux.

Le ministre secrétaire d'état à la Guerre accorde à Carnot une prolongation de la permission dont il est question dans l'item E_1 ; la prolongation prendra fin le 15 octobre 1817 et sera « sans solde ».

E_3. Minute d'une lettre du Vte de Caux à M. le Chevalier Ambroise Prost, colonel du 1er régiment du génie (régiment de Metz), en date du 19 septembre 1817.

De Caux informe Prost de la prolongation de la permission de Carnot évoquée dans l'item E_2. Carnot appartenait à ce moment au régiment de Prost.

E_4. Lettre du baron Evain, directeur du Bureau du génie, ministère de la Guerre, à Carnot, désigné comme « lieuten.t de sapeurs détaché à Besançon ». La lettre, qui est datée du 9 octobre 1817, accompagne le magnifique brevet de lieutenant de Carnot. Ce brevet, signé du ministre secrétaire d'État à la Guerre, daté du 25 septembre 1817 et rédigé sur vélin, statue que Carnot « prendra rang du deux avril 1817 ».

E_5. Lettre de Carnot au ministère de la Guerre (Bureau d'État major), en date du 4 septembre 1818, en vue d'être admis à concourir pour l'entrée au Corps royal d'État major (récemment fondé par ordonnance royale du 6 mai 1818).

Langres le 4 septembre 1818

Bureau de l'état major

Monseigneur

Désirant profiter de la faculté que l'ordonnance de S.M. sur le corps de l'état-major laisse à tous les lieutenants de l'armée de se présenter pour concourir à la formation de ce nouveau corps, je supplie Votre Excellence de vouloir bien me comprendre au nombre des candidats qui s'offrent pour subir l'examen qui doit décider de leur admission.

Je suis avec le plus profond respect.

Monseigneur
De Votre Excellence
Le très humble
et très obéissant serviteur
S. Carnot.
Lieutenant en 1er de sapeurs au 3^e^
régiment du génie

E_6. Lettre de Schillemans, chef du Bureau du génie au ministère de la Guerre, à Destouet, chef du Bureau des états-majors, en date du 8 septembre 1818.

La lettre concerne la candidature de Carnot au Corps royal d'État major. Schillemans signale que Carnot s'est vu accorder un congé de six mois, « qu'il doit passer dans sa famille à Paris », et suggère qu'il pourrait donc y subir l'examen, mais il demande si un tel examen est nécessaire pour « un officier qui a été élève de l'École polytechnique et de l'École d'application d'Artillerie et du Génie, et qui a eu des succès dans tous ses cours, ce qui pourra être constaté par les Examinateurs ».

E_7. Minutes de deux lettres, toutes deux datées du 30 janvier 1819, adressées par le directeur du Bureau du génie (Section du personnel), ministère de la Guerre, à :

a) le directeur des fortifications de Besançon ;

et b) l'intendant de la 18e division militaire à Dijon.

Les lettres informent les destinataires de l'affectation de Carnot, « détaché à Langres » (dans le territoire de la 18e division militaire), mais actuellement en congé, au Corps royal d'État major. Il apparaît que les deux destinataires étaient informés du congé de six mois accordé à Carnot le 24 août 1818 ; cf. item E_6.

E_8. Rapport de Schillemans, chef du Bureau du génie, au ministre de la Guerre, en date du 1er février 1819. Le rapport est également signé par le colonel du Génie adjoint Marion (de Beaulieu), et porte derrière la mention « Le M^tre^ approuve, Bon Evain ».

Le but du rapport est d'accompagner une lettre (maintenant perdue) de Carnot de Feulins, dans laquelle il soutient que le service de son neveu au rang de lieutenant devrait être considéré comme ayant commencé au jour de son admission à l'École de l'artillerie et du génie de Metz. Le rapport appuie la position de Carnot de Feulins. Cf. item E_9.

E_9. Mémoire sur papier libre, non daté, portant en haut la mention « M. Carnot (Sadi). Lieutenant provenant du 3e régiment du génie » (Le 3e régiment était celui de Montpellier). Signé par Schillemans, chef du Bureau du génie.

Il y est déclaré que « M. Carnot doit prendre rang parmi les Lieutenans du Corps Royal d'État Major à dater du 1er octobre 1814, par assimilation à ce qui a lieu pour les Lieutenans d'Artillerie qui ont été nommés également dans le Corps d'État Major ». Ceci est la décision qui fut ensuite annulée ; voir items E_{18} et E_{28}. Le mémoire date probablement de février 1819, aussitôt après la première intervention de Carnot de Feulins en faveur de son neveu. Voir item E_8.

E_{10}. Lettre de Carnot au ministère de la Guerre (Corps royal d'État major), en date du 12 mars 1819.

Carnot demande que l'on règle la question du paiement de son traitement de disponibilité.

Paris le 12 mars 1819

1re Division
Corps Royal
de l'état major

Monseigneur

Votre Excellence a eu la bonté de m'annoncer que j'étais compris au nombre des lieutenants du corps royal de l'état-major. Je la prie de vouloir bien donner des ordres pour que je sois payé de mon traitement de disponibilité à Paris en attendant que je sois employé en activité réelle.

Permettez, Monseigneur, que je rappèle à Votre Excellence, la demande que j'ai eu l'honneur de lui faire d'être employé de préférence, lorsqu'il sera possible, soit à l'école d'application du Corps, soit au dépôt général de la guerre.

Je suis avec un profond respect.

Monseigneur :
De Votre Excellence
Le très humble et
Très obéissant serviteur,
S. Carnot
Lieutenant au corps Royal de l'état-major
rue du Parc Royal n° 1, à Paris

E_{11}. Minutes de lettres portant en haut la mention « Ministère de la Guerre » ; l'une est adressée à Carnot, 1, rue du Parc Royal à Paris, avec la suscription « Expéd. le 1er avril 1819 ».

La lettre à Carnot l'informe que le paiement de son « traitement de disponibilité » a été accordé (cf. item E_{10}). Il y a également des minutes non classées de communications entre départements sur la question du paiement des officiers du Corps royal d'État major autorisés à résider à Paris.

E_{12}. Minute d'une lettre du ministre (Section des états-majors) à Carnot, en date du 7 juillet 1819.

La requête de Carnot concernant le calcul de son service comme lieutenant à partir du 1er octobre 1814, date de son admission à l'École de l'artillerie et du génie de Metz, est refusée. « En conséquence ce n'est qu'à partir du jour de votre nomination (2 avril 1817) à un emploi de Lieut.t de sapeurs que vous devez compter votre ancienneté parmi les off. de votre grade qui font partie du C. Roy : d'ét-maj ».

E_{13}. Lettre de Carnot au ministère de la Guerre (Section des états-majors), datée du 10 juillet 1819, en réponse à l'item E_{12}.

Carnot affirme qu'il a été précédemment statué que les officiers du génie seraient traités exactement comme ceux de l'artillerie dans l'évaluation de leur ancienneté. Il en attribue la décision au comte (en réalité marquis) de Gouvion-Saint-Cyr, ancien gouverneur de la 5e division militaire (région de Strasbourg) et deux fois ministre secrétaire d'État au ministère à la Guerre, en 1815 et de septembre 1817 à novembre 1819.

Paris le 10 juillet 1819.

1re Direction

1er Bureau

Section des États majors

Monseigneur

Votre Excellence m'a fait l'honneur de me prévenir par une lettre du 7 juillet dernier, de la décision qu'elle avait prise au sujet du rang d'ancienneté que je dois avoir dans le corps d'État major d'après les emplois que j'avais déjà rempli dans le corps du génie. Je prierai Votre Excellence de remarquer que la question avait été déjà examinée lors du classement des lieutenants admis dans le nouveau corps. Il a été fait à ce sujet un rapport par les bureaux du génie et c'est d'après ce rapport que Son Excellence le Maréchal Gouvion St Cyr a pris la décision d'assimiler les officiers du Génie qui entraient dans le Corps d'État-major, à ceux de l'Artillerie. C'est en vertu de cette décision que mon nom s'est trouvé porté sur les listes au rang que je réclamais. Votre Excellence m'ôterait donc par une décision nouvelle le rang qui m'avait été assigné par la première, lors de la formation du corps.

J'attends de votre justice, Monseigneur, que Votre Excellence voudra bien se faire présenter le rapport qui a été fait à ce sujet par les bureaux du génie et examiner quelques instants l'affaire qui fait l'objet de ma réclamation.

Je suis avec un profond respect.

Monseigneur
De Votre Excellence
Le très humble et très
Obéissant serviteur
Sadi Carnot
Lieutenant au Corps Royal
D'État major

E_{14}. Lettre de Carnot de Feulins au ministère de la Guerre (« Corps Royaux du Génie et d'État-Major de l'armée »), datée de « Nolay (Côte-d'Or) le 15 juillet 1819 ».

Carnot de Feulins vient d'apprendre qu'il a été décidé que le service de son neveu comme lieutenant doit être compté à partir du 2 avril 1817. Il demande que l'on reconsidère la question et évoque le « rapport spécial » du maréchal Gouvion-Saint-Cyr (voir l'item E_{13}). Au dos de la lettre on trouve la mention suivante : « Répondre qu'une décision peut être annulée par une autre décision et que la dernière relative à cet officier est fondée sur la loi et les ordonnances. 22 juillet. »

E_{15}. Minute d'une lettre du ministère de la Guerre (Section des états-majors) à Carnot de Feulins, en date du 11 août 1819.

La requête de Carnot de Feulins demandant que le cas de son neveu soit reconsidéré est poliment déclinée. La justification donnée au refus de revenir à la première décision, celle de février 1819, est la suivante : « Lorqu'au mois de février dernier j'adhérai à la demande que vous m'aviez adressée en faveur de cet officier, il ne s'était point encore élevé de réclamations de la part des officiers sortant des Écoles spéciales de Metz et des Ingénieurs géographes ; mais lorsqu'il a été question du classement-général des lieutenants du corps r^al^ d'ét. maj. on a eu occasion de remarquer que l'inscription de M^r^. Carnot à la date du 1er octobre 1814, jour de son entrée à l'École de Metz, avait donné lieu à plusieurs réclamations qui paraissaient devoir être prises en considération. »

E_{16}. Lettre de Carnot de Feulins au ministère de la Guerre (Section des états-majors), datée de « Nolay (Côte-d'Or), le 18 août 1819 ».

Carnot de Feulins accuse réception de la lettre du 11 août (item E_{15}) et fait de nouveau référence au « rapport spécial » du maréchal Gouvion-Saint-Cyr. Il soutient que même si la lettre des décrets est défavorable à son neveu, leur esprit ne l'est pas. Jamais on n'a voulu, selon Carnot de Feulins, désavantager les officiers du génie par rapport à leurs contemporains en service dans l'artillerie ; la vérité est que les officiers du génie (« dont on exige habituellement plus de travail et des connaissances plus étendues ») ont peut-être même plus de droits à faire valoir que les officiers de l'artillerie.

E_{17}. Lettre de Carnot de Feulins à un correspondant non identifié, qu'il appelle « Général », datée de « Nolay (Côte-d'Or) le 18 août 1819 ».

Il semble que Carnot de Feulins avait déjà pris contact avec le destinataire de cette lettre au sujet de l'ancienneté de son neveu. Il lui envoie ici une copie de sa lettre au ministère (voir item E_{16}) et lui demande d'intervenir de nouveau en faveur de Sadi.

E_{18}. Minute d'une lettre du ministère de la Guerre (Section des états-majors) à Carnot de Feulins, en date du 21 septembre 1819.

Confirmation de la décision ministérielle : le service de Carnot comme lieutenant sera compté à partir du 2 avril 1817, en dépit de la précédente décision prise en février 1819, qui le faisait commencer au 1er octobre 1814 (voir items E_8 et E_9). L'annulation de cette première décision est nécessaire « afin de mettre un terme aux réclamations de plusieurs autres lieutenants qui, se trouvant dans une position analogue à celle de M[r]. votre neveu, sollicitaient aussi la même faveur qui lui avait été accordée » ; sur ces réclamations, voir item E_{28}.

E_{19}. Lettre de Carnot au ministère (Bureau des états-majors), en date du 31 mai 1821.

Carnot demande un congé de trois mois et demi, ainsi que l'autorisation d'obtenir le passeport nécessaire, afin de rendre visite à son père.

Bureau des
États-majors

——

Monseigneur :

Des motifs indispensables pour moi m'obligent à me rendre pour quelque tems auprès de mon père qui habite maintenant la ville de Madgebourg ; Je prie Votre excellence de m'accorder l'autorisation de prendre les passeports nécéssaires pour faire ce voyage. Je désirerais pouvoir m'absenter pendant trois mois et demi à dater du milieu de Juin Prochain.

Je suis avec un profond respect :

Monseigneur :
De Votre Excellence
Le très humble
et très obéissant serviteur
Sadi Carnot — Lieutenant
au corps royal d'État-major, en expectative

Le 31 mai 1821

à Paris rue du parc Royal n° 1er

E_{20}. Rapport du sous-chef du Bureau, Section des états-majors, au ministre secrétaire d'État à la Guerre, en date du 22 juin 1821.

Le rapport informe le ministre que Carnot a demandé un congé de trois mois « pour aller à Magdebourg auprès de son père le général Carnot » ; cette requête doit-elle être agréée ?

E_{21}. Minute de lettres du ministère de la Guerre (Section des états-majors), en date du 23 juin 1821, adressées à :

a) M. le comte de Coutard, Lieutenant Général commandant la 1re division militaire (Paris et les départements limitrophes) ;

b) l'intendant de la 1re division ;

c) le baron Pasquier, ministre des Affaires étrangères ;

d) le baron Monnier, directeur général de la Police.

Toutes ces lettres informent leurs destinataires que Carnot dispose d'un congé de trois mois « sans solde » à compter de la date de son départ de Paris et pour les motifs invoqués dans les items E_{19} et E_{20}.

E_{22}. Lettre de Carnot au ministère de la Guerre (Bureau des états-majors), en date du 28 mars 1822.

Carnot demande un document officiel prouvant qu'il est au service de l'armée afin d'obtenir l'exemption pour son frère Hippolyte.

Ministère de
La Guerre

———

Bureau des
États majors

———

Monseigneur :

Mon frère se trouve dans le cas d'être appelé à faire partie du contingent de cette année. L'on exige pour établir son droit à l'exemption que je produise une pièce constatant que je suis actuellement au service.

Je m'adresse à Votre Excellence pour cet objet. Je la prie d'ordonner que la pièce que l'on me demande me soit délivrée. L'on m'a invité à la présenter à la mairie du 8e arrondissement de Paris le plutôt qu'il me serait possible.

Je suis avec le plus profond respect.

Monseigneur :
De Votre Excellence :
Le très humble
et très obéissant serviteur
Sadi Carnot — Lieutenant
au Corps Royal d'état-major
disponible

Paris le 28 mars 1822

rue du parc Royal n° 1

[Au dos de la lettre on lit la mention : « Minute. Le D.^{eur} g^{al} certifie que M. Carnot (Sadi) né à Paris le 1er juin 1796 est Lieutenant du Corps R.^{al} d'État-major. Expé. le 8 avril. »]

E_{23}. Lettre de Carnot au ministère de la Guerre, en date du 27 août 1823.

Carnot demande un congé de deux mois pour aller voir sa famille.

Monseigneur :

Je prie Votre excellence de m'accorder un congé pour aller passer quelque tems dans ma famille que Je n'ai pas vue depuis plusieurs années. Mon projet est d'aller si Votre excellence m'y autorise, à Dijon, à Beaune, à Lyon et de revenir à Paris par Clermont et par le Bourbonnais. Le tems que je désirerais pouvoir employer à ce voyage serait de deux mois.

Je suis avec un Profond Respect,

Monseigneur :
De Votre excellence
Le très humble et très
obéissant serviteur
S. Carnot
Lieutenant au corps royal d'état-major
en disponibilité à Paris rue du
parc royal n° 1

Paris le 27 août 1823

[« Permission de deux mois pour se rendre à Dijon et à Lyon. 1er 9bre 1823. »]

E_{24}. Lettre du marquis de la Chasse de Vérigny, directeur par intérim du dépôt de la guerre, pour le ministre secrétaire d'État à la guerre, à Carnot. La lettre n'est pas datée, mais se réfère à un exercice devant avoir lieu en 1824.

On demande à Carnot de faire la reconnaissance annuelle obligatoire pour tous les officiers du Corps royal d'État major. « ...vous êtes chargé de lever, cette année, la partie de la route de Couilly à Coulommiers, donnant le cours du Morin depuis son embouchure dans la Marne ». Suivent quelques commentaires sur les aspects militaires de la reconnaissance.

E_{25}. Rapport de la main de Carnot sur la surveillance militaire d'un tronçon de route entre Villeparisis et le lac de Gournay-sur-Marne. Le rapport s'étend sur quatorze pages et comporte un certain nombre de croquis géographiques assez mal dessinés. Au rapport sont jointes quelques instructions imprimées et une lettre du marquis de la Chasse de Vérigny (voir item E_{24}), datée du 20 août 1825. La lettre demande que la surveillance soit terminée pour la fin octobre.

E_{26}. Lettre de Carnot au ministère de la Guerre (Bureau du Corps royal d'État major), en date du 23 mai 1826.

Carnot requiert l'autorisation de s'absenter de Paris pendant quatre mois afin d'aller voir sa famille et de régler quelques affaires personnelles.

Paris le 23 mai 1826.

Bureau du
Corps Royal
D'État major

Monseigneur :

Le désir de voir ma famille dont je suis éloigné depuis plusieurs années, et celui de soigner quelques affaires d'intérêt qui réclâment ma présence me portent à prier Votre Excellence de m'accorder la permission de quitter Paris pendant quelque tems. Les lieux où j'ai le projet de me rendre si Votre Excellence m'y autorise sont St Omer département du pas de Calais et Mâcon D[t] de Saone et Loire. Le tems pendant lequel je désirerais pouvoir m'absenter est de quatre mois.

Je suis avec un profond respect.

Monseigneur :
De Votre Excellence
Le très humble et tres obéissant serviteur
Sadi Carnot
Lieutenant d'État major en disponibilité à Paris
rue du parc R[al] n° 1

[« La permission de 4 mois pour aller à St Omer (Pas-de-Calais) et à Mâcon (Saône et Loire) a été accordée et adressée au Lt.g[al] Command[t]. la 1re D.[on] M.[re] le 29 mai 1826. »]

E_{27}. Lettre de Carnot au ministère de la Guerre (Bureau des états-majors), en date du 31 décembre 1826.

Carnot demande « un congé illimité, sans solde » afin de

régler certaines affaires personnelles urgentes. Les « observations » qu'il joint à sa demande et qui concernent son rang dans le Corps royal d'État-major n'ont pas été conservées. Dans le premier paragraphe, il fait référence à la réorganisation du Corps décrétée par l'ordonnance royale du 10 décembre 1826.

Paris le 31 décembre 1826.

Bureau
des
États majors

Monseigneur :

D'après l'ordonnance récente de Sa Majesté sur l'organisation du Corps royal d'état major, Je puis etre appelé à servir activement, mais la longue disponibilité dans laquelle je me suis trouvé depuis mon admission dans le corps m'ayant porté à d'autres occupations et me trouvant aujourd'huy engagé dans des affaires d'intérêt que je ne pourrais pas abandonner subitement sans pertes très sensibles pour moi, je prie Votre excellence de m'accorder un congé illimité, sans solde, pour terminer ces affaires.

Je joins à la présente demande quelques observations sur le rang qui m'a été assigné dans le Corps d'état major.

Je suis avec un profond respect.

Monseigneur :
De Votre Excellence
Le très humble
et très obéissant serviteur
Sadi Carnot
Lieutenant d'état major en disponibilité
à Paris rue du parc Royal n° 1er

[« Congé de 3 mois, avec 1/2 solde, p[r] rester à Paris, à dater du 31 X[bre] 1826 accordé et l'aut.[on] adressée au L.[t] g.[al] C.[t] la 1re D.[on] M.[re] le 19 janvier 1827 ».]

E_{28}. Minute du rapport de la Direction générale du personnel, Section de l'État-Major général, ministère de la Guerre, en date du 8 février 1827.

Le rapport, évidemment provoqué par la lettre de Carnot du 31 décembre 1826 (item E_{27}), résume la question de l'ancienneté de Carnot dans le Corps royal d'état-major. Il admet que Carnot avait été précédemment informé que son service comme lieutenant commencerait à partir de 1814, mais il poursuit en évoquant la protestation émise par plusieurs collègues officiers du Corps, et notamment par certains anciens ingénieurs-géographes, qui revendiquaient de bénéficier du même traitement (voir item E_{18}). Le rapport du 5 juin 1819 n'accordait qu'aux seuls officiers de l'artillerie l'autorisation de compter leur service comme lieutenants à partir de la date de leur admission à l'École de l'artillerie et du génie de Metz, décision qui avait été confirmée le 5 avril 1822.

E_{29}. Lettre de Carnot au ministère de la Guerre (Bureau des états-majors), en date du 6 mars 1827.

Carnot évoque sa lettre du 31 décembre 1826 (voir item E_{27}) par laquelle il demandait, et obtenait, un congé de trois mois et soulevait, sans cesse, la question de son ancienneté dans le Corps royal d'état-major. Il se plaint d'avoir été mal traité en étant affecté à un service actif dans l'infanterie de ligne ; il demande à réintégrer le Corps du génie.

Paris le 6 mars 1827.

Bureau des
Etats majors

Monseigneur,

J'ai adressé vers la fin de décembre dernier deux demandes à Votre Excellence, l'une pour la prier de m'accorder un congé, la seconde pour la prier de faire revoir la décision qui a fixé mon rang d'ancienneté dans le Corps d'état major.

Votre excellence a bien voulu admettre ma première demande et m'accorder un congé de trois mois avec demi solde. Ce congé expire à la fin de mars. il m'a été impossible dans un aussi court espace de tems de terminer les affaires qui réclamaient ici ma présence, je me vois donc forcé de prier Votre Excellence de me donner une prolongation de congé sans solde, indéfinie s'il se peut ou de neuf à dix mois, si elle doit être limitée. les raisons qui m'avaient conduit à demander un premier congé subsistent encore dans toute leur force et sont même tellement impérieuses qu'elles m'obligeraient à abandonner la carrière militaire s'il m'était impossible d'obtenir le tems qui m'est devenu indispensable.

La seconde de mes deux demandes avait pour objet mon rang d'ancienneté dans l'état major. elle est restée sans réponse et je dois en conclure qu'elle n'a pas pu être acceuillie [sic]. Je me permettrai d'adresser à Votre Excellence une autre demande qui peut-être obtiendra plus de succès. C'est celle de ma réintégration dans le corps du génie où je servais avant de faire partie de l'État major. je crois être aujourd'huy le seul officier, sorti d'un corps spécial et appelé par suite de la dernière ordonnance sur l'état major, à remplir un emploi dans les troupes de ligne. Les lieutenants d'artillerie ou d'autres corps spéciaux admis comme moi dans le Corps d'état major lors de sa formation ont été élevés au grade de capitaine ou ont abandonné le service, je me trouve donc dans un cas d'exception que n'avait pas en vue, sans doute, l'ordonnance récente et j'ai lieu de croire que ma réclamation si elle est accueillie n'entraînera celle de personne.

Pour motifs de cette réclamation, je puis faire valoir mon peu d'aptitude au service de l'infanterie de ligne, service que je n'ai jamais fait et que je n'ai jamais cru devoir être appelé à faire, et aussi, le peu de fruit que je me trouverais avoir retiré des études et des dépenses qui m'ont été nécessaires pour être admis dans le corps du génie.

Je suis avec un profond respect,

Monseigneur,
De Votre Excellence
Le très humble
et très obéissant serviteur
S. Carnot
Lieutenant d'état major
en congé à Paris rue du parc Royal n° 1er

[En haut de la lettre : « Carnot, L^{t} d'État Major à la suite du 17e de ligne »
« Prolongation de congé de 3 M. sans solde, p^{r}. rester à Paris, accordée et l'aut^{on} adressée au L.^{t} g^{al} Cte de Coutard, le 15 Mars 1827 » (Coutard était Lieutenant Général Commandant la première Division Militaire)
« Le Bureau du Génie s'est occupé de la demande de Mr Carnot, en ce qui concerne sa réadmission dans le Corps du Génie. Lorsque l'affaire sera terminée, le B^{au} du Génie en informera le B^{au} de l'État Major. »]

E$_{30}$. Lettre du lieutenant général comte de Coëtlosquet, directeur général du personnel, ministère de la Guerre, à Sadi Carnot, en date du 15 août 1827, l'informant de son affectation à Auxonne. « Je vous annonce, Monsieur, que par suite de nouvelles dispositions, je vous ai désigné pour être employé à Auxonne. Vous regardez, en conséquence, comme non avenue la lettre par laquelle je vous assignais la résidence de Brest. » Carnot doit se présenter à Auxonne dès la fin de son congé. Les directeurs des fortifications à Brest et à Besançon en ont été informés.

E$_{31}$. Lettre du Conseil d'administration du 7e régiment d'infanterie de ligne au ministère (Bureau du génie), datée de « Thionville, le

22 août 1827 ». Thionville faisait partie de la région de Strasbourg administrée par le 7e régiment.

La lettre se réfère à une dépêche du ministre, en date du 14 août, qui notifiait le Conseil d'administration du transfert de Carnot dans l'arme du Génie. Le Conseil souhaite savoir « quel est le corps du Génie dans lequel cet officier est passé ».

E_{32}. Minute d'une lettre du ministère (Bureau du génie, Section du personnel) au Conseil d'administration du 7e régiment d'infanterie de ligne à Thionville, en date du 6 septembre 1827.

La lettre informe le Conseil d'administration, en réponse à sa demande (voir item E_{31}), du fait que Carnot est en congé à Paris mais doit se présenter à Auxonne, « pour y être employé », avant le 15 septembre. La lettre se termine sur ce commentaire : « M. Carnot n'a encore été attaché à aucun des Régimens du Génie, et doit remplir les fonctions d'officier sans troupes. »

E_{33}. Rapport du chef de bataillon adjoint au ministère de la Guerre (P. Bergère), remplaçant le chef du Bureau du génie, au ministre. Le rapport est daté du 27 septembre 1827.

Il recommande la promotion de Carnot au rang de capitaine, de même que celle de « 13 lieutenants qui ont été appelés à remplir provisoirement les fonctions de capitaine en 2d. dans les Régimens du Génie ». Au dos du rapport on lit « Vu Le Conseiller d'État Directeur Général Vte de Caux » (de Caux était alors Directeur général de l'Administration, ministère de la Guerre).

E_{34}. Rapport du ministre secrétaire d'État à la Guerre (le marquis de Clermont-Tonnerre) au roi, en date du 27 septembre 1827.

Le rapport appuie la promotion de Carnot au rang de capitaine.

E_{35}. Copie, datée du 27 septembre 1827, du décret officiel nommant Carnot au rang de capitaine « pour remplir dans un des Régiments de l'arme [du génie] un emploi de capitaine en second ».

L'original du document, dont le début est « Charles, par la grâce de Dieu, Roi de France et de Navarre... », devait être signé par le roi, par le ministre de la Guerre (le marquis de Clermont-Tonnerre), et le sous-intendant militaire, secrétaire général (le baron Travers de Beauvert).

E_{36}. Lettre de Carnot au ministère de la Guerre (Bureau du génie), en date du 21 avril 1828.

Carnot demande soit un « congé illimité » sans solde, soit, s'il ne peut l'obtenir, l'autorisation de quitter le service. Il évoque par ailleurs un « procès » dans lequel il paraît très engagé, et dont on ne sait rien.

Bureau
du Génie

Monseigneur :

Depuis quatre mois je me trouve en congé à Paris où Votre excellence m'a autorisé à demeurer pour la gestion de mes affaires personnelles et particulièrement pour les soins à donner à un procès dans lequel je suis intéressé.

Malheureusement je suis loin d'apercevoir le terme de cette affaire et le congé qui m'a été accordé expire le neuf mai prochain.

Dans une semblable situation, dans l'impossibilité de prévoir le tems qui me sera nécéssaire, craignant de fatiguer Votre Excellence par des demandes réitérées, Je la prie de m'accorder un congé illimité offrant de renoncer à ma solde et au droit d'ancienneté que j'aurais pu acquérir.

Si ce que je demande est impossible, je prie Votre excellence d'accepter ma démission de l'emploi qui m'a été confié, me voyant par ma position hors d'état d'en exercer aujourd'hui les fonctions sans compromettre ce que je possède.

Je suis avec un profond respect,

Monseigneur :
De Votre Excellence :
Le très humble
et très obéissant serviteur
S. Carnot
Capitaine en 2e du génie
en congé à Paris rue du parc R^al^ n° 1^r^

Paris le 21 avril 1828

E_{37}. Document portant la mention imprimée en gros « Démission », en date du 19 mai 1828.

« Le Ministre Secrétaire d'État de la Guerre accepte la démission offerte par M. Carnot (Sadi) — Capitaine au Corps Royal du Génie, employé à Auxonne, et présentement an Congé ».

Le document est joint aux minutes des lettres suivantes :

a) lettre à Carnot, l'informant que sa demande d'un « congé illimité » ne peut être satisfaite, et qu'il a donc été décidé, le 5 mai 1828, d'accepter sa démission ;

b) lettre au directeur des Fortifications à Besançon (remplace Auxonne, barré), l'informant de la démission de Carnot.

Ce document est évidemment une copie de celui qui avait été envoyé à Carnot. Ce dernier, qui porte également la date du 19 mai 1828, se trouve dans la collection de M. Pierre-Sadi Carnot.

APPENDICE F

MISCELLANEA

F_1. Copie de l'acte de naissance de Carnot, « né le jour d'hier, heure de six du soir au palais national du Directoire exécutif... ». Ce document, délivré par la Commune de Paris, Section du Luxembourg, est daté du 14 prairial, an VI (c'est-à-dire du 2 juin 1796). Le seul prénom indiqué est celui de Sadi. A propos de ses prénoms de baptême, Nicolas Léonard, voir l'Introduction, note 28.

Cette copie (l'original a été perdu) se trouve dans le dossier « Sadi Carnot. Promotion 1812 » dans la Bibliothèque centrale de l'École polytechnique.

F_2. Liste des dates significatives de la vie de Carnot, rédigée par Hippolyte sur une unique page. Ce manuscrit fait partie de la collection de M. Pierre-Sadi Carnot.

Cette biographie est plus détaillée que celle qui se trouve au début de l'Appendice E. Les dates que j'ai retenues dans cette dernière sont celles mentionnées dans les Archives militaires du Château de Vincennes. Lorsqu'il y avait des contradictions j'ai préféré choisir les dates des Archives militaires, qui sont probablement plus exactes que celles rapportées par Hippolyte.

Sadi Carnot

né le 1er Juin 1796
entré à l'école pol. en octobre 1812
Sous-lieutenant à l'école de Metz le 22 oct. 1814
Congé de Metz pour aller à Paris le 28 Fév 1817
Lieut. en second au 1er régt du génie le 2 avril 1817
    en garnison à Metz
Prolongation de congé jusqu'au 1er Juillet 17.

—— ici jusqu'au 15 octobre
Envoyé à Besançon à l'expiration du congé
Envoyé de Besançon à Salins 21 oct 1817
Lieut. en premier au 3e régt. le 1er février 1818
Congé de six mois du 15 oct 1818 à Paris
Envoyé à Langres pour lever la place le 25 Août 1818.
Lettre bienveillante de M. Schillemans 7bre 1818.
lieut. d'état major 1er le 20 janvier 1819.
reste en disponibilité à Paris.
Perd deux années d'ancienneté
en disponibilité le 29 Janv. 1821 à Paris
Voyage en Allemagne Juin 1821.
levée de plan de Meaux à Courtaçon Juin 1822
rentre dans la ligne en décembre 1826 avec désignation de Brest.
Le 15 août désignation d'Auxonne.
le 1er octobre 1827, Capitaine du Génie.
le 30 nov. en congé à Paris.
Prolongation en Janvier 1828
Capitaine d'état major du génie Janvier 28.
En mai 1828 démission définitive.

F_3. Le dossier intitulé « Sadi Carnot. Promotion 1812 », provenant de la Bibliothèque centrale de l'École polytechnique, contient un manuscrit de 48 pages, rédigé par Carnot lui-même, dont le titre est : « Trad. Machine à vapeur de Mr Watt ». Bien que la source ne soit pas indiquée, ce document est sans aucun doute une traduction d'environ 23 pages tirées de l'article « Steam engine » de John Farey, dans *The cyclopaedia ; or universal dictionary of arts, sciences, and literature* (39 vol., Londres, 1819), vol. XXXIV (non paginé), éd. par Abraham Rees. Les passages traduits de cet article non signé par son auteur concernent les machines de Watt, Hornblower, et Woolf.

F_4. Lettre de Carnot à un correspondant inconnu. Cette lettre, dont l'original a disparu, a été publiée dans la « Notice biographique sur Sadi Carnot » d'Hippolyte (voir Bibliographie, Section I, réf. iii, et Section III, réf. xvi).

Hippolyte prétend que son frère écrivit cette lettre vers la fin de juillet 1832, lorsqu'il se remit pour un court laps de temps de la maladie qui l'atteignit en juin. Selon les affirmations plus précises de Maurice Lévy, cette lettre aurait été écrite « Un mois avant sa mort, le 24 juin 1832 » ; voir sa notice biographique de Sadi dans *École Polytechnique. Livre du centenaire 1794-1894* (3 vol., Paris, 1894-1897), I. 188. On suppose que Lévy a effectivement lu cette lettre mais qu'il aurait, par erreur, écrit « juin » pour « juillet ».

Le texte de la lettre est le suivant :

Mon retard, cette fois, n'est pas sans excuse. J'ai été malade longtemps et d'une manière fatiguante. J'ai eu une inflammation de gorge, suivie d'une fièvre scarlatine (sachez, si vous pouvez, ce que c'est que ce vilain mal). Il m'a fallu passer douze jours au lit sans sommeil, sans nourriture, sans occupation quelconque, me recréant avec des sangsues, de la tisane, des lavements, et autres joujoux sortant de la même boutique. Ce petit divertissement n'est pas encore terminé, car je suis extrêmement faible.

F_5. Facture de l'imprimeur des *Réflexions* (Guiraudet et Gallay), reproduite *infra*, à la page 38. La facture, qui fait partie de la collection de M. Pierre-Sadi Carnot, révèle que les *Réflexions* furent tirées à 600 exemplaires, au prix global de 459,55 francs. Le livre à l'unité était vendu 3 francs.

F_6. Liste de noms et d'adresses, extraits par Hippolyte du carnet d'adresses de Sadi. Cette liste, écrite sur deux feuillets et incontestablement de la main d'Hippolyte, fait partie de la collection de M. Pierre-Sadi Carnot.

Ce document a déjà été publié dans l'article d'Arthur Birembaut, « Sadi Carnot en son temps... », cité dans la Bibliographie, Section IV, paragraphe b, p. 80 ; p. 68-70 de son article, Birembaut identifie la plupart des noms écrits sur la liste. Dans le commentaire que j'ai fait moi-même, je me suis grandement appuyé sur les recherches de Birembaut. A certains endroits, cependant, j'ai introduit quelques informations supplémentaires tirées de la liste de polytechniciens dressée par Fourcy dans son *Histoire de l'École Polytechnique*, citée dans l'Introduction, note 33 ; les publications annuelles d'Henri Dulac, parues sous divers titres, tels que *Almanach des adresses de tous les commerçans de Paris* et *Almanach parisien ou liste de 55,000 principaux habitans de Paris* ; et trois listes de membres de l'Association polytechnique datées respectivement du 19 août 1830, du 5 octobre 1830, et de juillet 1832 (cf. l'Introduction, note 88). Il est clair d'après ces sources que Carnot inscrivit ces adresses vers 1830.

Notons que parmi ces noms figurent ceux de plusieurs camarades de promotion de Carnot à l'École polytechnique. Il semble bien que la plupart de ses amis appartenaient à un cercle assez restreint de polytechniciens et autres officiers militaires.

Sadi Carnot

sur son livret d'adresses

Seguy de la garde. Capit. d'infant. de la garde royale [1].
Franchessin. r. d'Antin 7 [2].

Girard. r. arbre sec [3].
Lefaucheux. nve St etienne [4].
Trélat. r. de l'echiquier [5].
Michelot, r. de la chaise [6].
Troussebourg près Honfleur, scierie de M. Manneville [7].
Reynaud, r. Meslay [8].
Paulin. vert bois [9].
Decrusy. St André des Arts [10].
Mellinet. grange batelière [11].
Giraudeau. Ste Anne [12].
Bernerot. grand prieuré [13].
Chaumont [14]. — M. Pascal à pont de vaux [15].
Terasson. à Ancerre [16].
Bonnet, rentier, maison péricaut, quai bourneuf à Lyon [17].
Bruyere. près Trevoux [18].
Carillon. r. popincourt [19].
Weyer. r. des martyrs [20].
le chev. Fonvielle. richer 5 [21].
Coignet. r. Martel 12 [22].
Cabet. place St André des Arts [23].
Demonferand, à Versailles [24].
Clément-Desormes [25].
Senneville [26].
Jacob. r. bellefond [27].
Breton. r. des fontaines 29 [28].
Brianchon [29] — Coignet. à Vincennes [30].
Blanq. r. de rivoli [31].
Mareschal. r. Mabillon 12 [32].
Mr Dhauterive [33].
Choderlos de laclos, capitaine d'artillerie [34].
Michaud (camarade) [35].
Duvivier [36].
Blanq [37].
Guillery [38].
Schauenbourg [39].
} élèves de Metz

Notes sur les noms précédents

1. Joseph Séguy, capitaine au 2e régiment d'infanterie de la Garde royale de 1821 à 1830.
2. Ernest de Franchessin (X 1808), ancien officier de l'artillerie, agent de change.

3. Girard n'a pas été identifié, mais il ne s'agit sûrement pas de l'académicien Pierre-Simon Girard, qui n'a jamais habité rue de l'Arbre-Sec. Il y a plusieurs polytechniciens de ce nom que Carnot aurait pu connaître.

4. Lefaucheux n'a pas été identifié.

5. Trélat pourrait bien être le médecin aliéniste et homme politique Ulysse Trélat, bien que ce dernier soit inconnu à cette adresse.

6. Jean-Charles-Auguste Michelot (X 1810), ancien capitaine du génie et auteur de plusieurs mémoires scientifiques et littéraires, devenu chef d'institution. Membre de l'Association polytechnique.

7. Troussebourg n'a pas été identifié.

8. François-Léonce Reynaud (X 1821), a quitté l'École polytechnique en 1822 ; architecte et ingénieur des ponts et chaussées. Membre de l'Association polytechnique.

9. Il s'agit vraisemblablement de « Paulin fils, architecte », qui, selon Dulac, résidait rue du Vert-Bois en 1825, plutôt que de Charles-Antoine Paulin, qualifié de « capitaine du génie, Maubeuge » sur la liste des membres de l'Association polytechnique en 1832. Ce dernier Paulin (X 1811) avait été licencié de l'École polytechnique en 1812 a la suite des troubles qui eurent lieu cette année-là.

10. Decrusy, avocat, auteur de la brochure *Aide-toi, le ciel t'aidera. Nouveau manuel de l'électeur* (1830). Hippolyte était membre de la société « Aide-toi, le ciel t'aidera », fondée en 1830 pour apprendre aux citoyens français à exercer leurs droits électoraux.

11. Mellinet n'a pas été identifié, mais c'est peut-être chez lui que Carnot logeait lorsqu'il reçut la lettre de son père datée du 18 avril 1814 (document D_4).

12. Giraudeau, agent d'affaires. Voir l'Introduction, p. 45.

13. Bernerot n'a pas été identifié.

14. Il s'agit vraisemblablement d'un membre de l'Association polytechnique, l'ingénieur Jean-François Chaumont (X 1795).

15. Inconnu. S'agit-il d'un Monsieur Pascal, ou peut-être d'un Monsieur Pascal Chaumont ?

16. Il s'agit vraisemblablement de Jean-Pierre-Laurent-Washington Terrasson (X 1812), qualifié par Fourcy (p. 448) de « Courtier de commerce au Havre ». Terrasson a donné sa démission (« pour cause de faiblesse de santé », selon sa fiche matricule à l'École polytechnique) et a quitté l'École le 21 juin 1813.

17. Bonnet n'a pas été identifié.

18. Ce Bruyère pourrait être Jean-Marie-Charles Bruyère (X 1825), admis à l'artillerie en 1827.

19. Carillon n'a pas été identifié.

20. Birembaut voit en Weyer un avocat répondant à ce nom qui résidait 44, rue des Martyrs en 1830. Mais il me paraît plus probable qu'il s'agit d'un associé (mais peut-être aussi l'avocat) des commerçants Weyer frères et Cie. Selon l'*Almanach parisien* d'Henri Dulac, années 1827 et 1828, les frères Weyer faisaient le

commerce de « fers de Sibérie » et avaient un dépôt 14, rue Bleue. Y a-t-il un rapport avec la référence à Carnot le qualifiant de « constructeur de machines à vapeur », parue dans l'*Histoire de l'École Polytechnique* de Fourcy (voir l'Introduction, p. 45) ?

21. Le chevalier Bernard-François-Anne de Fonvielle, homme de lettres connu, secrétaire perpétuel de l'Académie des Ignorans. Cet ancien révolutionnaire, qui jouit, sous Napoléon, d'une certaine célébrité, devint par la suite proche des royalistes de la Restauration.

22. Jules-Louis-Philippe Coignet, peintre. Un paysagiste qui exposa au salon de 1827.

23. Cabet n'a pas été identifié, mais il pourrait s'agir d'un associé de Decrusy (voir plus haut, note 10). Dulac, dans son *Almanach parisien,* année 1828 (p. 114), mentionne « Decrusy, Cabet et Marbot, commiss. affaires », 22, quai de l'École. Comme Birembaut l'a signalé, l'avocat Étienne Cabet, originaire de Dijon et ami de Prieur de la Côte d'Or et vraisemblablement du père de Sadi, ne résidait pas place Saint-André-des-Arts durant ses séjours à Paris.

24. Jean-Baptiste-Firmin Demonferrand (X 1812), professeur de mathématiques et de physique au Collège royal de Versailles et examinateur de sortie à l'École polytechnique à partir de 1825. Demonferrand a donné sa démission de l'École polytechnique en 1814.

25. Nicolas Clément, autrement connu sous le nom de Clément-Desormes. A ce sujet, voir l'Introduction, note 43.

26. Senneville est vraisemblablement un sous-intendant militaire de la cavalerie légère de la Garde royale qui résidait en 1828 3, rue du Colombier.

27. Jacob n'a pas été identifié.

28. L.-N. Breton, fabricant de bijoux.

29. Charles-Julien Brianchon (X 1803), capitaine d'artillerie et professeur de mathématiques, de physique et de chimie à l'École d'artillerie de la Garde royale à Vincennes.

30. Robert-Paul Coignet (X 1812), officier du génie. Il était un des quatre élèves de l'École polytechnique qui signaient la lettre envoyée à l'Empereur le 29 décembre 1813. Voir document D_3.

31. Jacques-Mathieu Blanq-Desiles (X 1812), lieutenant de l'artillerie démissionnaire, devenu agronome (« propriétaire et manufacturier », selon Fourcy) à Neuilly. Membre de l'Association polytechnique. L'adresse à Paris est celle de sa mère.

32. Mareschal n'a pas été identifié.

33. Dhauterive pourrait bien être Alexandre d'Hauterive, archiviste au ministère des Affaires étrangères.

34. Charles de Laclos, capitaine d'artillerie, fils de l'auteur des *Liaisons dangereuses.*

35. Jean-Baptiste-François-Justin Michaud (X 1812), capitaine d'artillerie.

36. Franciade-Fleurus Duvivier (X 1812), officier du génie qui devint général. Comme Coignet (voir plus haut, note 30), Duvivier signa la lettre envoyée à l'Empereur en décembre 1813.

37. Voir ci-dessus, note 31.

38. Hippolyte Guillery (X 1812) qui, démissionnaire de l'artillerie, est devenu professeur de rhétorique à l'Athénée de Liège.

39. Pierre Schauenbourg, lieutenant d'état-major en 1819, fils d'un célèbre général de Lazare. Contrairement à l'affirmation d'Hippolyte, Schauenbourg n'a jamais été élève de l'École de Metz.

F_7. Lettre à Carnot, adressée 5 bis, rue de l'Est, émanant du chef de la Division du personnel, École des mines. Celle-ci l'autorise à assister aux cours de l'École. Cette lettre, datée du 24 novembre 1831, fait partie de la collection de M. Pierre-Sadi Carnot.

F_8. Cette unique feuille, datée du 17 mai 1835, est signée par Véronique Landry, qui décline sa qualité de domestique de Sadi Carnot. Landry accuse réception d'une somme de 6 620 francs, sous la forme de « quatre actions de la Banque de France, au taux du 24 août 1832 ». Cette somme était un legs de Sadi.

Comme Birembaut l'a mentionné dans son article intitulé « A propos des notices biographiques sur Sadi Carnot... », cité dans la Bibliographie, Section IV, paragraphe b, Sadi, à sa mort, était en possession de seize actions de ce type, d'une valeur globale de 26 480 francs. Si l'on ajoute à ces actions les meubles qu'il possédait à Paris et des immeubles situés dans le Pas-de-Calais (qui lui assuraient chaque année un revenu d'environ 2 000 francs), sa fortune personnelle s'élevait à un total de 68 000 francs. En mai 1836, quatre ans après sa mort, cette somme s'accrut de 35 020 francs, chiffre qui représentait la moitié, qui revenait à Sadi, de la pension supprimée injustement à Lazare lors de sa proscription en 1816.

Le bénéfice annuel de 2 000 francs qu'il tirait de ses immeubles situés dans le Pas-de-Calais, joint aux intérêts que lui rapportaient ses actions (environ 1 000 francs par an) auraient dû lui permettre d'avoir un niveau de vie honnête pour les années 1830 ; mais il est cependant difficile de comprendre comment Carnot a pu garder à son service une domestique.

INDEX GÉNÉRAL

[*Noms - Institutions - Lieux - Matières*]

IMPRIMERIE A. BONTEMPS
LIMOGES (FRANCE)
Dépôt légal : 1er trimestre 1979